U0311632

精通 AutoCAD 工程设计视频讲堂

AutoCAD 2014 电气设计技巧精选

李 波 等编著

电子工业出版社

Publishing House of Electronics Industry

北京 · BEIJING

内 容 简 介

本书以 AutoCAD 2014 中文版软件为平台，通过 176 个技巧实例来全面讲解 AutoCAD 软件在电气施工图方面的绘制方法，能使读者精确找到所需要的技巧知识。

本书共 10 章，内容包括 AutoCAD 2014 基础入门技巧、电气设计要点及 CAD 制图规范、常用电气元件的绘制技巧、电气照明控制线路图的绘制技巧、家电电气线路图的绘制技巧、工厂电气线路图的绘制技巧、机械电气线路图的绘制技巧、农业电气线路图的绘制技巧、电力电气工程图的绘制技巧和建筑电气工程图的绘制技巧。

本书图文并茂，内容全面，通俗易懂，图解详细。以初中级读者为对象，面向 AutoCAD 在相关行业的应用。在附赠的 DVD 光盘中，包括所有技巧的视频讲解教程及素材。另外，开通 QQ 高级群（15310023）和网络服务，进行互动学习和技术交流，以解决读者所遇到的问题，并可获得丰富的共享资料。

本书可作为相关专业工程技术人员的参考书，也可作为大中专院校相关专业的教学用书。

图书在版编目（CIP）数据

AutoCAD 2014 电气设计技巧精选 / 李波等编著. —北京：电子工业出版社，2015.1
（精通 AutoCAD 工程设计视频讲堂）
ISBN 978-7-121-24502-2

Ⅰ. ①A… Ⅱ. ①李… Ⅲ. ①电气设备—计算机辅助设计—AutoCAD 软件 Ⅳ. ①TM02-39

中国版本图书馆 CIP 数据核字（2014）第 235424 号

策划编辑：许存权
责任编辑：许存权 特约编辑：鲁秀敏
印 刷：北京丰源印刷厂
装 订：三河市鹏成印业有限公司
出版发行：电子工业出版社
　　　　　北京市海淀区万寿路 173 信箱 邮编 100036
开 本：787×1 092 1/16 印张：24.75 字数：620 千字
版 次：2015 年 1 月第 1 版
印 次：2015 年 1 月第 1 次印刷
印 数：3 000 册 定价：65.00 元（含 DVD 光盘 1 张）

凡所购买电子工业出版社图书有缺损问题，请向购买书店调换。若书店售缺，请与本社发行部联系，联系及邮购电话：（010）88254888。

质量投诉请发邮件至 zlts@phei.com.cn，盗版侵权举报请发邮件至 dbqq@phei.com.cn。

服务热线：（010）88258888。

前　言

随着科学技术的不断发展，计算机辅助设计（CAD）也得到了飞速发展，而最为出色的CAD设计软件之一就是美国Autodesk公司的AutoCAD，在20多年的发展中，AutoCAD相继进行了20多次升级，每次升级都带来了功能的大幅提升，目前的AutoCAD 2014简体中文版于2013年3月正式面世。

一、主要内容

本书以AutoCAD 2014中文版软件为基础平台，通过176个技巧实例来全面讲解AutoCAD软件在电气施工图方面的绘制方法，能使读者精确找到所需要的技巧知识。

章节名称	实例编号	章节名称	实例编号
第1章　AutoCAD 2014基础入门技巧	技巧001～057	第6章　工厂电气线路图的绘制技巧	技巧133～143
第2章　电气设计要点及CAD制图规范	技巧058～078	第7章　机械电气线路图的绘制技巧	技巧144～153
第3章　常用电气元件的绘制技巧	技巧079～107	第8章　农业电气线路图的绘制技巧	技巧154～166
第4章　电气照明控制线路图的绘制技巧	技巧108～123	第9章　电力电气工程图的绘制技巧	技巧167～171
第5章　家电电气线路图的绘制技巧	技巧124～132	第10章　建筑电气工程图的绘制技巧	技巧172～176

二、本书特色

经过调查，以及长时间与读者的多次沟通，本套图书的写作方式、编排方式以全新模式，突出技巧主题，做到知识点的独立性和可操作性，每个知识点尽量配有多媒体视频，是AutoCAD用户不可多得的一套精品工具书。本书特色如下：

（1）**版本最新，内容丰富**。采用AutoCAD 2014版，知识结构完善，内容丰富，技巧、方法归纳系统，信息量大，共有176个技巧实例。

（2）**实用性强，针对性强**。由于AutoCAD软件功能强，应用领域广泛，使得更多的从业人员需要学习和应用其软件，通过收集更多的实际应用技巧，针对用户所反映的问题进行讲解，使读者可以更加有针对性地来选择学习内容。

（3）**结构清晰，目标明确**。对于读者而言，最重要的是掌握方法。因此，作者有目的地把每章内容所含的技巧、方法进行了编排，对每个技巧首先做"技巧概述"，以便读者更清晰地了解其中的要点和精髓。

（4）**关键步骤，介绍透彻**。讲解过程中，通过添加"技巧提示"的方式突出重要知识点，通过"专业技能"和"软件技能"的方式突出重要技能，以加深读者对关键技术知识的理解。

（5）**版式新颖，美观大方**。本书版式新颖，图注编号清晰明确，图片、文字的占用空间比例合理，通过简洁明快的风格，并添加特别提示的标注文字，提高读者的阅读兴趣。

（6）**全程视频，网络互动**。本书全程多媒体视频讲解，做到视频与图书同步配套学习；开通QQ高级群（15310023）和网络服务，进行互动学习和技术交流，以解决读者所遇到的问题，并提供大量的共享资料免费下载。

三、读者对象

（1）特别适合教师讲解和学生自学。

（2）各类计算机培训班及工程培训人员。

（3）具备相关专业知识的工程师和设计人员。

（4）对 AutoCAD 设计软件感兴趣的读者。

四、光盘内容

附赠 DVD 光盘 1 张，针对所有技巧进行全程视频讲解，并将涉及的所有素材、图块、案例等附于光盘中。

在光盘插入 DVD 光驱时，将自动进入多媒体光盘的操作界面，如下图所示。

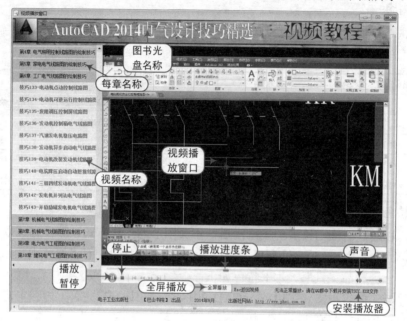

五、学习方法

其实，AutoCAD 辅助设计软件很好学，可通过多种方法执行某个工具或命令，如工具栏、命令行、菜单栏、面板等。但是，学习任何一门软件技术，需要的是动力、坚持和自我思考，如果只有三分钟热度，遇见问题就求助别人，对学习无所谓等，是学不好、学不精的。

对此，作者推荐以下 6 点方法，希望读者严格要求自己进行学习：

①制定目标，克服盲目；②循序渐进，不断积累；③提高认识，加强应用；④熟能生巧，自学成才；⑤巧用 AutoCAD 帮助文件；⑥活用网络解决问题。

六、写作团队

本书由"巴山书院"集体创作，由资深作者李波主持编写，参与编写的人员还有冯燕、荆月鹏、王利、汪琴、刘冰、牛姜、王洪令、李友、黄妍、徐作华、郝德全、李松林、雷芳等。

感谢您选择本书，希望我们的努力对您的工作和学习有所帮助，也希望把您对本书的意见和建议告诉我们（邮箱：helpkj@163.com；QQ 高级群：15310023）。书中难免有疏漏与不足之处，敬请专家和读者批评指正。

目 录

第1章 AutoCAD 2014 基础入门技巧

技巧 001 AutoCAD2014 的系统需求 1
技巧 002 AutoCAD 2014 的启动方法 3
技巧 003 AutoCAD 2014 的标题栏 4
技巧 004 AutoCAD 2014 的标签与面板 4
技巧 005 AutoCAD 2014 的文件选项卡 5
技巧 006 AitpCAD 2014 菜单与工具栏 6
技巧 007 AutoCAD 2014 的绘图区 7
技巧 008 AutoCAD 2014 的命令行 8
技巧 009 AutoCAD 2014 的状态栏 8
技巧 010 AutoCAD 2014 的快捷菜单 11
技巧 011 AutoCAD 2014 的退出方法 11
技巧 012 将命令行设置为浮动模式 12
技巧 013 绘图窗口的调整 13
技巧 014 自定义快速访问工具栏 14
技巧 015 工作空间的切换 16
技巧 016 设置 ViewCube 工具的大小 17
技巧 017 AutoCAD 命令的 6 种执行方法 18
技巧 018 AutoCAD 命令的重复方法 21
技巧 019 AutoCAD 命令的撤销方法 21
技巧 020 AutoCAD 命令的重做方法 22
技巧 021 AutoCAD 的动态输入方法 22
技巧 022 AutoCAD 命令行的使用技巧 23
技巧 023 AutoCAD 透明命令的使用方法 24
技巧 024 AutoCAD 新建文件的几种方法 24
技巧 025 AutoCAD 打开文件的几种方法 25
技巧 026 AutoCAD 文件局部打开的方法 26
技巧 027 AutoCAD 保存文件的几种方法 26
技巧 028 AutoCAD 文件的加密方法 28
技巧 029 AutoCAD 文件的修复方法 29

技巧 030 AutoCAD 文件的清理方法 30
技巧 031 AutoCAD 正并模式的设置方法 31
技巧 032 捕捉与栅格的设置方法 32
技巧 033 捕捉模式的设置方法 34
技巧 034 极轴追踪的设置方法 35
技巧 035 对象捕捉追踪的使用方法 36
技巧 036 临时追踪的使用方法 38
技巧 037 "捕捉自"功能的使用方法 38
技巧 038 点选图形对象 39
技巧 039 矩形框选图形对象 40
技巧 040 交叉框选图形对象 40
技巧 041 栏选图形对象 41
技巧 042 圈围图形对象 42
技巧 043 圈交图形对象 42
技巧 044 构造选择集的方法 43
技巧 045 快速选择图形对象 44
技巧 046 类似对象的选择方法 45
技巧 047 实时平移的方法 45
技巧 048 实时缩放的方法 46
技巧 049 平铺视口的创建方法 46
技巧 050 视口合并的方法 47
技巧 051 图形的重画方法 48
技巧 052 图形对象的重生成方法 48
技巧 053 设计中心的使用方法 49
技巧 054 通过设计中心创建样板文件 50
技巧 055 外部参照的使用方法 51
技巧 056 工具选项板的打开方法 52
技巧 057 通过工具选项板填充图案 53

第2章 电气设计要点及 CAD 制图规范

技巧 058 电气工程图的种类 56
技巧 059 电气工程图的主要形式 58
技巧 060 构成电气图的基本要素 58
技巧 061 电路图中的两种表示方法 59
技巧 062 电气工程图基本布局方法 60

技巧 063 电气图的多样性 60
技巧 064 电气工程图图纸幅面的规范 61
技巧 065 电气工程图图框线的规范 61
技巧 066 图幅分区的规定 62
技巧 067 电气工程图标题栏的规定 62

技巧 068 电气工程图图线与文字形式应用 ……… 63　　技巧 074 电气工程图图样的画法 ………………… 67
技巧 069 电气工程图比例的规定 ………………… 64　　技巧 075 电气工程图标注的方法 ……………… 67
技巧 070 电气图的尺寸注法 …………………… 65　　技巧 076 电气符号尺寸注法 …………………… 68
技巧 071 电气图的方位要求 …………………… 65　　技巧 077 电气符号的构成与分类 ……………… 68
技巧 072 电气图的安装标高 …………………… 65　　技巧 078 电气符号的分类 ……………………… 70
技巧 073 电气图的定位轴线 …………………… 65

第3章　常用电气元件的绘制技巧

技巧 079 电容的绘制 …………………………… 71　　技巧 094 防爆单极开关的绘制 ………………… 91
技巧 080 电阻的绘制 …………………………… 74　　技巧 095 灯的绘制 ……………………………… 92
技巧 081 电感的绘制 …………………………… 74　　技巧 096 信号灯的绘制 ……………………… 93
技巧 082 可调电阻的绘制 ……………………… 76　　技巧 097 电铃的绘制 …………………………… 94
技巧 083 导线与连接器件的绘制 ……………… 77　　技巧 098 蜂鸣器的绘制 ………………………… 95
技巧 084 二极管的绘制 ………………………… 78　　技巧 099 频率表的绘制 ………………………… 96
技巧 085 稳压三级管的绘制 …………………… 80　　技巧 100 功率因素表的绘制 …………………… 97
技巧 086 PNP 三级管的绘制 ………………… 80　　技巧 101 电流表的绘制 ………………………… 98
技巧 087 NPN 三级管的绘制 ………………… 83　　技巧 102 电压表的绘制 ………………………… 98
技巧 088 单极开关的绘制 ……………………… 83　　技巧 103 电动机的绘制 ………………………… 99
技巧 089 多极开关的绘制 ……………………… 84　　技巧 104 三相变压器的绘制 ………………… 100
技巧 090 常闭按钮开关的绘制 ………………… 86　　技巧 105 热继电器的绘制 …………………… 101
技巧 091 常开按钮开关的绘制 ………………… 88　　技巧 106 熔断器的绘制 ……………………… 104
技巧 092 转换开关的绘制 ……………………… 88　　技巧 107 三极接触器的绘制 ………………… 105
技巧 093 单极暗装开关的绘制 ………………… 90

第4章　电气照明控制线路图的绘制技巧

技巧 108 照明控制电路的功能 ……………… 106　　技巧 116 电路中继电器实物及其外形 ……… 121
技巧 109 照明控制电路的应用 ……………… 107　　技巧 117 双控开关照明电路图的绘制 ……… 124
技巧 110 照明控制电路的组成 ……………… 107　　技巧 118 触摸开关控制照明灯的绘制 ……… 126
技巧 111 单联开关控制照明电路图 ………… 108　　技巧 119 晶体管控制的电气线路图 ………… 130
技巧 112 声控照明电路图的绘制 …………… 111　　技巧 120 光控制路灯电路图的绘制 ………… 133
技巧 113 照明灯的实物及其外形 …………… 116　　技巧 121 荧光灯电气线路图的绘制 ………… 137
技巧 114 照明开关的实物及其外形 ………… 117　　技巧 122 门控自动灯电气线路图 …………… 141
技巧 115 照明电路中的常见图形符号 ……… 118　　技巧 123 流水式控制彩灯电气线路图 ……… 147

第5章　家电电气线路图的绘制技巧

技巧 124 窗式空调电气线路图 ……………… 152　　技巧 129 滚筒式洗衣机线路图 ……………… 175
技巧 125 冷暖空调电气线路图 ……………… 159　　技巧 130 自动排风扇线路图 ………………… 181
技巧 126 电冰箱电气线路图 ………………… 163　　技巧 131 自动抽油烟机线路图 ……………… 185
技巧 127 喷淋式洗衣机线路图 ……………… 167　　技巧 132 电动剃须刀线路图 ………………… 191
技巧 128 半自动洗衣机线路图 ……………… 171

第6章　工厂电气线路图的绘制技巧

技巧 133　电动机点动控制线路图 ················196
技巧 134　电动机可逆运行控制线路图 ··········199
技巧 135　炭阻调压控制屏线路图 ················201
技巧 136　发电机控制箱电气线路图 ············212
技巧 137　汽车发电机稳压电路图 ················221
技巧 138　发电机异步启动电气线路图 ··········225

技巧 139　电动机改作发电机的线路图 ··········230
技巧 140　电抗降压启动自动短接线路 ··········233
技巧 141　三相四线发电机电气线路图 ··········237
技巧 142　发电机并列法电气线路图 ············242
技巧 143　并励励磁发电机电气线路图 ··········245

第7章　机械电气线路图的绘制技巧

技巧 144　皮带运输机顺序控制线路图 ··········250
技巧 145　工地卷扬机电气线路图 ················254
技巧 146　自动称控制电气线路图 ················258
技巧 147　混凝土搅拌机电气线路图 ············263
技巧 148　自动混凝土振捣器线路图 ············266

技巧 149　小型空压机电气线路图 ················271
技巧 150　锅炉引风机电气线路图 ················273
技巧 151　输料堵斗自停控制线路图 ············276
技巧 152　水泵自动控制电气线路图 ············281
技巧 153　立式磨机电气线路图 ··················285

第8章　农业电气线路图的绘制技巧

技巧 154　电围栏控制电气线路图 ················291
技巧 155　雏鸡孵出告知器电气线路图 ··········295
技巧 156　农田排灌控制器电气线路图 ··········298
技巧 157　温度湿度超限报警器线路图 ··········301
技巧 158　病人呼救报警器电气线路图 ··········305
技巧 159　秸秆饲料粉碎机电气线路图 ··········307
技巧 160　豆芽自动浇水控温器电路图 ··········310

技巧 161　粮食水分测量仪电气线路图 ··········314
技巧 162　潜水泵防盗报警器电路图 ············317
技巧 163　施肥管堵塞报警器电路图 ············320
技巧 164　单管灭蚊灯电路图 ····················324
技巧 165　农用自动水阀门电路图 ················328
技巧 166　禽蛋自动孵化器电路图 ················333

第9章　电力电气工程图的绘制技巧

技巧 167　供电系统电气线路图 ··················339
技巧 168　交流高压配电系统 ····················341
技巧 169　智能低压配电系统 ····················347

技巧 170　车间等电位连接系统图 ················352
技巧 171　车间组合开关箱系统图 ················355

第10章　建筑电气工程图的绘制技巧

技巧 172　加油站一层照明平面图 ················361
技巧 173　加油站照明系统图 ····················366
技巧 174　加油棚避雷平面图 ····················371

技巧 175　公寓有线电视系统图 ··················376
技巧 176　办公楼电话系统图 ····················381

第 1 章 AutoCAD 2014 基础入门技巧

● **本章导读**

本章主要学习 AutoCAD 2014 的基础入门技巧，包括 CAD 的系统需求、操作界面、文件的管理、不同模式的设置方法、图形的选择、对象的缩放、外部参照的使用等，为后面复杂图形的绘制打下坚实的基础。

● **本章内容**（本章内容您掌握了有多少？请作好记录）

AutoCAD 2014 的系统需求	Auto CAD 命令的重做方法	矩形框选图形对象
AutoCAD 2014 的启动方法	Auto CAD 命令的动态输入	交叉框选图形对象
AutoCAD 2014 的标题栏	Auto CAD 命令行的使用技巧	栏选图形对象
AutoCAD 2014 的标签与面板	Auto CAD 透明命令的使用方法	圈围图形对象
AutoCAD 2014 的文件选项卡	Auto CAD 新建文件的几种方法	圈交图形对象
AutoCAD 2014 的菜单与工具栏	Auto CAD 打开文件的几种方法	构造选择集的方法
AutoCAD 2014 的绘图区	Auto CAD 文件局部打开的方法	快速选择图形对象
AutoCAD 2014 的命令行	Auto CAD 保存文件的几种方法	类似对象的选择方法
AutoCAD 2014 的状态栏	Auto CAD 文件的加密方法	实时平移的方法
AutoCAD 2014 的快捷菜单	Auto CAD 文件的修复方法	实时缩放的方法
AutoCAD 2014 的退出方法	Auto CAD 文件的清理方法	平铺视口的创建方法
将命令行设置为浮动模式	正交模式的设置方法	视口合并的方法
绘图窗口的调整	捕捉与栅格的设置方法	图形的重画方法
自定义快速访问工具栏	捕捉模式的设置方法	图形对象的重生成方法
工作空间的切换	极轴追踪的设置方法	设计中心的使用方法
设置 ViewCube 工具的大小	对象捕捉追踪的使用方法	通过设计中心创建样板文件
Auto CAD 命令的 6 种执行方法	临时追踪的使用方法	外部参照的使用方法
Auto CAD 命令的重复方法	"捕捉自"功能的使用方法	工具选项板的打开方法
Auto CAD 命令的撤销方法	点选图形对象	通过工具选项板填充图案

技巧：001 AutoCAD 2014的系统需求 — 视频：技巧001-AutoCAD 2014的系统需求.avi 案例：无

技巧概述：不是随便一台计算机都可以安装 AutoCAD 2014 软件，这时就需要计算机的硬件和软件系统满足要求才能够正确安装，如操作系统、浏览器、处理器、内存、显示器分辨率、硬盘存储空间等。

目前大多用户的计算机系统以 32 位和 64 位为主，下面分别以这两种系统对计算机硬件和软件的需求进行列表介绍。

1. 32 位 AutoCAD 2014 系统需求

对于 32 位计算机的用户来讲，其安装 AutoCAD 2014 的系统需求如表 1-1 所示。

表1-1　32 位 AutoCAD 2014 系统需求

说　明	需　求
操作系统	以下操作系统的 Service Pack 3 (SP3) 或更高版本： ● Microsoft® Windows® XP Professional ● Microsoft® Windows® XP Home 以下操作系统： ● Microsoft Windows 7 Enterprise ● Microsoft Windows 7 Ultimate ● Microsoft Windows 7 Professional ● Microsoft Windows 7 Home Premium
浏览器	Internet Explorer® 7.0 或更高版本
处理器	Windows XP： Intel® Pentium® 4 或 AMD Athlon™双核，1.6GHz 或更高，采用 SSE2 技术 Windows 7： Intel Pentium 4 或 AMD Athlon 双核，3.0GHz 或更高，采用 SSE2 技术
内存	2GB RAM（建议使用 4GB）
显示器分辨率	1024×768（建议使用 1600×1050 或更高）真彩色
磁盘空间	安装 6.0GB
定点设备	MS-Mouse 兼容
介质（DVD）	从 DVD 下载并安装
.NET Framework	.NET Framework 版本 4.0
三维建模的其他需求	Intel Pentium 4 处理器或 AMD Athlon，3.0GHz 或更高，或者 Intel 或 AMD 双核处理器，2.0GHz 或更高 4GB RAM 6GB 可用硬盘空间（不包括安装需要的空间） 1280×1024 真彩色视频显示适配器 128MB 或更高，Pixel Shader 3.0 或更高版本，支持 Direct3D®功能的工作站级图形卡

2. 64 位 AutoCAD 2014 系统需求

对于 64 位计算机的用户来讲，其安装 AutoCAD 2014 的系统需求如表 1-2 所示。

表1-2　64 位 AutoCAD 2014 系统需求

说　明	需　求
操作系统	以下操作系统的 Service Pack 2 (SP2) 或更高版本： ● Microsoft® Windows® XP Professional 以下操作系统： ● Microsoft Windows 7 Enterprise ● Microsoft Windows 7 Ultimate ● Microsoft Windows 7 Professional ● Microsoft Windows 7 Home Premium
浏览器	Internet Explorer® 7.0 或更高版本
处理器	AMD Athlon 64，采用 SSE2 技术 AMD Opteron™，采用 SSE2 技术 Intel Xeon®，具有 Intel EM64T 支持和 SSE2 Intel Pentium 4，具有 Intel EM 64T 支持并采用 SSE2 技术
内存	2GB RAM（建议使用 4GB）
显示器分辨率	1024×768（建议使用 1600×1050 或更高）真彩色

续表

说　明	需　求
磁盘空间	安装 6.0GB
定点设备	MS-Mouse 兼容
介质 (DVD)	从 DVD 下载并安装
.NET Framework	.NET Framework 版本 4.0 更新 1
三维建模的其他需求	4GB RAM 或更大 6GB 可用硬盘空间（不包括安装需要的空间） 1280×1024 真彩色视频显示适配器 128 MB 或更高，Pixel Shader 3.0 或更高版本，支持 Direct3D® 功能的工作站级图形卡

技巧提示　　★★★★☆

在安装 AutoCAD 2014 软件的时候，最值得大家注意的一点，就是其 IE 浏览器，一般要安装为 IE 7.0 及以上版本，否则将无法安装。

技巧：002　AutoCAD 2014的启动方法　　视频：技巧002-AutoCAD 2014的启动方法.avi　案例：无

技巧概述： 当用户的计算机上已经成功安装并注册好 AutoCAD 2014 软件，用户即可以开始启动并运行该软件。与大多数应用软件一样，要启动 AutoCAD 2014 软件，用户可通过以下任意四种方法来启动：

方法 01 双击桌面上的 AutoCAD 2014 快捷图标 。

方法 02 右击桌面上的 AutoCAD 2014 快捷图标 ，从弹出的快捷菜单中选择"打开"命令。

方法 03 单击桌面左下角的"开始 | 程序 | Autodesk | AutoCAD 2014-Simplified Chinese"命令。

方法 04 在 AutoCAD 2014 软件的安装位置，找到其运行文件 acad.exe 文件，然后双击即可。

第一次启动 AutoCAD 2014 后，会弹出 Autodesk Exchange 对话框，单击该对话框右上角的"关闭"按钮 ，将进入 AutoCAD 2014 工作界面，默认情况下，系统会直接进入如图 1-1 所示的"草图与注释"空间界面。

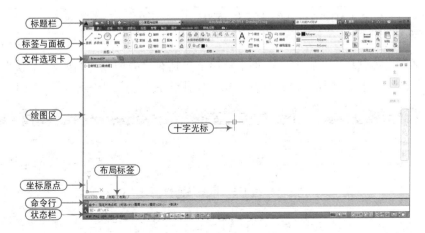

图 1-1　AutoCAD 2014 初始界面

软件技能 ★★★☆☆

　　用户可以双击 AutoCAD 图形文件对象，即扩展名为.dwg 文件，也可启动 AutoCAD 2014 软件。当然，同时也会打开该文件，如图 1-2 所示的界面。

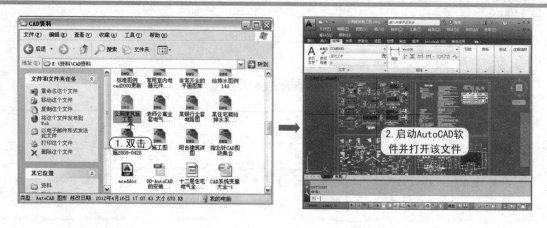

图 1-2　AutoCAD 2014 启动并打开文件

技巧：003　AutoCAD 2014 的标题栏
　　视频：技巧 003-AutoCAD2014 的标题栏.avi
　　案例：无

　　技巧概述：AutoCAD 2014 标题栏包括"菜单浏览器"按钮、"快速访问"工具栏（包括新建、打开、保存、另存为、打印、放弃、重做等按钮）、软件名称、标题名称、"搜索"框、"登录"按钮、窗口控制区（即"最小化"按钮、"最大化"按钮、"关闭"按钮），如图 1-3 所示。这里是以"草图与注释"工作空间进行讲解的。

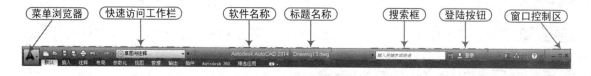

图 1-3　AutoCAD 2014 的标题栏

技巧：004　AutoCAD 2014 的标签与面板
　　视频：技巧 004-AutoCAD2014 的标签与面板.avi
　　案例：无

　　技巧概述：在标题栏下侧标签，在每个标签下包括有许多面板。例如，"默认"选项标题中包括绘图、修改、图层、注释、块、特性、组、实用工具、剪贴板等面板，如图 1-4 所示。

图 1-4　标签与面板

软件技能　　　　　　　　　　　　　　　　　　　　　　★★★★☆

　　在标签栏的名称最右侧显示了一个倒三角，用户单击 此按钮，将弹出一快捷菜单，可以进行相应的单项选择，如图 1-5 所示。

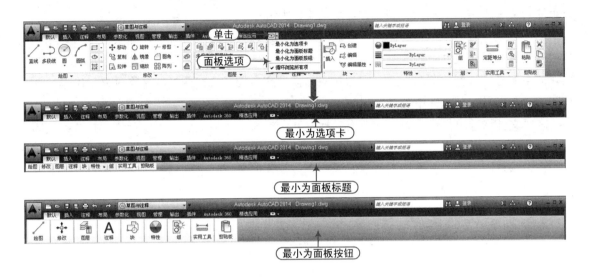

图 1-5　标签与面板

技巧：005　　**AutoCAD 2014 的文件选项卡**　　　视频：技巧 005-AutoCAD 2014 的文件选项卡.avi
　　　　　　　　　　　　　　　　　　　　　　　　　案例：无

　　技巧概述：AutoCAD 2014 版本提供了图形选项卡，在打开的图形间切换或创建新图形时非常方便。

　　使用"视图"选项卡中的"文件选项卡"控件来打开或关闭图形选项卡工具条，当文件选项卡打开后，在图形区域上方会显示所有已经打开图形的选项卡，如图 1-6 所示。

图 1-6　启用"图形选项工具条"

　　文件选项卡是以文件打开的顺序来显示的，可以拖动选项卡来更改图形的位置，如图 1-7 所示为拖动图形 1 到中间位置效果。

图 1-7 拖动图形 1

如果打开的图形过多，已经没有足够的空间来显示所有的文件选项，此时会在其右端出现一个浮动菜单来访问更多打开的文件，如图 1-8 所示。

如果选项卡有一个锁定的图标，则表明该文件是以只读方式打开的，如果有个冒号则表明自上一次保存后此文件被修改过，当把光标移动到文件标签上时，可以预览该图形的模型和布局。如果把光标移到预览图形上，则相对应的模型或布局就会在图形区域临时显示出来，并且打印和发布工具在预览图中也是可用的。

在"文件选项卡"工具条上，单击鼠标右键，将弹出快捷菜单，可以新建、打开或关闭文件，包括可以关闭除所单击文件外的其他所有已打开的文件，但不关闭软件程序，如图 1-9 所示。也可以复制文件的全路径到剪贴板或打开资源管理器，并定位到该文件所在的目录。

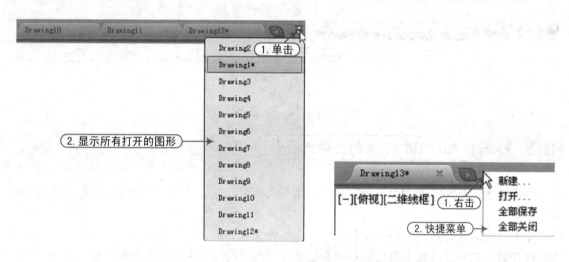

图 1-8 访问隐藏的图形   图 1-9 右键快捷菜单

图形右边的加号 图标可以使你更容易地新建图形，在图形新建后其选项卡会自动添加进来。

技巧：006 AutoCAD 2014菜单与工具栏

视频:技巧006-AutoCAD 2014 菜单与工具栏.avi
案例: 无

如果要显示其菜单栏，那么在标题栏的"工作空间"右侧单击其倒三角按钮（即"自定义快速访问工具栏"列表），从弹出的列表框中选择"显示菜单栏"，即可显示 AutoCAD 的常规菜单栏，如图 1-10 所示。

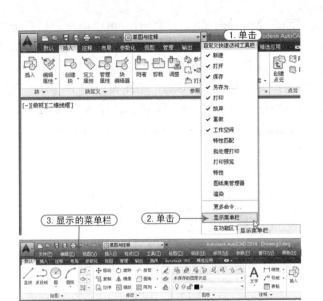

图 1-10　显示菜单栏

如果要将 AutoCAD 的常规工具栏显示出来，用户可以选择"工具 | 工具栏"菜单项，从弹出的下级菜单中选择相应的工具栏即可，如图 1-11 所示。

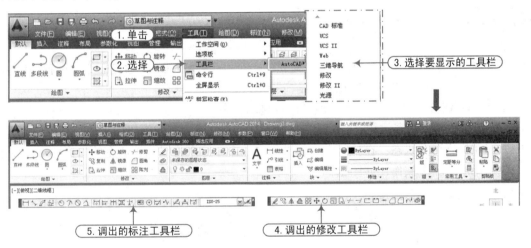

图 1-11　显示工具栏

技巧提示　　　　　　　　　　　　　　　　　　　　　★★★☆☆

如果用户忘记了某个按钮的名称，只需要将鼠标光标移动到该按钮上面停留几秒钟，就会在其下方出现该按钮所代表的命令名称，通过名称就可快速确定其功能。

技巧：007　AutoCAD 2014 的绘图区

视频：技巧 007-AutoCAD 2014 的绘图区.avi
案例：无

技巧概述：绘图区也称为视图窗口，即屏幕中央空白区域，是进行绘图操作的主要工作区域，所有的绘图结果都反映在这个窗口中。用户可以根据需要关闭一些"工具栏"，以扩大绘图的空间。如果图纸比较大，需要查看未显示的部分时，可以单击窗口右边与下边滚动条上的箭头，或拖动滚条上的滑块来移动图纸。在绘图窗口中除了显示当前的绘图结果外，还显示了当前使用的坐标系类型和坐标原点及 X 轴、Y 轴、Z 轴的方向等。

默认情况下，坐标系为世界坐标系（WCS），绘图窗口的下方有"模型"和"布局"选项卡，单击其选项卡可以在模型空间或图纸空间之间来切换，如图 1-12 所示。

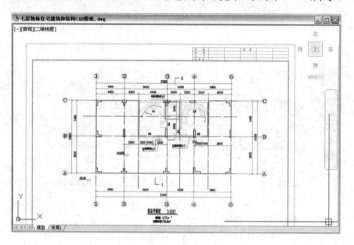

图 1-12　绘图区域

技巧：008　AutoCAD 2014的命令行

视频：技巧008-CAD 2014的命令行.avi
案例：无

技巧概述：命令行是 AutoCAD 与用户对话的一个平台，AutoCAD 通过命令反馈各种信息，用户应密切关注命令行中出现的信息，按信息提示进行相应的操作。

使用 AutoCAD 绘图时，命令行一般有两种显示状态：

（1）等待命令输入状态：表示系统等待用户输入命令，以绘制或编辑图形，如图 1-13 所示。

（2）正在执行命令状态：在执行命令的过程中，命令行中将显示该命令的操作提示，以方便用户快速确定下一步操作，如图 1-14 所示。

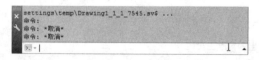

图 1-13　等待命令输入状态

图 1-14　命令执行状态

技巧：009　AutoCAD 2014的状态栏

视频：技巧 009-AutoCAD 2014的状态栏.avi
案例：无

技巧概述：状态栏位于 AutoCAD 2014 窗口的最下方，主要由当前光标坐标值、辅助工具按钮、布局空间、注释比例、工作空间、锁定按钮、状态栏菜单、全屏按钮等各个部分组成，如图 1-15 所示。

图 1-15　状态栏的组成

1）当前光标的坐标值

状态栏的最左方有一组数字，跟随鼠标光标的移动发生变化，通过它用户可快速查看当前光标的位置及对应的坐标值。

2）辅助工具按钮

辅助工具按钮都属于开关型按钮，即单击某个按钮，使其呈凹陷状态时表示启用该功能，再次单击该按钮使其呈凸起状态时则表示关闭该功能。

辅助工具组中包括"推断约束"、"捕捉模式"、"栅格显示"、"正交模式"、"极轴追踪"、"对象捕捉"、"三维对象捕捉"、"对象捕捉追踪"、"允许｜禁止动态 UCS"、"动态输入"、"显示｜隐藏线宽"、"显示｜隐藏透明度"、"快捷特性"、"选择循环"等按钮。

软件技能　　　　　　　　　　　　　　　　　　　★★★★☆

在绘图的过程中，常常会用到这些辅助工具，如绘制直线时开启"正交模式"，只需要将鼠标移动到正交按钮上且单击，即可打开正交模式来绘图，鼠标在该按钮上面停留几秒钟时，就会出现"正交模式（F8）"名称，即代表该功能还可以以键盘上的 F8 作为快捷键进行启动，使操作更为方便。

辅助工具按钮中，对应按钮快捷键如下：推断约束用 Ctrl+Shift+I，捕捉模式用 F9，栅格显示用 F7，正交模式用 F8，极轴追踪用 F10，对象捕捉用 F3，三维对象捕捉用 F4，对象捕捉追踪用 F11，允许｜禁止动态 UCS 用 F6，动态输入用 F12，快捷特性用 Ctrl+Shift+P，选择循环用 Ctrl+W，掌握了这些快捷键可以大大加快绘图的速度。

当启用了"快捷特性"功能，选择图形则会弹出"快捷特性"面板，可以通过该面板来修改图形的颜色、图层、线型、坐标值、大小等，如图 1-16 所示。

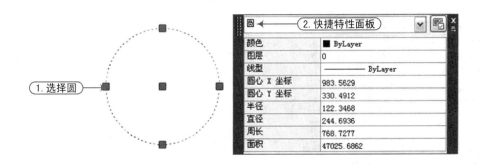

图 1-16　快捷特性功能

3）布局空间

启动"图纸"按钮图纸或者"模型"按钮模型，可以在图纸和模型空间中进行切换。

启动"快速查看布局"按钮，在状态栏处将弹出"快速查看布局"工具栏以及模型和布局的效果预览图，可以选择性地查看当前图形的布局空间，如图1-17所示。

启动"快速查看图形"按钮，在状态栏处将弹出"快速查看图形"工具栏以及 AutoCAD 软件中打开的所有图形的预览图，如图1-18 所示打开的图形 Drawing1～Drawing3，鼠标移动至某个图形，在上方则继续显示该图形模型和布局的效果，即可在各个图形中进行选择性的查看。

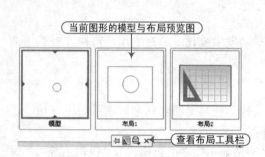

图1-17 菜单浏览器　　　　　　　　　　图1-18 快捷菜单

4）注释比例

注释比例默认状态下是 1:1，根据用户需要的不同可以自行调整注释比例。方法是单击右侧的按钮，在弹出的下拉菜单中选择需要的比例即可。

5）工作空间

AutoCAD 默认的工作空间为"草图与注释"，用户可以根据需要单击"切换工作"空间按钮，来对工作空间进行切换与设置。

6）锁定按钮

默认情况下，"锁定"按钮为解锁状态，单击该按钮，在弹出的菜单中可以选择对浮动或固定的工具栏、窗口进行锁定，使其不会被用户不小心移到其他地方。

7）状态栏菜单

单击"隔离对象"右侧的按钮，将弹出如图1-19 所示的下拉菜单，选择不同的命令，可改变状态栏的相应组成部分。例如，取消"图纸\模型（M）"前面的标记，将隐藏状态栏中的"图纸\模型"按钮模型 图纸进行显示，如图1-20 所示。

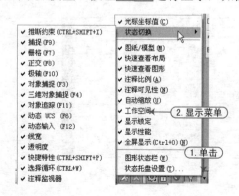

图1-19 状态栏菜单　　　　　　　　　　图1-20 取消"图纸\模型"按钮显示

8）全屏按钮

在 AutoCAD 绘图界面中，若想要最大化地在绘图区域中绘制或者编辑图形，即可单击"全屏显示（Ctrl+0）"按钮 ，使整个界面只剩下标题栏、命令行和状态栏，将多余面板隐藏掉，使图形区域能够最大化显示，如图 1-21 所示。

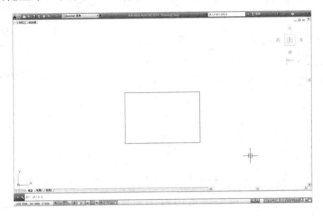

图 1-21　最大化效果

技巧：010　AutoCAD 2014的快捷菜单

视频：技巧 010-AutoCAD 2014 的快捷菜单.avi
案例：无

技巧概述：在窗口的最左上角大"A"按钮为"菜单浏览器"按钮 ▲，单击该按钮会出现下拉菜单，如"新建"、"打开"、"保存"、"另存为"、"输出"、"打印"、"发布"等。另外，还新增加了很多新的项目，如"最近使用的文档" 、"打开文档" 、"选项"和"退出 AutoCAD"按钮，如图 1-22 所示。

AutoCAD 2014 的快捷菜单通常会出现在绘图区、状态栏、工具栏、模型或布局选项卡上的右击时，该菜单中显示的命令与右击对象及当前状态相关，会根据不同的情况出现不同的快捷菜单命令，如图 1-23 所示。

图 1-22　菜单浏览器　　　　　　　　图 1-23　快捷菜单

技巧：011　AutoCAD 2014的退出方法

视频：技巧 011-AutoCAD 2014 的退出方法.avi
案例：无

技巧概述：在 AutoCAD 2014 中绘制完图形文件后，用户可通过以下任意四种方法来退出。

方法 01 在 AutoCAD 2014 软件环境中单击右上角的"关闭"按钮 **x** 。

方法 02 在键盘上按 Alt+F4 或 Alt+Q 组合键。

方法 03 单击 AutoCAD 界面标题栏左端的 **A** 图标，在弹出的下拉菜单中再单击"关闭"按钮 。

方法 04 在命令行输入 Quit 命令或 Exit 命令并按 Enter 键。

通过以上任意一种方法，将可对当前图形文件进行关闭操作。如果当前图形有所修改而没有存盘，系统将打开 AutoCAD 警告对话框，询问是否保存图形文件，如图 1-24 所示。

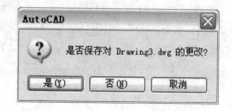

图 1-24 AutoCAD 警告窗口

技巧提示 ★★☆☆☆

在警告对话框中，单击"是"按钮或直接按 Enter 键，可以保存当前图形文件并将其关闭；单击"否 N"按钮，可以关闭当前图形文件但不存盘；单击"取消"按钮，取消关闭当前图形文件操作，既不保存也不关闭。如果当前所编辑的图形文件没命名，那么单击"是"按钮后，AutoCAD 会打开"图形另存为"对话框，要求用户确定图形文件存放的位置和名称。

技巧：012 将命令行设置为浮动模式

视频：技巧012-将命令行设置为浮动模式.avi
案例：无

技巧概述：命令窗口是用于记录在窗口中操作的所有命令，如单击按钮和选择菜单选项等。在此窗口中输入命令，按下 Enter 键可以执行相应的命令。用户可以根据需要改变其窗口的大小，也可以将其拖动为浮动窗口，如图 1-25 所示，可以在其中输入命令，命令行将跟随变化。若要恢复默认的命令行位置，只需将浮动窗口按照同样的方法拖动至起始位置即可。

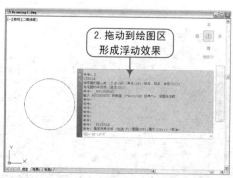

图 1-25 拖动命令行形成浮动窗口

软件技能 ★★☆☆☆

在绘图过程中，如果需要查看多行命令，可按 F2 键将 AutoCAD 文本窗口打开，该窗口中显示了对文件执行过的所有命令，如图 1-26 所示，同样可以在其中输入命令，命令行将跟随变化。

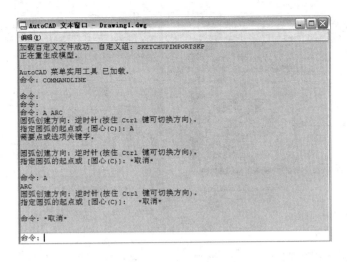

图 1-26　文本窗口

技巧：013　绘图窗口的调整

视频：技巧013-绘图窗口的调整.avi
案例：无

技巧概述：当需要切换多个文件来进行绘制或编辑时，可以将这些文件都显示在一个工作平面，这样即可随意地在图形中进行切换与编辑，如图形之间的复制操作。

在 AutoCAD 2014 软件中，提供了多种窗口的排列功能。可以通过窗口"最小化"和"最大化"控制按钮████和鼠标控件↔、↖来调整绘图窗口的大小，还可以在菜单栏处于显示状态减时，选择"窗口"菜单项，从弹出的下级菜单中即可看到"层叠"、"水平平铺"、"垂直平铺"、"排列图形"等选项，还可以看到当前打开的图形文件，如图 1-27 所示。

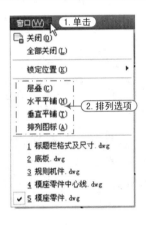

图 1-27　"窗口"菜单命令

1．重叠

当图形过多时，可以通过重叠窗口来整理大量窗口，以便访问，如图 1-28 所示。

2．水平平铺

打开多个图形时，可以按行查看这些图形，如图 1-29 所示，只有在空间不足时才添加其他列。

3．垂直平铺

打开多个图形时，可以按列查看这些图形，如图 1-30 所示，只有在空间不足时才添加其他行。

4．排列图标

图形最小化时，将图形在工作空间底部排成一排来排列多个打开的图形，如图 1-31 所示。

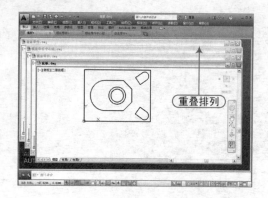

图 1-28　重叠效果

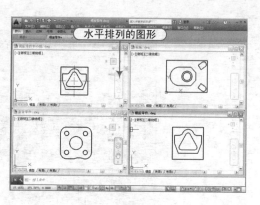

图 1-29　水平平铺效果

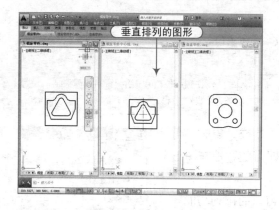

图 1-30　垂直平铺

图 1-31　排列图标

技巧：014　自定义快速访问工具栏

视频：技巧014-自定义快速访问工具栏.avi
案例：无

技巧概述：由于工作的性质和关注领域不同，每个 CAD 软件作用者对软件中各种命令的使用使用频率大不相同，所以，AutoCAD 2014 提供了自定义快速访问工具栏的功能，让用户可以根据实际需要添加、调整、删除该工具栏上的工具。一般可以将使用频率最高的命令添加到快速访问工具栏中，以达到快速访问的目的。

单击"自定义快速访问工具栏"按钮 ，将会展开如图 1-32 所示自定义快捷菜单，在该菜单中，带 标记的命令为已向工具栏添加的命令，可以取消勾选来取消该命令在快速访问工具栏的显示，在下侧还提供了"特性匹配"、"特性"、"图纸集管理器"、"渲染"等命令，可以勾选添加到快速访问工具栏上；还可以通过"在功能区下方显示"选项，来改变快速访问工具栏的位置。

读者按照如图 1-33 所示步骤操作，可以向快速访问工具栏添加已有的命令图标。

如果这些命令还不足以满足使用者的需求，可以选择"更多命令"项，来添加相应的命令。例如，在草图注释空间的"注释"面板中，找不到"连续标注"命令，这时可以根据如图 1-34 所示操作将"连续标注"命令添加到快速访问工具栏中。

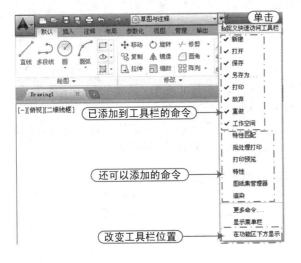

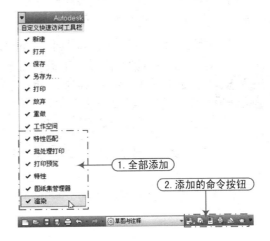

图 1-32 自定义快速访问工具栏   图 1-33 添加已有命令

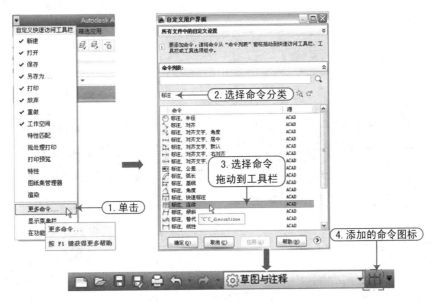

图 1-34 添加更多命令操作

若需要删除快速访问工具栏上的命令图标，直接在该图标上右击，在弹出的快捷菜单中选择"从快速访问工具栏中删除"命令即可，如图 1-35 所示。

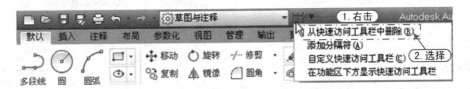

图 1-35 删除工具栏命令方法

技巧:015 工作空间的切换

视频:技巧015-工作空间的切换.avi
案例:无

技巧概述: AutoCAD 的工作界面是 AutoCAD 显示及编辑图形的区域,第一次启动 AutoCAD 2014 是以默认的"草图与注释"工作空间打开的,常用的是"AutoCAD 经典"工作空间。

步骤 01 正常启动 AutoCAD 2014 软件,系统自动创建一个空白文件。

步骤 02 在"快速访问工具栏"中,单击"草图与注释"下拉列表,在其中选择"AutoCAD 经典",即可完成 AutoCAD 2014 工作界面的切换,如图 1-36 所示。

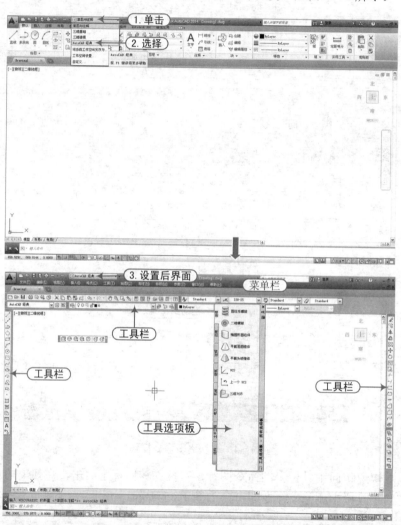

图 1-36　工作界面的切换

专业技能 ★★★★☆

在状态栏中单击"切换工作空间"按钮 ⚙,即会弹出如图 1-37 所示快捷菜单,在此菜单中同样提供了 AutoCAD 各种工作界面供用户选择。

技巧：016 设置ViewCube工具的大小 　　视频：技巧016-设置ViewCube工具的大小.avi
　　案例：无

技巧概述： 在 AutoCAD 2014 软件中，ViewCube 工具是绘图区右上方显示的东西南北控键按钮，如图 1-38 所示。在绘图过程中该控制键的大小，会直接影响到绘图区的大小，用户可以根据需要来调整该控键的大小。

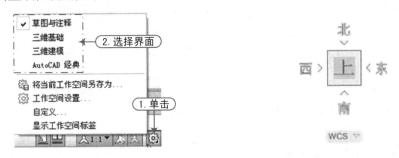

图 1-37　通过状态栏切换空间　　　　　图 1-38　东西南北控键

步骤 01 在 AutoCAD 2014 环境中，在 ViewCube 工具上右击，即会弹出快捷菜单，再选择"ViewCube 设置"选项。

步骤 02 随后会弹出"ViewCube 设置"对话框，在"ViewCube 大小"栏中，取消勾选"自动（A）"复选框，则激活"ViewCube 大小"滑动条，其默认的大小为"普通"，读者可以根据需要在滑动条位置上单击，来设置 ViewCube 的大小，后面的图形预览将随着鼠标的移动而变化，如图 1-39 所示。

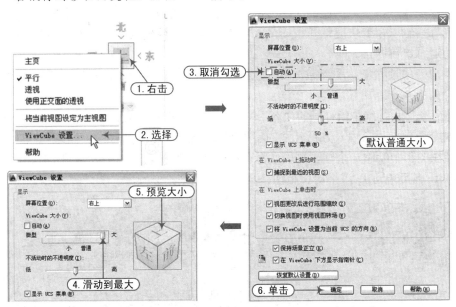

图 1-39　调整 ViewCube 工具大小

在"ViewCube 设置"对话框中，可以通过"屏幕位置（O）"项，来设置该工具浮动在屏幕左上\左下\右上\右下位置；可以通过"不活动时的不透明度（I）"滑动条对其透明度进行设置；还可以设置"ViewCube 工具"下侧的 wcs ▽ 图标的显示与否。

软件技能 ★★★☆☆

在 AutoCAD 2014 软件里，控制显示 ViewCube（即显示东西南北的按钮）状态，可以用系统变量 NAVVCUBEDISPLAY 来控制，控制 ViewCube 工具在当前视觉样式和当前视口中的显示。

（1）当 NAVVCUBEDISPLAY 变量为 0 时，ViewCube 工具不在二维和三维视觉样式中显示。

（2）当 NAVVCUBEDISPLAY 变量为 1 时，ViewCube 工具在三维视觉样式中显示但不在二维视觉样式中显示。

（3）当 NAVVCUBEDISPLAY 变量为 2 时，ViewCube 工具在二维视觉样式中显示但不在三维视觉样式中显示。

（4）当 NAVVCUBEDISPLAY 变量为 3 时，ViewCube 工具在二维和三维视觉样式中显示。

默认变量值为 3，读者可以根据需要来进行调整。

技巧：017　AutoCAD 命令的 6 种执行方法

视频：技巧 017-AutoCAD 命令的 6 种执行方法.avi
案例：无

技巧概述： 要使用 AutoCAD 绘图，必须先学会在该软件中使用命令执行操作的方法，包括通过在命令行输入命令、使用工具栏或面板、使用菜单命令绘图等。不管采用哪种方式执行命令，命令行中都将显示相应的提示信息。

1. 通过"命令行"执行命令

在命令行输入命令绘图是很多熟悉并牢记了绘图命令的用户比较青睐的方式，因为它可以有效地提高绘图速度，是最快捷的绘图方式。其输入方法是：在命令行单击鼠标左键，看到闪烁的鼠标光标后输入命令快捷键，按 Enter 或者"空格"键确认命令输入，然后按照提示信息一步一步地进行绘制即可。

在执行命令的过程中，系统经常会提示用户进行下一步的操作，其命令行提示的各种特殊符号的含义如下：

（1）在命令提示行有带 [ ] 符号的内容：表示该命令下可执行且以"/"符号隔开的各个选项，若要选择某个选项，只需输入方括号中的字母即可，该字母既可以是大写形式也可以是小写形式。例如，在图形中绘制一个圆，可以在命令行输入圆命令 C，则命令行如图 1-40 所示进行提示，再输入 t，则选择了以"相切、相切、半径"方式来绘制圆。

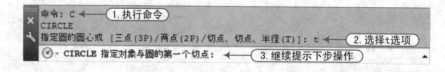

图 1-40　命令执行方式

（2）在命令提示中有带 < > 符号的内容：在尖括号内的值是当前的默认值或者是上次操作时使用过的值，若在这类提示下直接按 Enter 键，则采用系统默认值或上次操作时使用的值并执行命令，如图 1-41 所示。

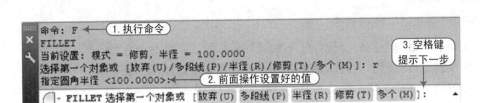

图 1-41　命令执行方式

技巧提示　★★★★☆

　　用户可以按 F12 快捷键来开启"动态输入"模式，此时无须鼠标在命令行单击，即可直接在键盘上输入命令的快捷键，此时会在十字光标处提示以相同字母开头的其他命令，"空格"键确定首选命令后，根据下一步提示进行操作，使绘图更为简便，如图 1-42 所示。

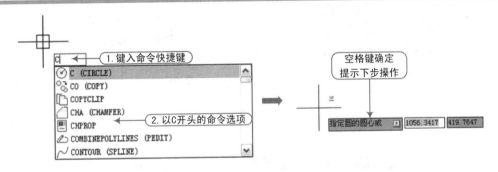

图 1-42　动态输入命令

2. 使用"工具栏"或"面板"执行命令

　　若当前处于"草图与注释"模式下，可以通过选择面板上的按钮来执行命令，还可以将工具栏调出来，工具栏中集合了几乎所有的操作按钮，所以使用工具栏绘图比较常用。下面以使用这两种方法执行命令绘制一个圆为例，具体操作如下：

步骤 01　在 AutoCAD 2014 环境中，在"绘图"工具栏中单击"圆"按钮◎，或者在调出的"绘图"工具栏中单击"圆"按钮◎，如图 1-43 所示。

图 1-43　单击按钮执行的两种方式

步骤 02　执行上一步任意操作，其命令行同样会如图 1-44 所示进行提示，根据步骤进行操作即可绘制出一个圆。

图 1-44　命令行提示

3. 使用"菜单栏"执行命令

用户在既不知道命令的快捷键，又不知道该命令的工具按钮属于哪个工具栏，或者工具栏中没有该命令的工具按钮形式时，都可以以菜单方式来进行绘图操作。其命令的执行结果与输入命令方式相同，这些菜单命令又有某种共性，所以操作起来非常方便。

例如，选择"绘图 | 圆弧"菜单中的"起点、端点、半径"执行命令来绘制一段圆弧；然后又需要对图形进行镜像，此时可选择"修改 | 镜像"菜单命令来完成图形的编辑，如图 1-45 所示。

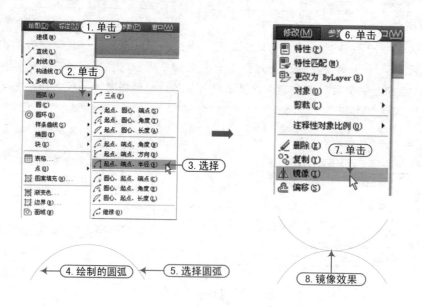

图 1-45　使用"菜单栏"执行命令

4. 使用鼠标执行命令

在绘图窗口，光标通常显示为"+"字线形式。当光标移至菜单选项、工具对话框内它会变成一个箭头。无论光标是"+"字线形式还是箭头形式，当单击或者按动鼠标键时，都会执行相应的命令或动作。在 AutoCAD 中，鼠标键是按照下述规定定义的。

（1）拾取键：通常指鼠标左键，用于指定屏幕上的点，也可以用来选择 Windows 对象、AutoCAD 对象、工具栏按钮和菜单命令等。

（2）回车键：用于鼠标右键，相当于 Enter 键，用于结束当前使用命令，此时系统会根据当前绘图状态而弹出不同的快捷菜单。

（3）弹出菜单：当使用 Shift 键和鼠标右键组合时，系统将弹出一个快捷菜单，用于设置捕捉点的方法。对于三键鼠标，弹出按钮通常是鼠标的中间按钮。

5. 重复执行命令

（1）只需在命令行为"命令："提示状态时，直接按 Enter 键或"空格"键，这时系统将自动执行前一次操作的命令。

（2）如果用户需执行以前执行过的相同命令，可按"↑"键，这时将在命令行依次显示前面输入过的命令或参数，当上翻到需要执行的命令时，按 Enter 键或"空格"键即可执行。

6．终止、撤销与恢复已执行的命令

1）终止命令

在执行命令过程中，如果用户不准备执行正在进行的命令，可以随时按 Esc 键终止执行的任何命令；或者右击鼠标，从弹出的快捷菜单中选择"取消"命令。

2）撤销命令

执行了错误的操作或放弃最近一个或多个操作有多种方法。

（1）单击工具栏中的"撤销"按钮，可撤销至前一次执行的操作后的效果中，单击该按钮后的 按钮，可在弹出的下拉菜单中选择需要撤销的最后一步操作，并且该操作后的所有操作将同时被撤销。

（2）在命令行中执行 U 或 UNDO 命令可撤销前一次命令的执行结果，多次执行该命令可撤销前几次命令的执行结果。

（3）在某些命令的执行过程中，命令行中提供了"放弃（U）"选项，选择该选项可撤销上一步执行的操作，连续选择"放弃"选项可以连续撤销前几步执行的操作。

（4）按快捷键 Ctrl+Z 进行撤销最近一次的操作。

3）恢复命令

与撤销命令相反的是恢复命令，通过恢复命令，可以恢复前一次或前几次已取消执行的操作。

（1）在使用了 U 或 UNDO 放弃命令后，紧接着使用 REDO 命令。

（2）单击快速访问工具栏中的"恢复"按钮 。

（3）按 Ctrl+Y 快捷键进行恢复最近一次操作。

技巧：018　　AutoCAD 命令的重复方法

视频: 技巧 018-AutoCAD 命令的重复方法.avi
案例：无

技巧概述：当执行完一个命令后，如果还要继续执行该命令，可以通过以下方法来进行。

方法 01 只需在命令行为"命令："提示状态时，直接按 Enter 键或"空格"键，这时系统将自动执行前一次操作的命令。

方法 02 如果用户需执行以前执行过的相同命令，可按"↑"键，这时将在命令行依次显示前面输入过的命令或参数，当上翻到需要执行的命令时，按 Enter 键或"空格"键即可执行。

技巧：019　　AutoCAD 命令的撤销方法

视频: 技巧 019-AutoCAD 命令的撤消方法.avi
案例：无

技巧概述：在绘图过程中，执行了错误的操作或放弃最近一个或多个操作有多种方法。

方法 01 单击工具栏中的"撤销"按钮 ，可撤销至前一次执行的操作后的效果中，单击该按钮后的 按钮，可在弹出的下拉菜单中选择需要撤销的最后一步操作，并且该操作后的所有操作将同时被撤销。

方法 02 在命令行中执行 U 或 UNDO 命令可撤销前一次命令的执行结果，多次执行该命令可撤销前几次命令的执行结果。

方法 03 在某些命令的执行过程中，命令行中提供了"放弃（U）"选项，选择该选项可撤销上一步执行的操作，连续选择"放弃"选项可以连续撤销前几步执行的操作。

方法 04 按快捷键 Ctrl+Z 进行撤销最近一次的操作。

专业技能　　　　　　　　　　　　　　　　　　　　★★★☆☆

　　许多命令包含自身的 U（放弃）选项，无须退出此命令即可更正错误。例如，使用 LINE（直线）命令创建直线或多段线时，输入 U 即可放弃上一个线段。

命令：LINE

指定第一个点：

指定下一点或 [放弃(U)]：

技巧：020　AutoCAD 命令的重做方法

视频：技巧 020-AutoCAD 命令的重做方法.avi
案例：无

　　技巧概述：与撤销命令相反的是恢复命令，通过恢复命令，可以恢复前一次或前几次已取消执行的操作。执行重做命令有以下几种方法。

方法 01 在使用了 U 或 UNDO 放弃命令后，紧接着使用 REDO 命令。

方法 02 单击快速访问工具栏中的"恢复"按钮 ↷。

方法 03 按 Ctrl+Y 快捷键进行恢复最近一次操作。

专业技能　　　　　　　　　　　　　　　　　　　　★★★☆☆

　　REDO（重做）命令必须在 UNDO（放弃）命令后立即执行。

技巧：021　AutoCAD 的动态输入方法

视频：技巧 021-AutoCAD 的动态输入方法.avi
案例：无

　　技巧概述：单击状态栏上的"动态输入"按钮，或者使用快捷键 F12，用于打开或关闭动态输入功能。打开动态输入功能，在输入文字时就能看到鼠标光标附着的工具栏提示，直接在键盘上输入命令的快捷键，则会在十字光标处提示以相同字母开头的其他命令，"空格"键确定首选命令后，根据下一步提示进行操作，使绘图更为简便，如图 1-46 所示。

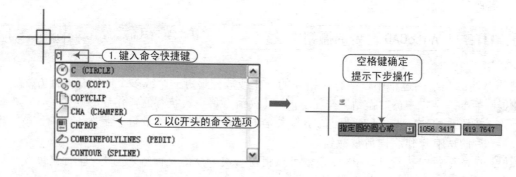

图 1-46　动态输入命令

技巧：022 | **AutoCAD 命令行的使用技巧** | 视频:技巧 022-AutoCAD 命令行的使用技巧.avi
案例:无

技巧概述： 在 CAD 中执行命令的过程中，有时会根据命令行的提示来输入特殊符号，这就要求用户掌握特殊符号的输入技巧了；另外，在选择图形的过程中，用户可以通过按不同次数的空格键来达到特定的功能。

1. 输入特殊符号技巧

在实际绘图中，往往需要标注一些特殊的字符。例如，在文字上方或下方添加划线、标注度（°）、±等特殊符号。这些特殊符号不能从键盘上直接输入，因此 AutoCAD 提供了相应的控制符，以实现这些标注要求。AutoCAD 的常用的控制符如表 1-3 所示。

表 1-3　常用控制符

控制符号	功能
%%O	打开或关闭文字上画线
%%U	打开或关闭文字下画线
%%D	标注度（°）符号
%%P	标注正负公差（±）
%%C	标注直径（Φ）
\U+00b3	标注立方米 m^3
\U+00b2	标注平方米 m^2

技巧提示 ★★★★☆

在 AutoCAD 输入文字时，可以通过"文字格式"对话框中的"堆叠"按钮 ⓗ 创建堆叠文字（堆叠文字是一种垂直对齐的文字或分文字）。在使用时，需要分别输入分子和分母，其间使用 /、# 或 ^ 分隔，然后选择这一部分文字，单击 ⓗ。例如，输入 2011/2012，然后选中该文字并单击 ⓗ 按钮，即可形成如图 1-47 所示效果，如输入 M2^，选择 2^，然后单击 ⓗ 按钮，即可形成上标平方米效果；若输入 M^2，单击 ⓗ 按钮即可形成下标效果，如图 1-48 所示。

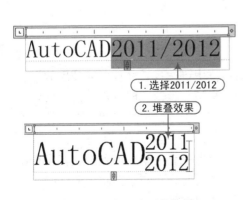

图 1-47　输入/分隔符堆叠

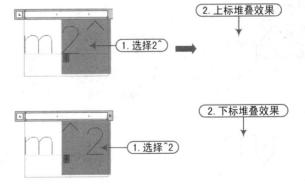

图 1-48　输入^分隔符堆叠

2. 空格键妙用技巧

在未执行的命令的状态下选择图形，选择的图形呈蓝色夹点状态，单击任意蓝色夹点，将红色显示，则此夹点作为基点。

（1）空格一次，自动转换为移动命令。

（2）空格两次，自动转换为旋转命令。

（3）空格三次，自动转换为缩放命令。

（4）空格四次，自动转换为镜像命令。

（5）空格五次，自动转换为拉伸命令。

技巧：023 AutoCAD 透明命令的使用方法

视频：技巧 023-AutoCAD 透明命令的使用方法.avi
案例：无

技巧概述：在 AutoCAD 中，透明命令是指在执行其他命令的过程中可以执行的命令。通常使用的透明命令多为修改图形设置的命令、绘图辅助工具命令，如 Snap、Grid、Zoom 等命令。

要以透明方式使用命令，应在输入命令之前输入单引号（'）。命令行中，透明命令行的提示有一个双折符号（>>）完成透明命令后，将继续执行原命令。如图 1-49 所示为在执行直线命令中，使用透明命令开启正交模式的操作步骤。

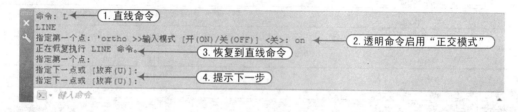

图 1-49　透明命令的使用

技巧：024 AutoCAD 新建文件的几种方法

视频：技巧 024-AutoCAD 新建文件的几种方法.avi
案例：无

技巧概述：启动 AutoCAD 后，将自动新建一个名为 Drawing 的图形文件，用户也可以通过 CAD 中的样板来新建一个含有绘图环境的文件，以完成更多更复杂的绘图操作。新建图形文件的方法如下：

方法 01 执行"文件 | 新建"菜单命令。

方法 02 单击"快速访问"工具栏中的"新建"按钮。

方法 03 按下 Ctrl+N 组合键。

方法 04 在命令行输入 New 命令并按 Enter 键。

执行上述操作后，将弹出"选择样板"对话框，在对话框中可选择新文件所要使用的样板文件，默认样板文件是 acad.dwt。用户可以从中选择相应的样板文件，此时在右侧的"预览"框将显示出该样板的预览图像，然后单击 **打开(O)** 按钮，即可基于选定样板新建一个文件，如图 1-50 所示。

利用样板来创建新图形，可以避免每次绘制新图时需要进行的有关绘图设置的重复操作，不仅提高了绘图效率，而且保证了图形的一致性。样板文件中通常含有与绘图相关的一些通用设置，如图层、线性、文字样式、尺寸标注样式、标题栏、图幅框等。

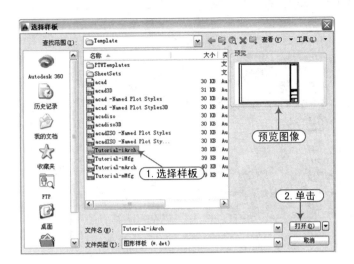

图 1-50　"选择样板"对话框

软件技能　　　　　　　　　　　　　　　　　　　　　　　★★★☆☆

　　在弹出的"选择样板"对话框中,单击"打开"按钮后面的 ▼ 按钮,在弹出的菜单中可选择"无样板打开—英制"或"无样板打开—公制"选项,如果用户未进行选择,默认情况下将以"无样板打开—公制"打开图形文件。

　　(1)公制(The Metric System)。基本单位为千克和米。为欧洲大陆及世界大多数国家所采用。

　　(2)英制(The British System)。基本单位为磅和码。为英联邦国家所采用,而英国因加入欧盟,在一体化进程中已宣布放弃英制,采用公制。

技巧：025　AutoCAD 打开文件的几种方法　　视频：技巧 025-AutoCAD 打开文件的几种方法.avi
案例：无

　　技巧概述：想要对计算机中存在的 AutoCAD 文件进行编辑,必须先打开该文件。其方法如下:

方法 01　执行"文件 | 打开"菜单命令。

方法 02　单击"快速访问"工具栏中的"打开"按钮 📂。

方法 03　按下 Ctrl+O 组合键。

方法 04　在命令行输入 Open 命令并按 Enter 键。

　　以上任意一种方法都可打开已存在的图形文件,将弹出"选择文件"对话框,选择指定路径下的指定文件,则在右侧的"预览"栏中显出该文件的预览图像,然后单击"打开"按钮,将所选择的图形文件打开,如图 1-51 所示。

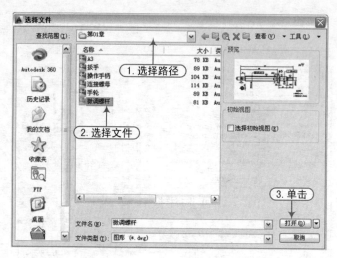

图 1-51 "选择文件"对话框

技巧：026 AutoCAD 文件局部打开的方法

视频: 技巧 026-AutoCAD 文件局部打开的方法.avi
案例: 无

技巧概述：单击"打开"按钮右侧的倒三角按钮 ▾，将显示打开文件的 4 种方式，如图 1-52 所示。

在 AutoCAD 2014 中，可以以"打开"、"以只读方式打开"、"局部打开"和"以只读方式局部打开" 4 种方式打开文件。当以"打开"、"局部打开"打开图形，可以对打开图形进行编辑，当以"以只读方式打开"、"以只读方式局部打开"打开图形时，则无法对图形进行编辑。

如果选择"局部打开"、"以只读方式局部打开"打开图形，这时将打开"局部打开"对话框，如图 1-53 所示。可以在"要加载几何图形的视图"选项区域选择要打开的视图，在"要加载几何图形的图层"选项区域中选择要选择的图层，然后单击"打开"按钮，即可在选定区域视图中打开选择图层上的对象。便于用户有选择地打开自己所需要的图形内容，来加快文件装载的速度。特别是针对大型工程项目中，一个工程师通常只负责一小部分的设计，使用局部打开功能，能够减少屏幕上显示的实体数量，从而大大提高工作效率。

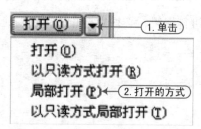

图 1-52 打开的方式

图 1-53 "局部打开"对话框

技巧：027 AutoCAD 保存文件的几种方法

视频: 技巧 027-AutoCAD 保存文件的几种方法.avi
案例: 无

技巧概述：图形绘制完毕后应保存至相应的位置，而在绘图过程中也随时需要保存图形，以免死机、停电等意外事故使图形丢失。下面讲解不同情况下保存图形文件的方法。

1. 保存新文件

新文件是还未进行保存操作的文件。保存新文件的方法如下：

方法 01 执行"文件 | 保存"或"文件 | 另存为"菜单命令。

方法 02 单击"快速访问"工具栏中的"保存"按钮 ▣。

方法 03 按下 Ctrl+S 或 Shift+Ctrl+S 组合键。

方法 04 在命令行输入 Save 命令并按 Enter 键。

通过以上任意一种方法，将弹出"图形另存为"对话框，并按照如图 1-54 所示操作提示进行保存即可。

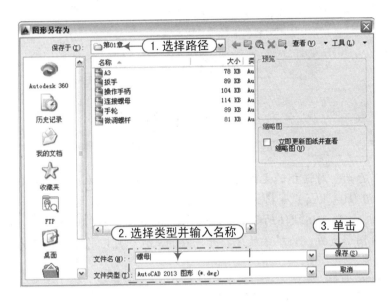

图 1-54　"图形另存为"对话框

2. 保存正在绘制或编辑后的文件

在绘图或者编辑操作过程中，同样需要对图形进行保存，以免丢失当前的操作。

方法 01 单击"快速访问"工具栏中的"保存"按钮 ▣。

方法 02 在命令行中输入 QSAVE 命令。

方法 03 按下 Ctrl+S 组合键。

如果图形从未被保存过，将弹出"图形另存为"对话框，要求用户将当前图形文件进行存盘；如果图形已被保存过，就会按原文件名和文件路径存盘，且不会出现任何提示。

3. 保存为样板文件

保存样板文件可以避免每次绘制新图时需要进行的有关绘图设置的重复操作，不仅提高了绘图效率，而且保证了图形的一致性。

在执行了保存或者另存为命令后，弹出"图形另存为"对话框，在"保存于"下拉列表中找到指定样板文件保存的路径，在"文件类型"下拉列表中选择"AutoCAD 图形样板（*.dwt）"项，然后输入样板文件名称，最后单击 保存(S) 按钮即可创建新的样板文件，如图 1-55 所示。

图 1-55　保存样板文件

技巧：028　AutoCAD 文件的加密方法

视频：技巧 028-AutoCAD 文件的加密方法.avi
案例：无

　　技巧概述：在 AutoCAD 2014 中保存文件可以使用密码保护功能对文件进行加密保存，以 提高资料的安全性。具体操作如下：

步骤 01 执行"文件|保存"或者"文件|另存为"菜单命令，弹出"图形另存为"对话框， 单击**工具(L)** ▼按钮，在弹出的快捷菜单中选择"安全选项"命令，如图 1-56 所示。

步骤 02 打开"安全选项"对话框，在"密码"选项卡的"用于打开此图形的密码或短语" 文本框中输入密码，然后单击 **确定** 按钮，如图 1-57 所示。

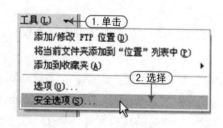

图 1-56　选择命令

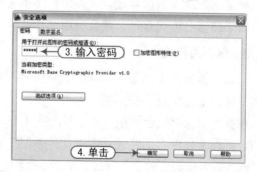

图 1-57　"安全选项"对话框

步骤 ③ 打开"确认密码"对话框，在"再次输入用于打开此图形的密码"文本框中确认密码，单击 确定 按钮，如图 1-58 所示。返回到"图形另存为"对话框，为加密图形文件指定路径、设置名称与类型后，单击 保存(S) 按钮即可保存加密的图形文件。

步骤 ④ 当用户再次打开加密图形文件时，系统将打开"密码"对话框，如图 1-59 所示。在对话框中输入正确密码才能将此加密文件打开，否则将无法打开此图形。

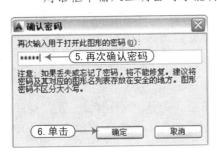

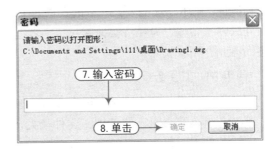

图 1-58　确认密码　　　　　　　　　　　图 1-59　输入密码打开文件

技巧：029　AutoCAD 文件的修复方法

视频：技巧 029-AutoCAD 文件的修复方法.avi
案例：无

技巧概述： 在使用 AutoCAD 工作中，意外的死机、停电或者文件出错都会给我们的工作带来诸多的困扰与不便，下面来讲述在出现这种情况下，如何对 CAD 文件进行修复。

（1）在死机、停电或者文件出错自动退出并无提示等意外情况后，打开 CAD 文件出现错误，此时，可以用 AutoCAD 软件里的"文件|图形实用工具"下面的"修复"命令，进行 CAD 文件的修复。大多情况下是可以修复的。

（2）文件出错时，一般会出现一个提示是否保存的对话框，此时应选择不保存，如果选择保存，再打开文件时已丢失，选不保存可能只丢失一部分。

（3）如果用"修复"命令修复以后无用，可用插块方式，新建一个 CAD 文件把原来的文件用插块的方式插进来，可能可行。

（4）在死机、停电等意外情况后，打开 CAD 文件出现错误并用修复功能无效时，可到文件夹下找到备份文件（bak 文件），将其后缀名改为 dwg，以代替原文件或改为另一文件名。打开后一般损失的工作量是很小的。有少数情况死机后再打开文件时虽然能打开，但没有了内容，或只有很少的几个图元，这时千万不能保存文件，按上述方法改备份文件（bak 文件）是最好的方法，如果保存了原文件，备份文件就被更新了，无法恢复到死机前的状态。

（5）如果没注意上面说的，备份文件也已更新到没实际内容的文件，或者在选项中取消了创建备份文件（以节省磁盘空间），那就得去找自动保存的文件了。自动保存的位置如果没更改，一般在系统文件所自动定义的临时文件夹下，也就是 c:winnttemp 下。自动保存的文件名后缀为 sv$（当然也可自己定），根据时间、文件名，能找到自动保存的文件。例如，受损的文件名是"换热器.dwg"，自动保存的文件名很可能是"换热器_?_?_????.sv$"，其中? 号是一些不确定的数字。为 CAD 建立专门的临时文件夹是一个好的方法，便于清理和寻找文件，能减少系统盘的碎片文件。方法是在资源管理器建立文件夹后，在 CAD 的选项中指定临时文件和自动保存文件的位置。

（6）作图习惯要注意，不大好的机子就不要将太多图纸放在一个文件中，容易出错。另一个是养成随时保存的习惯，还要养成文件备份的习惯。可以在 AutoCAD 软件里的"工具|选

项"里面的"打开和保存"按钮下面，设置"自动保存"。

总之，发生意外情况千万不能慌神，沉着冷静，一般都能把损失减少到最小的。如果紧张，总是不断打开文件，保存文件，那只会给恢复带来困难。

技巧：030　AutoCAD 文件的清理方法

视频：技巧 030-AutoCAD 文件的清理方法.avi
案例：无

技巧概述：由于工作需要，经常把大量的 AutoCAD 绘制的 DWG 图形文件作为电子邮件的附件在互联网上传输，为经济快捷起见，笔者近来特意琢磨如何为 DWG 文件"减肥"，得到经验两条，在此介绍给大家。

1. 使用 PUREG 命令清理

当图纸完成以后，里面可能有很多多余的东西，如图层、线形、标注样式、文字样式、块、形等，不仅占用存储空间还使 DWG 文件偏大，所以要进行清理。按照如下步骤进行操作，会将文件内部所有不需要的垃圾对象全部删除：

步骤 01 在命令行输入"清理"命令 PUREG，将弹出"清理"对话框，即会看到该图形中所有项目，分别显示各种类型的对象。

步骤 02 选中"查看能清理的项目"，再单击 全部清理(A) 按钮即可，如图 1-60 所示。

还可以选择性地清理不需要的类型，若需要清理多余的图层，则在"清理"对话框中选择"图层"项，再单击 清理(P) 按钮，即可将未使用的垃圾图层删除掉，如图 1-61 所示。

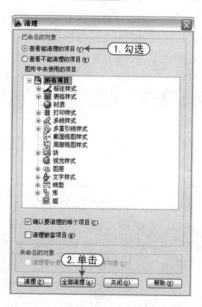

图 1-60　清理所有垃圾文件

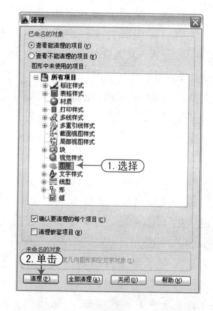

图 1-61　清理未使用的图层

用 PURGE 命令把图形中没有使用过的块、图层、线型等全部删除，可以达到减小文件的目的。如果文件仅用于传送给对方看看或是永久性存档，在使用 PURGE 命令前还可以做如下工作：

（1）把图形中插入的块炸开，使图形中根本不含有块。

（2）把线型相同的图层上的元素全部放置在一个图层上，减少图层数量。

这样一来就能使更多的图块、图层成为没有使用的，从而可以被 PURGE 删除，更加精减文件尺寸。连续多次使用 PURGE 命令，就可以将文件"减肥"到极点了。

2. 使用 WBLOCK 命令清理

把需要传送的图形用 WBLOCK 命令以写块的方式产生新的图形文件，把新生成的图形文件作为传送或存档用。目前为止，这是笔者发现的最有效的"减肥"方法。这样就在指定的文件夹中生成了一个新的图形文件。具体操作如下：

步骤 01 在命令行输入"写块"命令（WBLOCK），将弹出"写块"对话框。

步骤 02 单击"选择对象"按钮 ，在图形区域选择需要列出的图形，并指定相应基点，按照如图 1-62 所示步骤进行操作，将需要的图形进行写块处理。

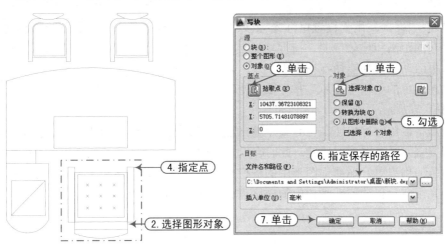

图 1-62　写块操作

技巧提示　★★★☆☆

比较以上两种方法，各有长短：用 PURGE 命令操作简便，但"减肥"效果稍差；用 WBLOCK 命令最大优点就是"减肥"效果好。最大的缺点就是不能对新生成的图形进行修改（甚至不做任何修改）存盘，否则文件又变大了。笔者对自己的 DWG 文件用两种方法精简并对比效果发现，精简后的文件大小相差几乎在 5KB 以内。读者可根据自己的情况确定使用何种方法。

在传送 DWG 文件前，应用 WINZIP（笔者推荐）压缩，效果特好，几乎只有原来的 40% 左右。

技巧：031　正并模式的设置方法

视频：技巧031-正交模式的设置方法.avi
案例：无

技巧概述：正交方式的打开和关闭状态，以确定是否在正交方式下作图。当正交模式处于打开状态时，鼠标所拖出的所有线条都是平行于坐标轴的，可以迅速准确地绘制出与坐标轴平行的线段。打开与关闭正交的操作方法如下：

方法 01 在状态栏处单击"正交模式"按钮 即可打开，若关闭正交，则用鼠标再次单击该按钮 即可。

方法 02 "正交模式"功能键是 F8，可以通过键盘上的 F8 键，来开启或者关闭正交模式。

在正交方式下，移动鼠标拖出的线条均为平行于坐标轴的线段，平行于哪一个坐标轴取决于拖出线的起点到坐标轴的距离。只能在垂直或水平方向画线或指定距离，而不管光标在屏幕上的位置。其线的方向取决于光标在 X 轴、Y 轴方向上的移动距离变化。

技巧提示 ★★★☆☆

正交方式只控制光标，影响用光标输入的点，而对以数据方式输入的点无任何影响。

技巧：032 捕捉与栅格的设置方法

视频：技巧032-捕捉与栅格的设置方法.avi
案例：无

技巧概述： "捕捉"用于设置鼠标光标移动间距，"栅格"是一些标定位置的小点，使用它可以提供直观的距离和位移参照。捕捉功能常与栅格功能联合使用，一般情况下，先启动栅格功能，然后再启动捕捉功能捕捉栅格点。

单击状态栏中的"栅格显示"按钮▦，使该按钮呈凹下状态，这时在绘图区域中将显示网格，这些网格就是栅格，如图 1-63 所示。

若用户需将鼠标光标快速定位到某个栅格点，就必须启动捕捉功能。单击状态栏中的"对象捕捉"按钮▢即可启用捕捉功能。此时在绘图区中移动十字光标，就会发现光标将按一定间距移动。为方便用户更好地捕捉图形中的栅格点，可以将光标的移动间距与栅格的间距设置为相同，这样光标就会自动捕捉到相应的栅格点。具体操作如下：

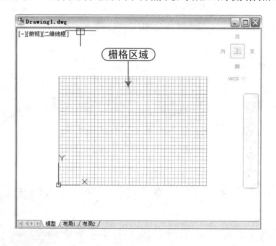

图 1-63　启动栅格

图 1-64　"草图设置"对话框

步骤 01 选择"工具|绘图设置"命令，或者在命令行输入"草图设置"命令（SE），在弹出的"草图设置"对话框中选择"捕捉和栅格"选项卡，如图 1-64 所示。

步骤 02 若用户还未启用捕捉功能，可在该对话框勾选"启用捕捉（F9）"和"启用栅格（F7）"复选框，则启用栅格捕捉功能。

步骤 03 在"捕捉间距"选项中，设置"捕捉 X 轴间距"为 10，"捕捉 Y 轴间距"同样为 10，来设置十字光标水平移动的间距值。

步骤 04 在"栅格样式"选项下，可以设置在不同空间下显示点栅格，若勾选在"二维模型空间"来显示点栅格，则在默认的二维绘图区域显示点栅格状态，如图 1-65 所示。

步骤 05 在右侧的"格栅间距"选项中，设置"栅格 X 轴间距"与"栅格 Y 轴间距"均为 10。

步骤 06 单击 **确定** 按钮完成栅格设置，此时绘图区中的光标将自动捕捉栅格点。

在"捕捉和栅格"选项卡中，各选项的含义如下：

- "启用捕捉"复选框：用于打开或者关闭捕捉方式，可以按 F9 键进行切换，也可以在状态栏中单击进行切换。
- "捕捉间距"设置区：用于设置 X 轴和 Y 轴的捕捉间距。
- "启用栅格"复选框：用于打开或关闭栅格显示，可以按 F7 键进行切换，也可以在状态栏中单击▦按钮进行切换。当打开栅格状态时，用户可以将栅格显示为点矩阵或线矩阵。
- "栅格捕捉"单选按钮：可以设置捕捉类型为"捕捉和栅格"，移动十字光标时，它将沿着显示的栅格点进行捕捉，也是 AutoCAD 默认的捕捉方式。
- "矩形捕捉"单选按钮：将捕捉样式设置为"标准矩形捕捉"，十字光标将捕捉到一个矩形栅格，即一个平面上的捕捉，也是 AutoCAD 默认的捕捉方式。
- "等轴测捕捉"单选按钮：将捕捉样式设置为"等轴测捕捉"，十字光标将捕捉到一个等轴测栅格，即在三个平面上进行捕捉，鼠标也会跟着变化，如图 1-66 所示。

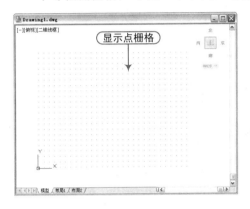

图 1-65　点栅格显示

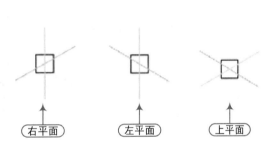

图 1-66　等轴测中的鼠标显示

- "栅格间距"设置区：用于设置 X 轴和 Y 轴的栅格间距，并且可以设置每条主轴的栅格数。若栅格的 X 轴和 Y 轴的间距为 0，则栅格采用捕捉 X 轴和 Y 轴的值。如图 1-67 所示为设置不同的栅格间距效果。

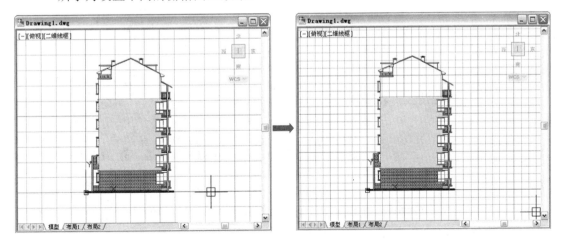

图 1-67　设置不同的栅格间距

- PolarSnap 单选按钮：可以设置捕捉样式为极轴捕捉，并且可以设置极轴间距，此时光标沿极轴转角或对象追踪角度进行捕捉。
- "自适应栅格"复选框：用于界限缩放时栅格密度。
- "显示超出界限的栅格"复选框：用于确定是否显示图像界限之外的栅格。
- "遵循动态 UCS"复选框：跟随动态 UCS 和 XY 平面而改变栅格平面。

技巧提示 ★★★★☆

栅格在绘图区中只起辅助作用，并不会打印输出在图纸上，用户也可以通过命令行的方式来设置捕捉与栅格。其中，捕捉的命令为 SNAP，栅格的命令为 GRID，其命令行将会如图 1-68 所示进行提示，根据提示选项来设置栅格间距、打开与关闭、捕捉、界限等。

图 1-68　栅格命令

技巧：033　捕捉模式的设置方法

视频：技巧033-捕捉模式的设置方法.avi
案例：无

技巧概述： 对象自动捕捉（简称自动捕捉）又称为隐含对象捕捉，利用此捕捉模式可以使 AutoCAD 自动捕捉到某些特殊点。启动"自动捕捉"功能的方法如下：

方法 01 选择"工具|绘图设置"命令，从弹出的"草图设置"对话框中选择"对象捕捉"选项卡，如图 1-69 所示。

方法 02 在状态栏上的"对象捕捉"按钮上右击，从快捷菜单中选择"设置"命令，也可以打开此对话框。如图 1-70 所示。

图 1-69　"草图设置"对话框

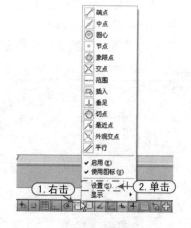

图 1-70　设置捕捉

在"对象捕捉"选项卡中，可以通过"对象捕捉模式"选项组中的各复选框确定自动捕捉模式，即确定使 AutoCAD 将自动捕捉到哪些点。

在"对象捕捉"选项卡中，各选项的含义如下：

- "启用对象捕捉（F3）"复选框：用于确定是否启用自动捕捉功能；同样可以在状态

栏单击"对象捕捉"按钮来激活，或按 F3 键，或者按 Ctrl+F 组合键，即可在绘图过程中启用捕捉选项。

- "启用对象捕捉追踪（F11）"复选框：用于确定是否启用对象捕捉追踪功能。
- 对象捕捉模式：在实际绘图过程中，有时经常需要找到已知图形的特殊点，如圆形点、切点、直线中点等，只要在该特征点前面的复选框□处单击，即可勾选☑设置为该点的捕捉。

利用"对象捕捉"选项卡设置默认捕捉模式并启用对象自动捕捉功能后，在绘图过程中每当 AutoCAD 提示用户确定点时，如果使光标位于对象上在自动捕捉模式中设置的对应点的附近，AutoCAD 会自动捕捉到这些点，并显示出捕捉到相应点的小标签，如图 1-71 所示。

软件技能 ★★★★★

在 AutoCAD 2014 中，也可以右击状态栏"对象捕捉"按钮□，在弹出的快捷菜单中选择捕捉的特征点，如图 1-70 所示。另外，在捕捉时按住 Ctrl 键或 Shift 键，并单击鼠标右键，将弹出对象捕捉快捷菜单，如图 1-72 所示，通过快捷菜单上的特征点选项来设置捕捉。

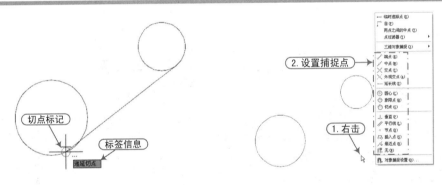

图 1-71 捕捉切点　　　　　图 1-72 右击选择特性点

技巧：034　**极轴追踪的设置方法**　视频：技巧034-极轴追踪的设置方法.avi　案例：无

技巧概述： 与正交功能相对的是极轴功能，使用极轴功能不仅可以绘制水平线、垂直线，还可以快速绘制任意角度或设定角度的线段。

单击状态栏中的"极轴追踪（F10）"按钮，或者按 F10 键，都可以启用极轴功能，启用后用户在绘图操作时，将在屏幕上显示由极轴角度定义的临时对齐路径，系统默认的极轴角度为 90，通过"草图设置"对话框可设置极轴追踪的角度等其他参数。具体操作如下：

步骤01 在命令行输入"草图设置"命令（SE），或者在状态栏中右击"极轴追踪"按钮，在弹出的"草图设置"对话框中选择"极轴追踪"选项卡，如图 1-73 所示。

步骤02 在"增量角"下拉列表框中指定极轴追踪的角度。若选择增量角为 30，则光标移动到相对于前一点的 0、30、60、90、120、150 等角度上时，会自动显示出一条极轴追踪虚线，如图 1-74 所示。

步骤03 勾选"附加角"选项，然后单击 **新建(N)** 按钮，可新增一个附加角。附加角是指当十字光标移动到设定的附加角度位置时，也会自动捕捉到该极轴线，以辅助用户绘图。

如图 1-73 所示新建的附加角 19，在绘图时即可捕捉到 19°的极轴，如图 1-75 所示。

步骤 04 在"极轴角测量"栏中还可更改极轴的角度类型，系统默认选中"绝对（A）"单选按钮，即以当前用户坐标系确定极轴追踪的角度。若选中"相对上一段"单选按钮，则根据上一个绘制的线段确定极轴追踪的角度。

步骤 05 单击 确定 按钮，完成极轴追踪功能的设置。

图 1-73 极轴追踪设置

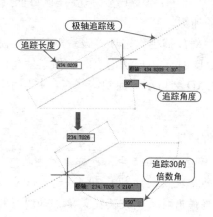

图 1-74 捕捉增量角

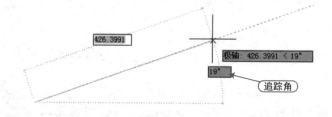

图 1-75 捕捉附加角

软件技能 ★★★★☆

在设置不同角度的极轴时，一般只设置附加角，可以在附加角一栏中进行"新建"和"删除"附加角，而增量角为默认捕捉角，很少改变。

增量角和附加角的区别在于：附加角不能倍量递增，如设置附加角为 19°，则只能捕捉到 19°的极轴，与之倍增的角度：38°、57°等则捕捉不了。

注意其中若设置"极轴角测量"为"相对上一段"，在上一条线基础上附加角和增量角都可以捕捉得到增量的角度。

技巧：035 对象捕捉追踪的使用方法

视频：技巧035-对象捕捉追踪的使用方法.avi
案例：无

技巧概述：对象捕捉应与对象捕捉追踪配合使用，在使用对象捕捉追踪时必须同时启动一个或多个对象捕捉，同时应用对象捕捉功能。

首先按 F3 键启用"对象捕捉"功能，再单击状态栏中的"对象捕捉追踪（F11）"按钮，或者按 F11 键，都可以启用对象捕捉追踪功能；若要对"对象捕捉追踪"功能进行设置，则右击按钮，在弹出的"草图设置"对话框中切换到"极轴追踪"选项卡，如图 1-73 所示，其中"对象捕捉追踪设置"栏中包含了"仅正交追踪"和"用所有极轴角设置追踪"两个单选按钮，通过这两个单选按钮可以设置对象追踪的捕捉模式。

- "仅正交追踪"单选按钮：在启用对象捕捉追踪时，将显示获取的对象捕捉点的正交（水平/垂直）对象捕捉追踪路径。
- "用所有极轴角设置追踪"单选按钮：即将极轴追踪设置应用到对象捕捉追踪。使用该方式捕捉特殊点时，十字光标将从对象捕捉点起沿极轴对齐角度进行追踪。

利用"对象捕捉追踪"功能，可以捕捉矩形的中心点来绘制一个圆。其操作步骤如下：

步骤 01 执行"矩形"命令（REC），在绘图区域任意绘制一个矩形对象。

步骤 02 在命令行输入"草图设置"命令（SE），在弹出的"草图设置"对话框中选择"对象捕捉"选项卡。

步骤 03 勾选"启用对象捕捉"与"启用对象捕捉追踪"，再设置"对象捕捉模式"为"中点"捕捉，然后单击 **确定** 按钮，如图 1-76 所示。

步骤 04 在命令行输入"圆"命令（C），根据命令行提示"指定圆的圆心"时，鼠标移动到矩形上水平线上，捕捉到中点标记△后，向下拖动，会自动显示一条虚线，即为对象捕捉追踪线，如图 1-77 所示。

图 1-76　设置捕捉模式　　　　　　　图 1-77　捕捉中点并拖动

步骤 05 同样鼠标移动至矩形左垂直边，且捕捉垂直中点标记△后，水平向右侧进行移动，当移动到相应位置时，即会同时显现两个中点标记延长虚线，中间则出现一个交点标记╳，如图 1-78 所示。

步骤 06 单击鼠标确定圆的圆心，继续拖动鼠标向上捕捉到水平线上中点后，单击确定圆的半径来绘制出一个圆，如图 1-79 所示。

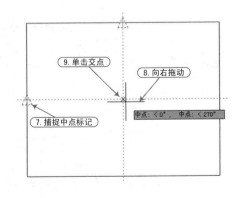
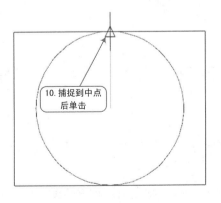

图 1-78　捕捉到交点单击　　　　　　图 1-79　捕捉上中点绘制圆

技巧：036 临时追踪的使用方法

视频：技巧036-临时追踪的使用方法.avi
案例：无

技巧概述： 在右击状态栏"对象捕捉"按钮□弹出的快捷菜单中，有个特征点为 ⊷ 临时追踪点(K)，该捕捉方式始终跟踪上一次单击的位置，并将其作为当前的目标点，也可以用 **TT** 命令进行捕捉。

"临时追踪点"与"对象捕捉"模式相似，只是在捕捉对象的时候先单击。如图 1-80 所示有一个矩形和点 A，要求从点 A 绘制一条线段到过矩形的中心点，其中要用到"临时追踪点"来进行捕捉，绘制的效果如图 1-81 所示。

图 1-80　原图形

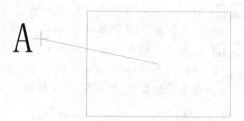

图 1-81　绘制连接线

具体操作如下：

步骤 01 执行"直线"命令（L），点取起点 A。

步骤 02 命令提示"指定下一点或 [放弃(U)]:"时，输入 tt 并按 Enter 键，提示指定"临时对象追踪点:"，此时鼠标移动捕捉到左边的中点，单击左键，确定以左边的中点为临时追踪点，鼠标稍微向右移动，出现水平追踪对齐线。

这时就能以临时追踪点为基点取得相对坐标获得目标点，但是要获得的点与上边的中点有关，因此再用一次临时追踪点。

步骤 03 再次输入 tt 按 Enter 键确定，再指定临时追踪点为矩形上边中心点并单击，出现垂直对齐线，沿线下移光标到第一个临时追踪点的右侧。

步骤 04 在出现第二道水平对齐线时，同时看到两道对齐线相交，如图 1-82 所示。此时单击确定直线的终点，该点即为矩形中心点。

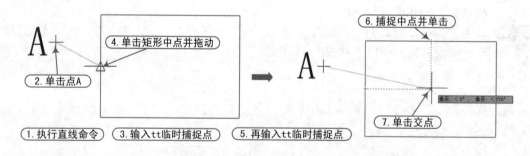

图 1-82　临时捕捉的应用

技巧：037 "捕捉自"功能的使用方法

视频：技巧037-"捕捉自"功能的使用方法.avi
案例：无

技巧概述： 右击状态栏"对象捕捉"按钮□则弹出快捷菜单，其中显示各个捕捉特征点，⌐ 自(F)捕捉方式可以根据指定的基点，再偏移一定距离来捕捉特殊点，也可用 **FRO** 或 **FROM** 命

令进行捕捉。其捕捉方式如下：

步骤 01 执行"直线"命令（L），绘制一条长为 10 的水平线段；按空格键重复命令，提示 "指定下一点或 [放弃(U)]:"时，在命令行输入 from，命令提示"基点"，此时单击已有的水平线段左端点作为基点。

步骤 02 继续提示"<偏移>"时，在命令行输入"@0，2"，然后按空格键确定。

步骤 03 此时鼠标光标将自动定位在指定偏移的位置点，然后向右拖动并单击，如图 1-83 所示。即可利用"捕捉自"功能来绘制另外一条直线，其命令行提示如下。

命令: L LINE	\\直线命令
指定第一个点: from	\\启动"捕捉自"命令
基点:	\\捕捉线段左端点并单击作为基点
<偏移>: @0,2	\\输入偏移点相对基点的相对坐标
指定下一点或 [放弃(U)]:	\\捕捉到偏移点，向右拖动并单击

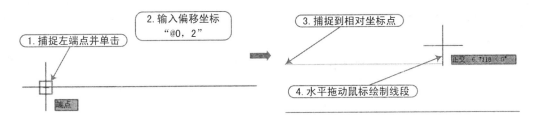

图 1-83   "捕捉自"功能的应用

技巧提示   ★★★★☆

"捕捉自"命令一般应用于某些命令中，以捕捉相应基点的偏移量，从而来辅助图形的绘制，其快捷命令为 FROM 且不分大小写，同样 CAD 中的所有命令也不区分大小写。

技巧：038　点选图形对象

视频：技巧038-点选图形对象.avi
案例：无

技巧概述：在编辑图形之前，用户应先学会选择图形对象的方法，选择的对象不同其选择方法也有所差异。

选择具体某个图形对象时，如封闭图形对象，点选图形对象是最常用、最简单的一种选择方法。直接用十字光标在绘图区中单击需要选择的对象，被选中的对象会显示蓝色的夹点，如图 1-84 所示，若连续单击不同的对象则可同时选择多个对象。

技巧提示   ★★★★☆

在 AutoCAD 中执行大多数的编辑命令时，既可以先选择对象后执行命令；也可以先执行命令，后选择对象，执行命令后将提示"选择对象"，要求用户选择需要编辑的对象，此时十字光标会变成一个拾取框，移动拾取框并单击要选择的图形，被选中的对象都将以虚线方式显示，如图 1-85 所示。

但有所不同的是，在未执行任何命令的情况下，被选中的对象只显示蓝色的夹点。

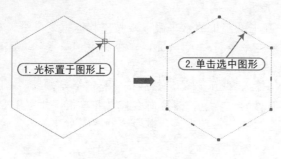

图 1-84 点选对象

图 1-85 先命令后选择

技巧: 039 矩形框选图形对象

视频: 技巧039-矩形框选图形对象.avi
案例: 无

技巧概述: 矩形窗口（BOX）选择法是通过对角线的两个端点来定义一个矩形窗口，选择完全落在该窗口内的图形。

矩形框选是指当命令行提示"选择对象:"时，将鼠标光标移动至需要选择图形对象的左侧，按住鼠标左键不放向右上方或右下方拖动鼠标，这时绘图区中将呈现一个淡紫色矩形方框，如图 1-86 所示，释放鼠标后，被选中的对象都将以虚线方式显示。

选择对象: box	\\矩形框选模式
指定第一个角点:	\\指定窗口对角线第一点
指定对角点:	\\指定窗口对角线第二点

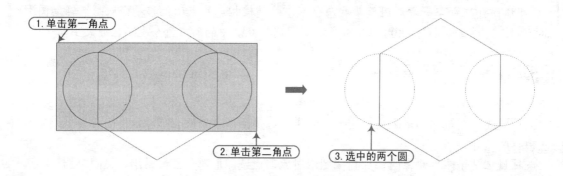

图 1-86 矩形框选方式

技巧: 040 交叉框选图形对象

视频: 技巧040-交叉框选图形对象.avi
案例: 无

技巧概述: 交叉框选也是矩形框选（BOX）方法之一，命令提示也相同，只是选择图形对象的方向恰好相反。其操作方法是当命令提示"选择对象:"时，将鼠标光标移到目标对象的右侧，按住鼠标左键不放向左上方或左下方拖动鼠标，当绘图区中呈现一个虚线显示的绿色方框时释放鼠标，这时与方框相交和被方框完全包围的对象都将被选中，如图 1-87 所示。

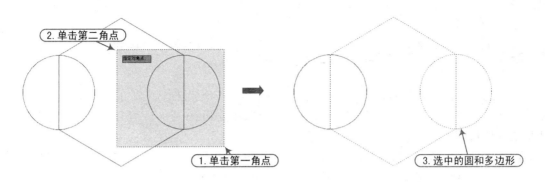

图 1-87　交叉框选

技巧提示　　　　　　　　　　　　　　　　　　　　　★★★☆☆

交叉框选与矩形框选（BOX）是系统默认的选择方法，用户在"选择对象"提示下直接使用鼠标从左至右或者从右至左定义对角窗口，便可以实现以上选择，也就是说不输入 BOX 选项也能直接使用这两种方法选择图形。

技巧：041　栏选图形对象

视频：技巧041-栏选图形对象.avi
案例：无

技巧概述：栏选是指通过绘制一条多段直线来选择对象，该方法在选择连续性目标时非常方便，栏选线不能封闭或相交。如图 1-88 所示，当命令提示"选择对象："信息时，执行 FENCE（F）命令，并按 Enter 键即可开始栏选对象，此时与栏选虚线相交的图形对象将被选中。其命令执行过程如下：

```
选择对象: f                                    \\栏选操作
指定第一个栏选点:
指定下一个栏选点或 [放弃(U)]:                   \\指定第一点 A
指定下一个栏选点或 [放弃(U)]:                   \\指定第二点 B
指定下一个栏选点或 [放弃(U)]:                   \\指定第三点 C
指定下一个栏选点或 [放弃(U)]:                   \\回车结束栏选线
选择对象: *取消*                               \\回车键结束选择操作
```

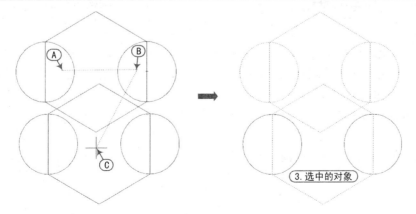

图 1-88　栏选图形

技巧：042 圈围图形对象

视频：技巧042-圈围图形对象.avi
案例：无

技巧概述： 圈围选择所有落在窗口多边形内的图形，与矩形框选对象的方法类似。当命令提示"选择对象："时，执行 WPOLYGON 或 WP 命令并按 Enter 键，即可开始绘制任意形状的多边形来框选对象，多边形框将显示为实线。

如图 1-89 所示，在使用圈围选择图形时，根据提示使用鼠标在图形相应位置依次指定圈围点，此时将以淡蓝色区域跟随着鼠标的移动直至指定最后一个点且空格键确定后结束选择。其命令提示如下：

选择对象: wp	\\圈围操作
第一圈围点:	\\指定起点 1
指定直线的端点或 [放弃(U)]:	\\指定点 2
指定直线的端点或 [放弃(U)]:	\\指定点 3
指定直线的端点或 [放弃(U)]:	\\指定点 4
指定直线的端点或 [放弃(U)]:	\\指定点 5
指定直线的端点或 [放弃(U)]:	\\指定点 6
指定直线的端点或 [放弃(U)]:　　　　找到 3 个	\\空格键结束选择

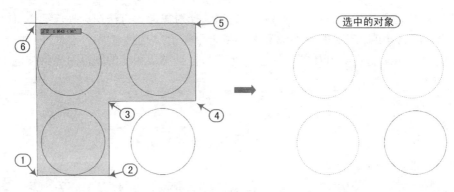

图 1-89　圈围选择

技巧：043 圈交图形对象

视频：技巧043-圈交图形对象.avi
案例：无

技巧概述： 圈交选择对象是一种以多边形交叉窗口选择方法，与交叉框选对象的方法类似，但使用交叉多边形方法可以构造任意形状的多边形来选择对象。当命令行中显示"选择对象："时，执行 CPOLYGON 或 CP 命令，并按 Enter 键即可绘制任意形状的多边形来框选对象，多边形框将显示为虚线，与多边形选择框相交或被其完全包围的对象均被选中。

如图 1-90 所示，在使用圈交选择图形时，根据提示使用鼠标在图形相应位置依次指定圈围点，此时将以绿色区域跟随着鼠标的移动直至指定最后一个点且空格键确定后结束选择。其命令提示如下：

选择对象: cp	\\圈交选择操作
第一圈围点:	\\指定起点 1
指定直线的端点或 [放弃(U)]:	\\指定点 2
指定直线的端点或 [放弃(U)]:	\\指定点 3
指定直线的端点或 [放弃(U)]:	\\指定点 4
指定直线的端点或 [放弃(U)]:　　找到 4 个	\\空格键确定选择

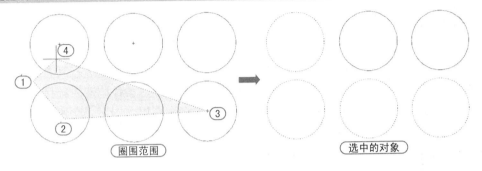

图 1-90　圈交选择

技巧：044　构造选择集的方法

视频：技巧044-构造选择集的方法.avi
案例：汽车.dwg

技巧概述： 在 AutoCAD 2014 中，可以将各个复杂的图形对象进行编组以创建一种选择集，使编辑对象变得更为灵活。编组是已命名的对象选择集，随图形一起保存。

方法 01 要对图形对象进行编组，在命令行中输入或动态输入 CLASSICGROUP，并按 Enter 键，此时系统将弹出"对象编组"对话框，在"编组名"文本框中输入组名称，在"说明"文本框中输入相应的编组说明，再单击"新建"按钮，返回到视图中选择要编组的对象，再按 Enter 键返回"对象编组"对话框，然后单击"确定"按钮即可，编组后选中图形为一个整体显示一个夹点，且四周显示组边框，如图 1-91 所示。

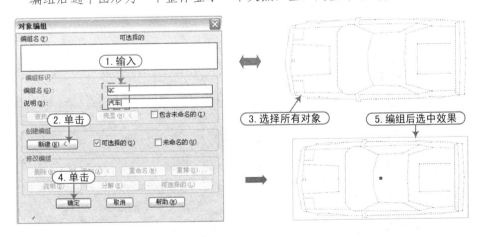

图 1-91　编组对象的使用方法

方法 02 在命令行提示下输入 GROUP 命令，根据如下命令提示，选择要编组的对象，即可快速编组。

命令: GROUP   \\编组命令

选择对象或 [名称(N)/说明(D)]: N   \\选择名称(N)

输入编组名或 [?]:QC   \\输入组名

选择对象或 [名称(N)/说明(D)]: d   \\选择说明(D)

输入组说明:汽车   \\输入说明

选择对象或 [名称(N)/说明(D)]: 指定对角点: 找到 80 个   \\选择全部对象并按空格键

组 "QC" 已创建。   \\创建组

技巧: 045 快速选择图形对象

视频: 技巧045-快速选择图形对象.avi
案例: 无

技巧概述: 快速选择对象是一种特殊的选择方法,该功能可以快速选择具有特定属性的对象,并能向选择集中添加或删除对象,通过它可得到一个按过滤条件构造的选择集。

用户在绘制一些较为复杂的对象时,经常需要使用多个图层、图块、颜色、线型、线宽等来绘制不同的图形对象,从而使某些图形对象具有共同的特性,然而在编辑这些图形对象时,用户可以充分利用图形对象的共同特性来进行选择和操作。

选择"工具|快速选择"菜单命令,或者在视图空白位置右击鼠标,从弹出的快捷菜单中选择"快速选择"命令,都会弹出"快速选择"对话框,从而可以根据自己的需要来选择相应的图形对象,如图 1-92 所示。

软件技能   ★★★★★

使用快速选择功能选择图形对象后,还可以再次利用该功能选择其他类型与特性的对象,当快速选择后再次进行快速选择时,可以指定创建的选择集是替换当前选择集还是添加到当前选择集。若要添加到当前选择集,则选中"快速选择"对话框中的☑附加到当前选择集(A)复选框,否则将替换当前选择集。

用户还可以通过使用 Ctrl+1 组合键打开"特性面板",再单击"特性面板"右上角的按钮,从而打开"快速选择"对话框。

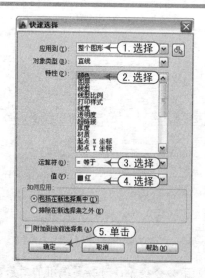

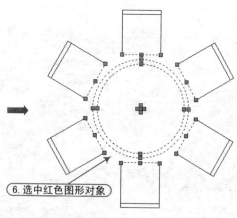

图 1-92 快速选择对象方法

技巧：046　类似对象的选择方法

视频：技巧046-类似对象的选择方法.avi
案例：无

技巧概述：基于共同特性（如图层、颜色或线宽）选择对象的简单方法是使用"选择类似对象"命令，该命令可在选择对象后从快捷菜单中访问。仅相同类型的对象（直线、圆、多段线等）将被视为类似对象。可以使用 SELECTSIMILAR 命令的 SE（设置）选项更改其他共享特性。

步骤 01　如图 1-93 所示选择表示要选择的对象类别的对象。

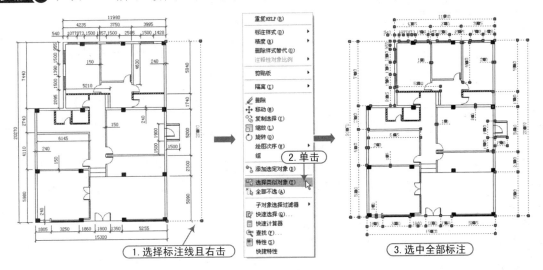

图 1-93　选择类似对象方法

步骤 02　单击鼠标右键，在弹出的快捷菜单中选择"选择类似对象"命令，然后系统自动将相同特性的对象全部选中。

技巧：047　实时平移的方法

视频：技巧047-实时平移的方法.avi
案例：无

技巧概述：用户所绘制的图形都是在 AutoCAD 的视图窗口中进行的，只有灵活地对图形进行显示与控制，才能更加精确地绘制所需要的图形。用户可以通过平移视图来重新确定图形在绘图区域中的位置。要对图形进行平移操作，用户可通过以下任意一种方法。

方法 01　选择"视图|平移|实时"菜单命令。

方法 02　在"视图"选项卡的"二维导航"面板中单击"实时平移" 按钮。

方法 03　输入或动态输入 PAN（其快捷键为 P），然后按 Enter 键。

方法 04　按住鼠标中键不放进行拖动。

在执行平移命令的时候，鼠标形状将变为 ，按住鼠标左键可以对图形对象进行上下、左右移动，此时所拖动的图形对象大小不会改变，如图 1-94 所示。

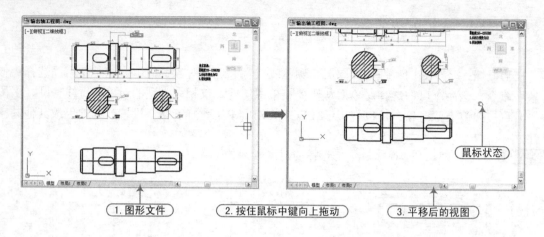

图 1-94 平移视图

技巧：048　实时缩放的方法

视频：技巧048-实时缩放的方法.avi
案例：无

技巧概述：通常在绘制图形的局部细节时，需要使用缩放工具放大该绘图区域，当绘制完成后，再使用缩放工具缩小图形，从而观察图形的整体效果。要对图形进行缩放操作，用户可通过以下任意一种方法。

方法 01 选择"视图|缩放|实时"菜单命令。

方法 02 在"二维导航"面板中，单击"缩放"按钮，或在下拉列表中选择相应缩放选项命令。

方法 03 输入或动态输入 ZOOM（其快捷键为 Z），并按 Enter 键。

当用户执行了"缩放"命令，其命令行会给出提示信息，选择"窗口（W）"项，利用鼠标的十字光标将需要缩放的区域框选住，即可对所框选的区域以最大窗口显示，如图 1-95 所示。

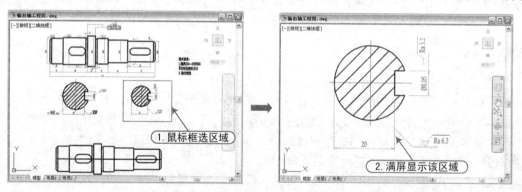

图 1-95 缩放视图

技巧：049　平铺视口的创建方法

视频：技巧049-平铺视口的创建方法.avi
案例：输出轴工程图.dwg

技巧概述：平铺视口是指定将绘图窗口分成多个矩形视图区域，从而可得到多个相邻又不同的绘图区域，其中的每一个区域都可用来查看图形对象的不同部分。要创建平铺视口，用户可以通过以下几种方式。

方法 01 执行"视图|视口|新建视口"菜单命令。

方法 02 输入或动态输入 VPOINTS。

执行了"新建视口"命令，将弹出"视口"对话框，在该对话框中可以创建不同的视口并设置视口平铺方式等。具体操作如下：

步骤 01 正常启动 AutoCAD 2014 软件，在"快速访问"工具栏中，单击"打开" 按钮，将"输出轴工程图.dwg"文件打开。

步骤 02 执行"视图|视口|新建视口"菜单命令，则弹出"视口"对话框。

步骤 03 在"新名称"文本框中输入新建视口的名称，在"标准视口"列表中选择一个符合需求的视口。

步骤 04 在"应用于"下拉列表框中选择将所选的视口设置用于整个显示屏幕还是用于当前视口中；在"设置"下拉列表中选择在二维或三维空间中配置视口，再单击"确定"按钮，完成新建视口的设置，如图 1-96 所示。

步骤 05 如图 1-97 所示为新建的"垂直"视口效果。

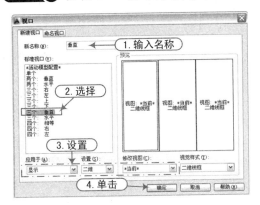

图 1-96 "视口"对话框

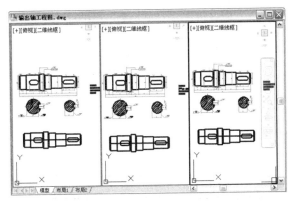

图 1-97 创建 3 个垂直视口

软件技能 ★★★☆☆

除了上述创建视口的方法外，在 AutoCAD 2014"模型视口"面板的"视口配置"□列表下，提供了多种创建视口的图标按钮，需要创建哪种分割视口就在相对应的图标按钮上单击即可。它与"视口"对话框中"标准视口"栏中的视口是相对应的。例如，建立三个垂直的视口可以单击▥按钮，该按钮代表建立的三个垂直视口预览，使用方法更为形象。

技巧：050 视口合并的方法

视频：技巧0506-视口合并的方法.avi
案例：输出轴工程图.dwg

技巧概述： 在 AutoCAD 中不仅可以分割视图，还可以根据需要来对视口进行相应合并。用户可以通过以下几种方式。

方法 01 执行"视图|视口|合并"菜单命令。

方法 02 单击"模型视口"面板中的"合并"按钮▦。

接上例"新建的视口.dwg"文件，执行"视图|视口|合并"菜单命令，系统将要求选择一个视口作为主视口，再选择一个相邻的视口，即可以将所选择的两个视口进行合并，如图 1-98 所示。

命令: _-vports
输入选项 [保存(S)/恢复(R)/删除(D)/合并(J)/单一(SI)/?/2/3/4/切换(T)/模式(MO)]: _j
选择主视口 <当前视口>:   \\鼠标单击选择主视口
选择要合并的视口:正在重生成模型。   \\鼠标单击选择合并的视口

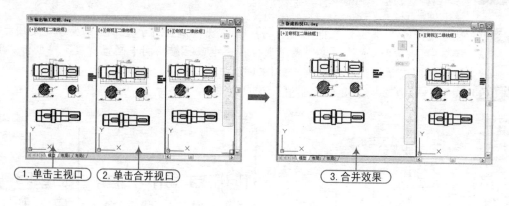

1. 单击主视口   2. 单击合并视口   3. 合并效果

图 1-98 合并视口

技巧提示   ★★★★☆

其四周有粗边框的为当前视口，通过鼠标双击可以在各个视口中进行切换。

技巧：051 图形的重画方法

视频：技巧051-图形的重画方法.avi
案例：无

技巧概述：当用户对一个图形进行了较长时间的编辑过程后，可能会在屏幕上留下一些残迹，要清除这些残迹，可以用刷新屏幕显示的方法来解决。

在 AutoCAD 中，刷新屏幕显示的命令有 Redrawall 和 Redraw（重画），前者用于刷新所有视口的显示（针对多视口操作），后者用于刷新当前视口的显示。执行 Redrawall（重画）命令的方法如下：

方法 01 执行"视图|重画"菜单命令。
方法 02 输入或动态输入 Redrawall 命令并按 Enter 键。

技巧提示   ★★★☆☆

Redraw（重画）命令只能通过命令提示行来执行。

技巧：052 图形对象的重生成方法

视频：技巧052-图形对象的重生成方法.avi
案例：无

技巧概述：笔者使用 AutoCAD 绘图经常碰到这样的情况，绘制一个圆或圆弧发现不圆了，而且出现边缘轮廓看起来就像正多边形，这是为什么呢？这其实是图形显示出了问题，不是图形错误，要解决这个问题就要优化图形显示。

使用 REGEN（重生成）命令可以优化当前视口的图形显示；使用 REGENALL（全部重生成）

命令可以优化所有视口的图形显示。在 AutoCAD 中执行重生成的方法如下：

方法 01 执行"视图|重生成|全部重生成"菜单命令。

方法 02 在命令行中执行 REGEN|REGENALL 命令。

　　若在绘图的过程中，发现视图中绘制的圆对象的边缘出现多条不平滑的锯齿，如图 1-99 所示。此时可以执行"全部重生成（REGENALL）"命令，将在所有视口中重生成整个图形并重新计算所有对象的屏幕坐标，生成效果如图 1-100 所示。

图 1-99　原图形　　　　　　　图 1-100　重生成效果

技巧：053 设计中心的使用方法

视频：技巧053-设计中心的使用方法.avi
案例：无

　　技巧概述： 设计中心可以认为是一个重复利用和共享图形内容的有效管理工具，对一个绘图项目来讲，重用和分享设计内容是管理一个绘图项目的基础而且如果工程笔记复杂的话，图形数量大、类型复杂，经常会由很多设计人员共同完成，这样，用设计中心对管理块、外部参照、渲染的图像以及其他设计资源文件进行管理就是非常必要的。使用设计中心可以实现以下操作：

● 浏览用户计算机，网络驱动器和 Web 页上的图形内容（如图形或符号库）。
● 在定义表中查看图形文件中命名对象（如块和图层）的定义，然后将定义插入、附着、复制和粘贴到当前图形中。
● 更新（重定义）块定义。
● 创建指向常用图形、文件夹和 Internet 网址的快捷方式。
● 向图形中添加内容（如外部参照、块和填充）。
● 在新窗口中打开图形文件。
● 将图形、块和填充拖动到工具栏选项板上以便于访问。
● 可以控制调色板的显示方式，可以选择大图标、小图标、列表和详细资料等 4 种 Windows 的标准方式中的一种，可以控制是否预览图形，是否显示调色板中图形内容相关的说明内容。

　　"设计中心"面板分为两部分，左边为树状图，右边为内容区。可以在树状图中浏览内容的源，而在内容区显示内容，可以在内容区中将项目添加到图形或工具选项板中。在 AutoCAD 2014中，用户可以通过以下几种方式来打开"设计中心"面板。

方法 01 执行"工具 | 选项板 | 设计中心"菜单命令。

方法 02 在命令行中输入或动态输入 ADCENTER 命令。快捷键为 Ctrl+2 键。

方法 03 在"视图"选项卡的"选项板"面板中，单击"设计中心"按钮。

　　根据以上各方法启动后，则打开设计中心面板。"设计窗口"主要由 5 部分组成：标题栏、工具栏、选项卡、显示区（树状目录、项目列表、预览窗口、说明窗口）和状态栏，如图 1-101 所示。

工具栏
选项卡
标题栏
项目列表
树状目录结构
预览窗口
说明窗口
路径信息

图 1-101 "设计中心"面板

技巧：054 通过设计中心创建样板文件

视频：技巧054-通过设计中心创建样板文件.avi
案例：样板.dwg

技巧概述： 用户在绘制图形之前，都应先规划好绘图环境，其中包括设置图层、标注样式和文字样式等，如果已有的图形对象中的图层、标注样式和文字样式等符合绘图的要求，这时就可以通过设计中心来提取其图层、标注样式、文字样式等，以保存为绘图样板文件，从而可以方便、快捷、规格统一地绘制图形。

下面以通过设计中心来保存样板文件为实例进行讲解。其操作步骤如下：

步骤 01 在 AutoCAD 2014 环境中，打开"住宅建筑天花布置图.dwg"文件。

步骤 02 再新建一个名称为"样板.dwg"的文件，并将样板文件置为当前打开的图形文件。

步骤 03 在"选项板"面板中，单击"设计中心"按钮▦，或者按Ctrl+2组合键，打开"设计中心"面板，在"打开的图形"选项卡下，选择并展开"住宅建筑天花布置图.dwg"文件，可以看出当前已经打开的图形文件的所有样式，单击"图层"则在项目列表框中显示所有的图层对象。

步骤 04 使用鼠标框选所有的图层对象，按住鼠标左键直至拖动到当前"样板.dwg"文件绘图区的空白位置时松开，如图 1-102 所示。

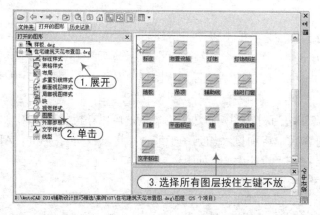

1. 展开
2. 单击
3. 选择所有图层按住左键不放

4. 拖动到绘图区

图 1-102 调用图层操作

技巧提示 ★★★★☆

图层项目列表中的图层显示不全，用户可以通过滑动键全部选择所有的图层。

步骤 05 同样，在"设计中心"面板中选择并展开"住宅建筑天花布置图.dwg"文件，单击"标注样式"项，再使用鼠标框选所有的标注样式对象，按住鼠标左键直至拖动到当前"样板.dwg"文件的绘图区空白位置时松开，以调用该"标注样式"，如图 1-103 所示。

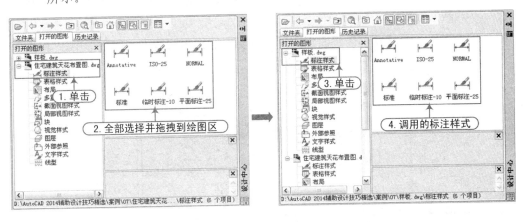

图 1-103　调用标注样式

步骤 06 根据同样的方法，将"住宅建筑天花布置图.dwg"文件的"文字样式"调用到"样板.dwg"文件中，如图 1-104 所示。

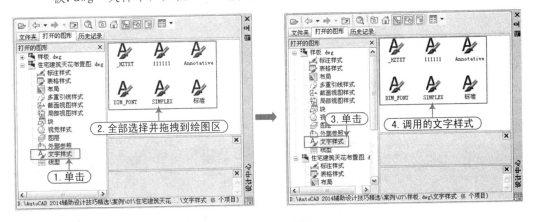

图 1-104　调用文字样式

技巧：055 外部参照的使用方法

视频：技巧055-外部参照的使用方法.avi
案例：无

　　技巧概述：当把一个图形文件作为图块来插入时，块的定义及其相关的具体图形信息都保存在当前图形数据库中，当前图形文件与被插入的文件不存在任何关联。而当以外部参照的形式引用文件时，并不在当前图形中记录被引用文件的具体信息，只是在当前图形中记录了外部参照的位置和名字，当一个含有外部参照的文件被打开时，它会按照记录的路径去搜索外部参照文件，此时，含外部参照的文件会随着被引用文件的修改而更新。在建筑与室内装修设计中，各专业之间需要协同工作、相互配合，采用外部参照可以保证项目组的设计人员之间的引用都是最新的，从而减少不必要的复制及协作滞后，以提高设计质量和设计效率。

执行外部参照命令主要有以下三种方法：

方法 01 选择"插入|外部参照"菜单命令。

方法 02 在命令行中输入或动态输入 XREF 命令。

方法 03 在"参照"面板中单击"外部参照"按钮。

启动外部参照命令之后，系统将弹出"外部参照"选项板。在该面板上单击左上角的"附着 DWG"按钮，则弹出"选择参照文件"对话框，选择参照 DWG 文件后，将打开"外部参照"对话框，利用该对话框可以将图形文件以外部参照的形式插入当前图形中，如图 1-105 所示。

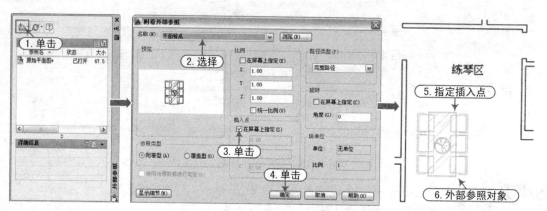

图 1-105 "外部参照"的插入方法

技巧提示　　　　　　　　　　　　　　　　　　　　★★★☆☆

如果所插入的外部参照对象已经是当前主文件的图块，则系统将不能正确地插入外部参照对象。

技巧：056 工具选项板的打开方法

视频：技巧056-工具选项板的打开方法.avi
案例：无

技巧概述：工具选项板是组织、共享和放置块及填充图案的有效方法，如果向图形中添加块或填充图案，只需要将其工具选项板拖曳至图形中即可。使用 Toolpalettes（工具选项板）命令可以调出工具选项板。

在 AutoCAD 中，执行 Toolpalettes（工具选项板）命令的方式如下：

方法 01 执行"工具|选项板|工具选项板"菜单命令。

方法 02 执行 Toolpalettes 命令并按 Enter，或按 Ctrl+3 组合键。

方法 03 在"视图"选项卡的"选项板"面板中，单击"工具选项板"按钮，如图 1-106 所示。

图 1-106　启动"工具选项板"

执行上述任意操作后，将打开工具选项板，如图 1-107 所示。工具选项板中有很多选项卡，单击即可在选项卡中进行切换，在隐藏的选项卡处单击将弹出快捷菜单，供用户选择需要显示的选项卡，每个选项卡中都放置不同的块或填充图案。

"图案填充"选项卡中集成了很多填充图案，包括砖块、地面、铁丝、砂砾等。除此之外，工具选项板上还有"结构"、"土木工程"、"电力"、"机械"选项卡等。

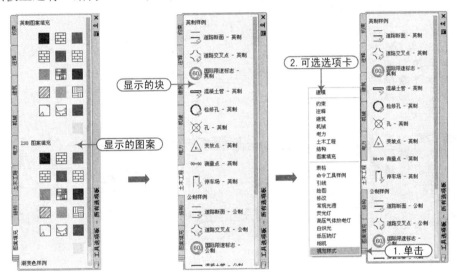

图 1-107　工具选项板

技巧：057　通过工具选项板填充图案

视频：技巧057-通过工具选项板填充图案.avi
案例：窗.dwg

技巧概述：前面讲解了"工具选项板"的打开方法与修改属性，接下来通过工具选项板插入并填充图形。操作步骤如下：

步骤 01 在 AutoCAD 2014 环境中，按 Ctrl+3 组合键，将"工具选项板"打开。

步骤 02 切换到"建筑"选项卡，单击"铝窗（立面图）"图案，然后在图形区域单击，则将铝窗图案插入图形区域，如图 1-108 所示。

步骤 03 切换至"图案填充"选项卡，单击"斜线"图案，然后将鼠标移动到窗体内部，此时光标上面将附着一个黑色的方块（即是要填充的图案），单击鼠标左键完成图案的填充，如图 1-109 所示。

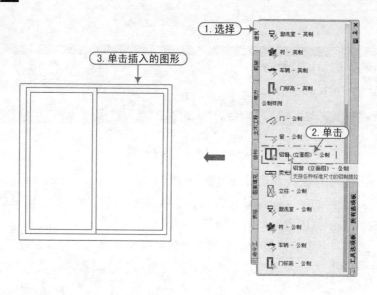

图 1-108　插入图块

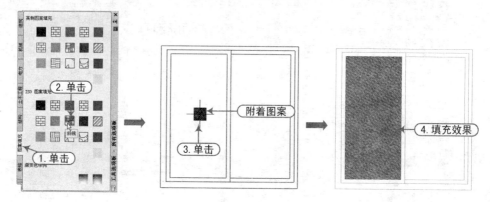

图 1-109　填充图案

　　系统使用默认的比例进行填充以后，图案分布比较密集，看起来只有黑色一片，所以需要对其比例进行增大。

步骤 04 双击填充的斜线图例，将弹出"快捷特性"面板，将比例修改为 20，角度修改为 45，然后按 Esc 键退出特性面板，如图 1-110 所示。

图 1-110　修改填充图案

步骤 05 根据前面填充与修改的方法，将另外一个窗面板进行填充，效果如图 1-111 所示。

图 1-111 填充完成效果

步骤 06 按 Ctrl+S 组合键，将其保存为"窗.dwg"文件。

第 2 章　电气设计要点及 CAD 制图规范

● **本章导读**

电气图是用电气图形符号、带注释的围框或简化外形来表示电气系统或设备中组成部分之间相互关系及其连接关系的一种图，是电气工程领域中提供信息的最主要方式，提供的信息内容可以是功能、位置、设备制造及接线等，也可以是工作参数表格、文字等。一个工程项目的电气图通常包括图册目录和前言、电气系统图、电路图、接线图、位置图、项目表、说明文件等，有时还要使用一些特殊的电气图，如逻辑图、功能表图、程序图、印制电路图等，以对必要的局部工程做细节补充和说明。

● **本章内容**

电气工程图的种类	电气工程图图框线的规范	电气图的安装标高
电气工程图的主要形式	图幅分区的规定	电气图的定位轴线
构成电气图的基本要素	电气工程图标题栏的规定	电气工程图图样的画法
电路图中的两种表示方法	电气工程图图线与文字形式应用	电气工程图标注的方法
电气工程图基本布局方法	电气工程图比例的规定	电气符号尺寸注法
电气图的多样性	电气图的尺寸注法	电气符号的构成与分类
电气工程图图纸幅面的规范	电气图的方位要求	电气符号的分类

技巧：058　电气工程图的种类

视频：无
案例：无

技巧概述：电气图根据其所表达信息类型和表达方式，主要有以下几类：系统图或框图、电路图、接线图或接线表、位置图、逻辑图、功能表图等。

1. 系统图或框图

系统图或框图是一种用符号或带注释的框，概略表示系统的基本组成、相互关系及其主要特征的简图，如图 2-1 所示。

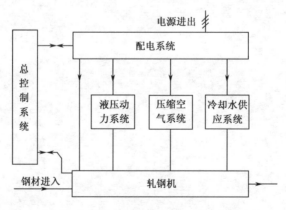

图 2-1　系统图示例

系统图通常用于表示系统或成套装置，而框图通常用于表示分系统或设备；系统图若标注项目代号，一般为高层代号；框图若标注项目代号，一般为种类代号。电气系统图是根据国家电气制图标准规定的图形符号、文字符号以及规定的画法，用工程图的形式，将电气设备及电气元件按照一定的控制要求连接，以表达设备电气控制系统的组成结构、工作原理及安装、调试、维修等技术要求，便于电气设计人员进行电气设计，现场技术人员进行安装、维修、调试等的识读。

2．电路图

电路图也叫电气原理图，是用图形符号按照电路工作原理顺序排列，详细表示电路、设备或成套装置的全部组成和连接关系，采用展开形式绘制的一种简图，如图 2-2 所示。它不按电器元件、设备的实际位置绘制，而是根据电器元件、设备在电路中所起的作用画在不同的部位上。电路图主要用于分析研究系统的组成和工作原理，为寻找电气故障提供帮助，同时也是编制电气接线图/表的依据。

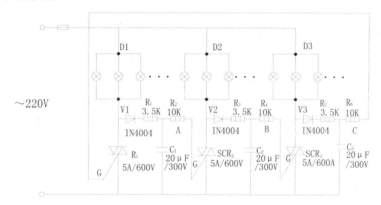

图 2-2　用 AutoCAD 绘制的电气原理图

3．接线图或接线表

接线图或接线表是表示成套装置、设备或装置的连接关系的一种简图或表格，包含电气设备和电器元件的相对位置、项目代号、端子号、导线号、导线类型、导线截面积、屏蔽和导线绞合等情况，用于电气设备安装接线、电路检查、电路维修和故障处理。

4．位置图

位置图表示成套装置、设备或装置中各个项目的具体位置的一种简图，常见的是电气平面图、设备布置图、电器元件布置图。电气平面图是在建筑平面图上绘制而成的，表示电气设备、装置及线路的平面布置情况，提供建筑物施工时预留管线、设备安装的位置。设备布置图是表示工程项目中各类电气设备及装置的布置、安装方式和相互位置关系的示意图，尺寸数据是主要信息。电器元件布置图用图形符号绘制，表明成套电气设备中一个区域内所有电器元件和用电设备的实际位置及其连接布线，是电气控制设备制造、装配、调试和维护必不可少的技术文件，如电气控制柜与操作台（箱）内部布置图、电气控制柜与操作台（箱）面板布置图。

5．逻辑图

逻辑图是用线条把二进制逻辑（与、或、异或等）单元图形符号按逻辑关系连接起来而绘制成的一种简图，用来说明各个逻辑单元之间的逻辑关系和逻辑功能，如图 2-3 所示。

6. 功能表图

功能表图是表示控制系统的作用和状态的一种图，如图 2-4 所示。

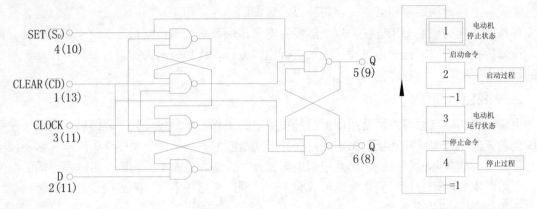

图 2-3　逻辑图示例　　　　　　　　　　　　图 2-4　功能表图

技巧：059　电气工程图的主要形式　　视频：无　案例：无

技巧概述：简图是电气图的主要表达方式，是用图形符号、带注释的框或简化外形表示包括连接线在内的一个系统或设备中各组成部分之间相互关系的一种图示形式。简图这个概念是相对于严格按几何尺寸、绝对位置而绘制的机械图而言的，是图形表达形式上的"简"，而非内容上的"简"。

电气系统图、电路图、接线图等绝大多数的电气图都采用这种形式，除了必须标明实物形状、位置、安装尺寸的图外，大量的图都是简图，即仅表示电路中各设备、装置、电器元件等功能及连接关系的图。

简图的特点如下：

（1）各组成部分或电器元件用电气图形符号表示，而不具体表示其外形及结构等特征。

（2）在相应的图形符号旁标注文字符号、数字编号。

（3）按功能和电流流向表示各装置、设备及电器元件的相互位置和连接顺序。

（4）没有投影关系，不标注尺寸。

技巧：060　构成电气图的基本要素　　视频：无　案例：无

技巧概述：电气图是用图形符号、项目代号、说明文件及连线等构成的表示电气系统各组成部分之间关系的一种简图，用以表达电气系统的功能、原理、装接和使用信息等。构成电气图的基本要素是：

1）电气图所用图形符号

电气图形符号分为电气图用图形符号和电气设备用图形符号，前者用于绘制电气图，后者用于电气设备上的标注，二者有明显区别，如图 2-5～图 2-7 所示。本篇所指的均为电气图用图形符号（以下简称图形符号），用以表示电气系统中的设备、元件、连接和特征。

电气图用图形符号	故障	外壳	导线	单线传输
电气设备用图形符号	危险电压	断开	故障	输出

图 2-5　电气图形符号

图 2-6　图形符号的构成

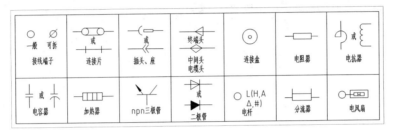

图 2-7　元件符号示例

2）项目代号

用以表示设备、元件、导线的种类名称，以使图形符号有确定的意义。

3）说明文件

用以说明电气图形符号不能详尽表达的内容，包括：文字说明；表格说明，如标题栏、元件明细表、触点闭合表、技术文件表、接线表等；表图说明，如波形图、时序图等。

技巧：061　电路图中的两种表示方法　　视频：无　案例：无

1. 用于元件的表示方法

电气元件有三种表示方法，分别为集中表示法、分开表示法和半集中表示法。

- 集中表示法也叫整体表示法，是把一个元件的各个部分集中在一起绘制，如图 2-8 所示，并用虚线连接起来，优点是整体性较强，任一元件的所有部件及其关系一目了然，但不利于对电路功能原理的理解，一般用于简单的电气图。

- 分开表示法也称为展开表示法，是把同一元件的不同部分在图中按作用、功能分开布置，而它们之间的关系用同一个元件项目代号来表示。用分开表示法能得到一个清晰的电路布局图面，易于阅读，便于了解整套装置的动作顺序和工作原理，适用于复杂的电气图，如图 2-9 所示。

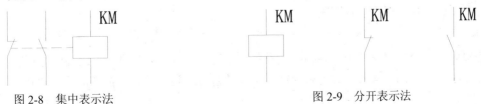

图 2-8　集中表示法　　　　　　　　　　　图 2-9　分开表示法

- 半集中表示法则是介于集中表示法和分开表示法之间的一种表示方法，是把一电器中的某些元件的图形符号在简图上分开布置，并用机械连接线符号表示它们之间关系的方法，目的是使设备和装置的电路布局清晰，易于识别。

2. 用于线路的表示方法

在电路图中，连接线有单线表示法和多线表示法。

- 如果元件之间的连线是按照导线的实际走向一根一根地分别画出的，就是多线表示法，如图 2-10（a）所示。

- 如果将各元件之间走向一致的连接导线用一条线表示，即用一根线来代表一束线，就是单线表示法，如图 2-10（b）所示。

- 在接线图及其他图中，连接线有连续线表示法和中断线表示法两种方式。连续线表示两端子之间导线的线条是连续的。中断线表示两端子之间导线的线条是中断的。在中断处必须标明导线的去向，如图 2-10（c）所示。

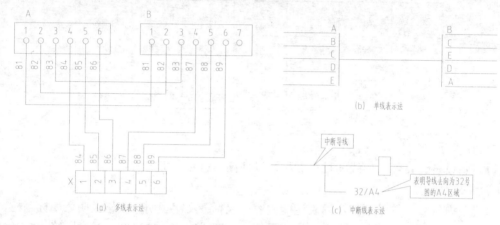

图 2-10　连接线表示法

技巧：062　电气工程图基本布局方法

视频：无
案例：无

技巧概述： 电气工程图布局方法分为功能布局法、位置布局法。各布局方法含义如下：

- 功能布局法是指在图中，元件符号的位置只考虑元件之间的功能关系，而不考虑实际位置的一种布局方法。在此布局中，将表示对象划分为若干功能组，按照工作关系从左到右或从上到下布置；每个功能组的元件集中布置在一起。大部分电气图采用功能布局法，如系统图、电路图等。

- 位置布局法是指在图中，元件符号的位置按该元件的实际位置在图中布局，清晰反映元件的相对位置和导线的走向。平面图、安装接线图就是采用这种布局法，以利于装配接线时的读图。

技巧：063　电气图的多样性

视频：无
案例：无

技巧概述： 一个电气系统中，各种电气设备和装置之间，不同角度、不同侧面存在着不同的关系，构成了电气图的多样性，并通过对能量流、信息流、逻辑流、功能流的不同描述来反映。

- 能量流—电能的流向和传递。
- 信息流—信号的流向、传递和反馈。
- 逻辑流—相互间的逻辑关系。
- 功能流—相互间的功能关系。

在电气图中，对能量流和信息流进行描述的有系统图、框图、电路图、接线图、位置图等；对逻辑流进行描述的有逻辑图；对功能流进行描述的有功能表图、程序图、系统说明书等。

 技巧：064　电气工程图图纸幅面的规范　视频：无　案例：无

技巧概述： 为了图纸的规范统一、便于装订和管理，应优先选择表 2-1 中所列的基本幅面，并在满足设计规模和复杂程度的前提下，尽量选用较小的幅面。

表 2-1　基本幅面（mm）

图纸幅面 尺寸代号	A0	A1	A2	A3	A4
$B \times L$	841×1189	594×841	420×594	297×420	210×297
c	10			5	
a	25				

若有特殊要求，也可以选择表 2-2 中列出的加长幅面。图框的短边一般不应加长，长边可以加长，但加长的尺寸应符合国标规定。

表 2-2　加长幅面（mm）

幅面尺寸	长边尺寸	长边加长后尺寸
A0	1189	1486　1635　1783　1932　2080　2230　2378
A1	841	1051　1261　1471　1682　1892　2102
A2	594	743　891　1041　1189　1338　1486　1635
A2	594	1783　1932　2080
A3	420	630　841　1051　1261　1471　1682　1892

注：有特殊需要的图纸，可采用 $B \times L$ 为 841mm×891mm 与 1189mm×1261mm 的幅面。

技巧：065　电气工程图图框线的规范　视频：无　案例：无

技巧概述： 图框线表示绘图的区域，必须用粗实线画出，其格式分为留装订线边和不留装订线边两种，如图 2-11 所示。外框线为 0.25 的实线，内框线根据图幅由小到大可以选择 0.5、0.7、1.0 的实线。

- 留装订线边的图框格式：边线距离 a（包含装订尺寸）为 25mm，c 的尺寸在 A0、A1、A2 图纸中为 10mm，在其他尺寸图纸中为 5mm。
- 不留装订线边的图框格式：四边边线距离一样，在 A0、A1 图纸中 e 为 20mm，其他尺寸图纸中 e 为 10mm。

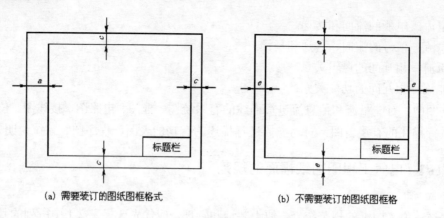

(a) 需要装订的图纸图框格式　　　　　(b) 不需要装订的图纸图框格式

图 2-11　图框线格式示意图

图幅分区的规定

视频：无
案例：无

技巧概述： 图幅分区是为了快速查找图纸信息而为图纸建立索引的方法，在地图、建筑图等的绘制中常见。图幅分区用分区代号的方法来表示，采用行与列两个编号组合而成，编号从图纸的左上角开始，如图 2-12 所示。分区数一般为偶数，每一分区的长度为 25～75mm。分区在水平和垂直两个方向的长度可以不同；分区的编号，水平方向用阿拉伯数字，垂直方向用大写英文字母。区代号表示方法为字母+数字，如 B3 表示 B 行和第 3 列所形成的矩形区域，结合图纸编号信息则可以表示某图中的指定区域信息，如 22/C6 表示图纸编号为 22 的单张图中 C6 区域。

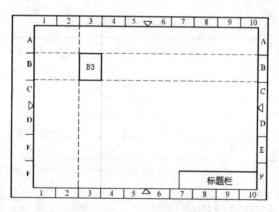

图 2-12　带有分区的图幅

电气工程图标题栏的规定

视频：无
案例：无

技巧概述： 一张完整的图纸还应包括标题栏项。标题栏是用来反映设计名称、图号、张次、设计者等相关设计信息的，位于内框的右下角，方向与看图方向一致，格式没有统一的规定，一般长 120～180mm，宽 30～40mm。通常包括设计单位名称、用户单位名称、设计阶段、比例尺、设计人、审核人、图纸名称、图纸编号、日期、页次等。图 2-13 提供了两种标题栏供读者参考。

（设计单位名称）			使用单位	
设计		组长		（图名）
校对		审核		
制图		批准	图号	
日期		比例		

（a）一般标题栏的格式

设计	（学生姓名）	单位	（专业、班级信息）
审核		图号	
日期		（图名）	
比例			

（b）简单标题栏格式（可用于学生课程/毕业设计）

图 2-13　标题栏格式

技巧：068　电气工程图图线与文字形式应用

视频：无
案例：无

图线技巧概述：电气图中绘图所用的各种线条统称为图线，图线的宽度按照图样的类型和尺寸大小在 0.13、0.18、0.25、0.35、0.5、0.7、1、1.4、2 中选择，同一图样中粗线、中粗线、细线的比例为 4：2：1。根据 GB/T 17450—1998 技术制图图线标准，有实线、虚线、点画线等 16 种基本线型，波浪线、锯齿线等 4 种变形，使用时依据图样的需要，对基本图线进行变形或组合，具体规则详见国标。表 2-3 仅列出了电气制图中常用的图线形式和应用说明。

表 2-3　常用图线形式和应用说明

序号	图线名称	图线形式	图线宽度	应用说明
1	粗实线	———	$b=0.5\sim2$mm	电气线路（主回路、干线、母线）
2	细实线	——	约 $b/3$	一般线路、控制线
3	虚线	- - - - -	约 $b/3$	屏蔽线、机械连线、电气暗敷线、事故照明线等
4	点画线	—·—·—	约 $b/3$	控制线、信号线、边界线等
5	双点画线	—··—··—	约 $b/3$	辅助边界线、36V 以下线路等
6	加粗实线	▬▬▬	约 $2\sim3b$	汇流排（母线）
7	较细实线	——	约 $b/4$	轮廓线、尺寸线等
8	波浪线	⌇⌇⌇	约 $b/3$	视图与剖视的分界线等
9	双折线	⌇	约 $b/3$	断开处的边界线

文字技巧概述：文字说明是图样内容的重要组成部分，制图规范对文字标注中的字体、字的大小、字体字号搭配等方面做了一些具体规定：

- 图纸上所需书写的文字、数字或符号等，均应笔画清晰、字体端正、排列整齐；标点符号应清楚正确。
- 文字的字高以字体的高度 h（单位为 mm）表示，最小高度为 3.5mm，应从如下系列中选用：3.5、5、7、10、14、20mm。若需书写更大的字，其高度应按比值递增。
- 图样及说明中的汉字，宜采用长仿宋体，宽度与高度的关系应符合如表 2-4 所示的规定。大标题、图册封面、地形图等的汉字，也可书写成其他字体，但应易于辨认。

表 2-4　长仿宋体字高宽关系（mm）

字高	20	14	10	7	5	3.5
字宽	14	10	7	5	3.5	2.5

- 汉字的简化字书写，必须符合国务院公布的《汉字简化方案》和有关规定。
- 拉丁字母、阿拉伯数字与罗马数字的书写与排列，应符合如表 2-5 所示的规定。

表 2-5　拉丁字母、阿拉伯数字与罗马数字书写规则

书写格式	一般字体	窄字体
大写字母高度	h	h
小写字母高度（上下均无延伸）	$7/10h$	$10/14h$
小写字母伸出的头部或尾部	$3/10h$	$4/14h$
笔画宽度	$1/10h$	$1/14h$
字母间距	$2/10h$	$2/14h$
上下行基准线最小间距	$15/10h$	$21/14h$
词间距	$6/10h$	$6/14h$

- 拉丁字母、阿拉伯数字与罗马数字，若需写成斜体字，其斜度应是从字的底线逆时针向上倾斜 75°。斜体字的高度和宽度应与相应的直体字相等。
- 拉丁字母、阿拉伯数字和罗马数字的字高应不小于 2.5mm。
- 数量的数值注写，应采用正体阿拉伯数字。各种计量单位凡前面有量值的，均应采用国家颁布的单位符号注写。单位符号应采用正体字母。
- 分数、百分数和比例数的注写，应采用阿拉伯数字和数学符号，例如四分之三、百分之二十五和一比二十应分别写成 3/4、25% 和 1:20。
- 当注写的数字小于 1 时，必须写出个位的 "0"，小数点应采用圆点，齐基准线书写，如 0.01。
- 拉丁字母、阿拉伯数字或罗马数字都可以写成竖笔铅垂的直体字或竖笔与水平线成 75° 的斜体字。

技巧：069　电气工程图比例的规定

视频：无
案例：无

技巧概述：比例是指所绘图形与实物大小的比值，通常使用缩小比例系列，前面的数字为 1，后面的数字为实物尺寸与图形尺寸的比例倍数。电气工程图常用比例有 1:10、1:20、1:50、1:100、1:200、1:500 等。

需要注意的是，不论采用何种比例，图样所标注的尺寸数值必须是实物的实际大小尺寸，而与图形比例无关。

设备布置图、平面图、结构详图按比例绘制，而系统图、电路图、接线图等多不按比例画出，因为这些图是关于系统功能、电路原理、电气元件功能、接线关系等信息的，绘制的是电气图形符号，而非电气元件、设备的实际形状与尺寸。

技巧：070　电气图的尺寸注法　　视频：无　案例：无

技巧概述： 尺寸由尺寸线、尺寸界线、尺寸起止箭头（或 45° 短画线）、尺寸数字四个要素组成。

1. 尺寸注法的基本规则

- 物件的真实大小应以图样上的尺寸数字为依据，与图形大小及绘图的准确度无关。
- 图样中的尺寸数字，若没有明确说明，一律以 mm 为单位。
- 图样中所标注的尺寸，为该图样所示机件的最后完工尺寸。
- 物件的每一尺寸，一般只标注一次，并应标注在反映该结构最清晰的图形上。

2. 尺寸注法

- 线性尺寸（长度、宽度、厚度）的尺寸数字一般注写在尺寸线的上方，也可注写在尺寸线的中断处。
- 角度数字一律写成水平方向，注写在尺寸线的中断处，也可采用引出注写的方式。
- 在没有足够的位置画箭头或注写数字时也可移出标注。
- 一些特定尺寸必须标注符号，如直径符号 ϕ、半径符号 R、球符号 S、球直径符号 $S\phi$ 球半径符号 SR，厚度符号 δ、参考尺寸用( )表示，正方形符号用□表示。

技巧：071　电气图的方位要求　　视频：无　案例：无

技巧概述： 电力照明和电信布置图等类图纸按上北下南、右东左西表示电气设备或构筑物的位置和朝向，但在许多情况下需用方位标记表示其朝向。

风向频率标记：表示设备安装地区性一年四季风向情况，在电气布置图上往往还标有风向频率标记。它根据此地区多年平均统计的各个方向吹风次数的百分数，按一定比例绘制而成。

技巧：072　电气图的安装标高　　视频：无　案例：无

技巧概述： 安装标高有绝对标高和相对标高之分。

- 绝对标高：海拔高度以青岛市外黄海平面作为零点而确定的高度尺寸。
- 相对标高：选定某一参考面或参考点为零点而确定的高度尺寸。

电气位置图均采用相对标高，一般采用室外某一平面、某一层楼平面作为零点而计算高度。这个标高称为安装标高或敷设标高。

技巧：073　电气图的定位轴线　　视频：无　案例：无

技巧概述： 定位轴线是用来确定建筑物主要结构及构件位置的尺寸基准线。在施工时凡承重墙、柱、大梁或屋架等主要承重构件都应画出轴线以确定其位置。对于非承重的隔断墙及其他次要承重构件等，一般不画轴线，只需注明它们与附近轴线的相关尺寸以确定其位置。

- 定位轴线应用细点画线绘制。定位轴线一般应编号，编号应注写在轴线端部的圆内。圆应用细实线绘制，直径为 8~10mm。定位轴线圆的圆心，应在定位轴线的延长线上或延长线的折线上。
- 平面图上定位轴线的编号，宜标注在图样的下方与左侧。横向编号应用阿拉伯数字，从左至右顺序编写，竖向编号应用大写拉丁字母，从下至上顺序编写，如图 2-14 所示。
- 拉丁字母的 I、O、Z 不得用作轴线编号。若字母数量不够使用，可增用双字母或单字母加数字注脚，如 AA、BA、…、YA 或 A1、B1、…、Y1。
- 组合较复杂的平面图中定位轴线也可采用分区编号，如图 2-15 所示，编号的注写形式应为"分区号-该分区编号"，分区号采用阿拉伯数字或大写拉丁字母表示。

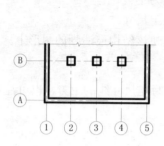

图 2-14 定位轴线及编号

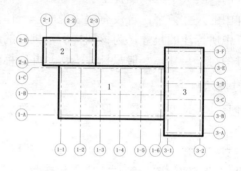

图 2-15 分区定位轴线及编号

- 附加定位轴线的编号，应以分数形式表示。两根轴线间的附加轴线，应以分母表示前一轴线的编号，分子表示附加轴线的编号，编号宜用阿拉伯数字顺序编写，如图 2-16 所示。1 号轴线或 A 号轴线之前的附加轴线的分母应以 01 或 0A 表示，如图 2-17 所示。

$\frac{1}{2}$ 表示2号轴线之后附加的第一根轴线　　$\frac{1}{01}$ 表示1号轴线之前附加的第一根轴线

$\frac{3}{C}$ 表示C号轴线之后附加的第三根轴线　　$\frac{3}{0A}$ 表示A号轴线之前附加的第三根轴线

图 2-16 在轴线之后附加的轴线　　　　图 2-17 在 1 或 A 号轴线之前附加的轴线

- 通用详图中的定位轴线，应只画圆，不注写轴线编号。
- 圆形平面图中定位轴线的编号，其径向轴线宜用阿拉伯数字表示，从左下角开始，按逆时针顺序编写；其圆周轴线宜用大写拉丁字母表示，从外向内顺序编写，如图 2-18 所示。折线形平面图中的定位轴线如图 2-19 所示。

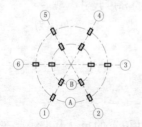

图 2-18 圆形平面图定位轴线及编号

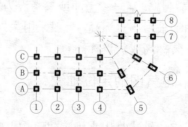

图 2-19 折线形平面图定位轴线及编号

技巧：074　电气工程图图样的画法　视频：无　案例：无

（1）同一图样中，同类图线的宽度应基本一致。

（2）虚线、点画线及双点画线的线段长度和间隔应各自大小相等。

（3）两条平行线（包括剖面线）之间的距离应不小于粗实线宽度的两倍，其最小距离不得小于 0.7 mm。

（4）点画线、双点画线的首尾应是线段而不是点；点画线彼此相交时应该是线段相交；中心线应超过轮廓线 2～3 mm。

（5）虚线与虚线、虚线与粗实线相交应是线段相交；当虚线处于粗实线的延长线上时，粗实线应画到位，而虚线相连处应留有空隙。

技巧：075　电气工程图标注的方法　视频：无　案例：无

1．箭头和指引线

开口箭头用于电气能量、电气信号的传递方向（能量流、信息流流向）。实心箭头用于可变性、力或运动方向，以及指引线方向。

指引线用来指示注释的对象，应为细实线。指引线末端指向轮廓线内，用一个黑点进行标记；若指向轮廓线上，用一实心箭头标记；指向电气连接线上，加一短画线进行标记，如图 2-20 所示。

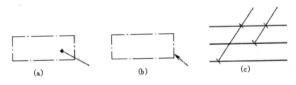

（a）　　　　　（b）　　　　　（c）

图 2-20　指引线表示方法

2．围框

当需要在图上显示出图的某一部分，如功能单元、结构单元、项目组时，可用点画线围框表示。若在图上含有安装在别处而功能与本图相关的部分，这部分可加双点画线。

3．注释

当图示不够清楚时，注释可以用来进行补充解释。注释通过两种方式实现，一是直接放在说明对象附近，通常在注释文字较少时使用；二是加标记，注释放在图面的适当位置，通常在注释文字较多时使用。

4．导线连接形式表示方式

导线连接有 T 形连接和"十"字形连接两种形式。T 形连接可加实心圆点，也可不加实心圆点，"十"字形连接表示两导线相交时必须加实心圆点；表示交叉而不连接的两导线，在交叉处不加实心圆点，如图 2-21 所示。

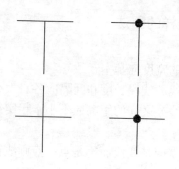

图 2-21   导线连接表示方式

5．元器件放置规则

（1）要考虑元件的体积和质量，体积大、质量大的元件应安装在安装板下部，发热元件应安装在上部，以利于散热。

（2）要注意强电和弱点要分开，同时应注意弱电的屏蔽问题和强电的干扰问题。

（3）要考虑今后维护和维修的方便性。

（4）要考虑制造和安装的工艺性、外形的美观、结构的整齐、操作人员的方便性等。

（5）要考虑元件之间的走线空间以及布线的整齐性等。

技巧：076 电气符号尺寸注法

视频：无
案例：无

技巧概述： 物体的大小由所标注的尺寸确定。标注尺寸时，应严格遵守国家标准有关尺寸注法的规定，做到正确、完整、清晰、合理。

（1）物体的真实大小应以图样上所注的尺寸数值为依据，与图形的大小及绘图的准确程度无关。

（2）图样中的尺寸以毫米为单位时，不需注明计量单位的代号或名称，若采用其他单位，则必须注明相应的计量单位的代号或名称。

（3）物体的每一尺寸，在图样中一般只标注一次，并应标注在反映该结构最清晰的图形上。

（4）图样中所注尺寸是该物体最后完工时的尺寸，否则应另加说明。

技巧：077 电气符号的构成与分类

视频：无
案例：无

技巧概述： 图形符号是用于电气图或其他文件中表示项目或概念的一种图形、记号或符号。电气工程图中，各元件、设备、线路及其安装方法都是以图形符号、文字符号和项目符号的形式出现的。要绘制电气工程图，首先要了解这些符号的形式、内容和含义，以及它们之间的相互关系。

下面列出了一些在电气工程图中最常见的电气图形符号，请读者仔细阅读，熟悉这些电气元件的表达形式。

（1）电阻器、电容器、电感器和变压器的图形符号如表 2-6 所示。

表2-6　电阻器、电容器、电感器和变压器的图形符号

图 形 符 号	名 称 与 说 明	图 形 符 号	名 称 与 说 明
	电阻器一般符号		电感器、线圈、绕组或扼流图
	可变电阻器或可调电阻器		带磁芯、铁芯的电感器
	滑动触点电阻器		带磁芯连续可调的电感器
	极性电阻器		双绕组变压器
	可变电容器或可调电容器		在一个绕组上有抽头的变压器

（2）半导体管的图形符号如表2-6所示。

表2-7　半导体管的图形符号

图 形 符 号	名 称 与 说 明	图 形 符 号	名 称 与 说 明
	二极管的符号		变容二极管
	可发光二极管		PNP型晶体三极管
	光电二极管		PNP型晶体三极管
	稳压二极管		全波桥式整流器

（3）其他常用的电气图形符号如表2-8所示。

表2-8　其他常用的电气图形符号

图 形 符 号	名 称 与 说 明	图 形 符 号	名 称 与 说 明
	熔断器		导线的链接
	指示灯及信号灯		导线的不链接
	扬声器		动合（常开）触点开关
	蜂鸣器		动断（常闭）触点开关
	接地		手动开关

技巧：078 电气符号的分类

视频：无
案例：无

技巧概述： 最新的《电气图形符号总则》国家标准代号为 GB/T 4728.1-1985，对各种电气符号的绘制做了详细的规定。按照这个规定，电气图形符号主要由以下 13 个部分组成。

1）总则

内容包括《电气图形符号总则》的内容提要、名词术语、符号的绘制、编号的使用及其他规定。

2）符号要素、限定符号和其他常用符号

内容包括轮廓和外壳、电流和电压种类、可变性、力运动和流动的方向、机械控制、接地和接地壳、理想电路元件等。

3）导线和连接器件

各种导线、接线端子和导线的连接、连接器件、电缆附件等。

4）无源元件

包括电阻器、电容器、电感器等。

5）半导体管和电子管

包括二极管、三极管、晶闸管、电子管、辐射探测器等。

6）电能的发生和转换

包括绕组、发电机、电动机、变压器、变流器等。

7）开关、控制和保护装置

包括触点（触头）、开关、开关装置、控制装置、电动机启动器、继电器、熔断器、间隙、避雷器等。

8）测量仪表、灯和信号器件

包括指示积算和记录仪表、热电偶、遥测装置、电钟、传感器、灯、扬声器和铃等。

9）电信交换和外围设备

包括交换系统、选择器、电话机、电报和数据处理设备、传真机、换能器、记录和播放等。

10）电信传输

包括通信电路、天线、无线电台及各种电信传输设备。

11）电力、照明和电信布置

包括发电站、变电站、网络、音响和电视的电缆配电系统、开关、插座引出线、电灯引出线、安装符号等。适用于电力、照明、电信系统和平面图。

12）二进制逻辑单元

包括组合和时序单元、运算器单元、延时单元、双稳、单稳和非稳单元、位移寄存器、计数器和储存器等。

13）模拟单元

包括函数器、坐标转换器、电子开关等。

第 3 章　常用电气元件的绘制技巧

● **本章导读**

在学习绘制电气图时，经常会看到电路图线上有不同的符号，这些符号被称为电气元件符号。本章将介绍使用 AutoCAD 绘制典型电气元件的方法，通过绘制这些基本元件，了解电气元件在电气设计中的应用及表示方法，并且可以举一反三，以便在后期进行各类电气线路图的绘制时，能够将这些元件符号以图块的方式插入调用。

● **本章内容**

电容的绘制	多极开关的绘制	频率表的绘制
电阻的绘制	常闭按钮开关的绘制	功率因素表的绘制
电感的绘制	常开按钮开关的绘制	电流表的绘制
可调电阻的绘制	转换开关的绘制	电压表的绘制
导线与连接器件的绘制	单极暗装开关的绘制	电动机的绘制
二极管的绘制	防爆单极开关的绘制	三相变压器的绘制
稳压三极管的绘制	灯的绘制	热继电器的绘制
PNP 三极管的绘制	信号灯的绘制	熔断器的绘制
NPN 三极管的绘制	电铃的绘制	三极接触器的绘制
单极开关的绘制	蜂鸣器的绘制	

技巧：079　电容的绘制

视频：技巧079-电容的绘制.avi
案例：电容.dwg

技巧概述：电子制作中需要用到各种各样的电容器，它们在电路中分别起着不同的作用。与电阻器相似，通常简称其为电容，用字母 C 表示。顾名思义，电容器就是"储存电荷的容器"。尽管电容器品种繁多，但它们的基本结构和原理是相同的。两片相距很近的金属中间被某物质（固体、气体或液体）所隔开，就构成了电容器。两片金属称为极板，中间的物质叫作介质。电容器也分为容量固定的与容量可变的。但常见的是固定容量的电容，最多见的是电解电容和瓷片电容。电容的基本单位为法拉（F），常用微法（μF）、纳法（nF）、皮法（pF）（皮法又称微微法）等。电容符号由两段水平直线和两段竖直直线组成。其绘制步骤如下：

步骤 01 正常启动 AutoCAD 2014 软件，在快速访问工具栏上单击"保存"按钮 💾，将其保存为"案例\03\电容.dwg"文件。

步骤 02 按下 F8 键启动正交模式，再按 F12 键启动动态输入模式。

步骤 03 执行"直线"命令（L），在绘图区单击一点，向下指引并输入 8，按空格键以绘制一条垂直线段，如图 3-1 所示。

步骤 04 执行"偏移"命令（O），根据如下命令行提示，输入偏移距离为 3mm，然后拾取垂直线段，并向右指引偏移方向且单击，以将垂直线段向右偏移 3mm，如图 3-2 所示。

```
命令: OFFSET                                              \\偏移命令
当前设置: 删除源=否   图层=源   OFFSETGAPTYPE=0
指定偏移距离或 [通过(T)/删除(E)/图层(L)]:  3               \\输入偏移距离
选择要偏移的对象, 或 [退出(E)/放弃(U)] <退出>:              \\选择垂直线段
指定要偏移的那一侧上的点, 或 [退出(E)/多个(M)/放弃(U)] <退出>:  \\在右侧单击以指定偏移方向
选择要偏移的对象, 或 [退出(E)/放弃(U)] <退出>:              \\空格键退出
```

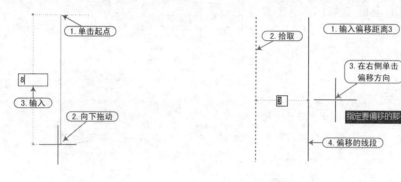

图 3-1   绘制线段   图 3-2   偏移线段

技巧提示   ★★★★☆

在绘制图形时, 使用"动态输入"功能 (在状态栏上单击启动按钮), 根据光标移动, 直接输入长度值可以使绘图的速度大大提高, 用户要作为重点去掌握该功能, 在以后的作图中都会用到。

正交方式的打开和关闭状态, 以确定是否在正交方式下作图。用鼠标在状态栏处单击"正交模式"按钮 或者按键盘上的 F8 键, 来开启或者关闭正交模式。在正交方式下, 只能在垂直或水平方向画线或指定距离, 而不管光标在屏幕上的位置。其线的方向取决于光标在 X 轴、Y 轴方向上的移动距离变化。

步骤 05 执行"草图设置"命令 (SE), 在弹出的"草图设置"对话框中, 切换到"对象捕捉"选项卡, 勾选"启用对象捕捉"和"启用对象捕捉追踪"复选框, 在"对象捕捉模式"选项下勾选"中点"复选框, 并单击"确定"按钮, 如图 3-3 所示。

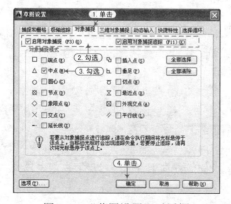

图 3-3   "草图设置"对话框

在"草图设置"对话框中，设置了"中点"捕捉模式，则鼠标移动到图形上即会出现对应的中点标记△。同样设置其他的捕捉模式，将会捕捉到图形对应的特性点，如圆心标记○、垂足标记⊢、端点标记□。用户可根据需要来设置各种特征点的捕捉。

步骤 06 执行"直线"命令（L），鼠标移动到直线上，自动捕捉到中点标记，单击以确定起点，然后向左拖动，输入 6，以绘制水平线段，如图 3-4 所示。

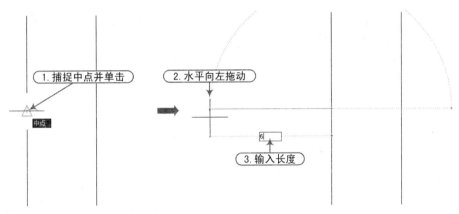

1. 捕捉中点并单击
中点
2. 水平向左拖动
6
3. 输入长度

图 3-4　绘制水平线段

步骤 07 按空格键重复直线命令，捕捉另一条垂直线段的中点，向右绘制一条长 6mm 的水平线段，如图 3-5 所示。

步骤 08 执行"基点"命令（Base），指定电容左水平线端点为基点，如图 3-6 所示，再按 Ctrl+S 组合键进行保存。

命令: base　　　　　　　　　　\\"基点"命令
输入基点 <38518,15334,0>:　　\\捕捉并单击左水平线段端点

单击端点
基点

图 3-5　绘制另一侧水平线 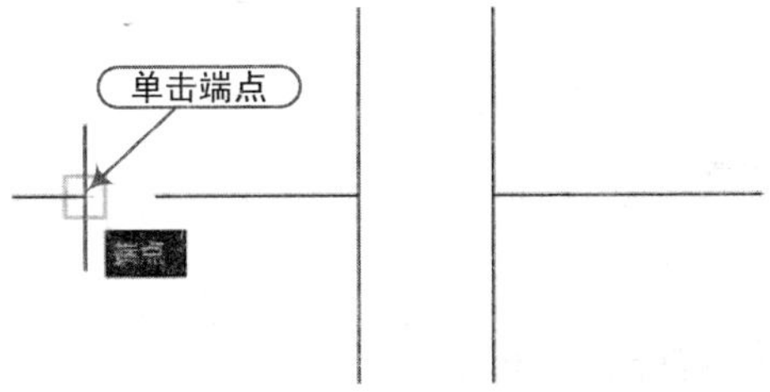　　　　　　　　　图 3-6　指定保存的基点

base 命令为指定基点命令，指定了基点，后面插入该图形时，将以此点插入相应位置。

技巧：080 电阻的绘制

视频：技巧080-电阻的绘制.avi
案例：电阻.dwg

技巧概述： 电阻的主要物理特征是变电能为热能，也可以说它是一个耗能元件，电流经过它就产生内能。电阻表示为导体对电流的阻碍作用的大小（不同的物体电阻一般不同）。用符号 R 表示；电阻的单位有欧姆（Ω）、千欧、兆欧，1MΩ=1000kΩ 1kΩ=1000Ω。如果导体两端的电压是 1V，通过的电流是 1A，则这段导体的电阻就是 1Ω。导体电阻的大小由导体本身的材料、长度、横截面积决定，与是否接入电路、外加电压及通过电流大小等外界因素均无关，所以导体的电阻是导体本身的一种性质。电阻符号是由一个矩形和两段直线组成。具体绘制步骤如下：

步骤 01 正常启动 AutoCAD 2014 软件，在快速访问工具栏上单击"保存"按钮，将其保存为"案例\03\电阻.dwg"文件。

步骤 02 执行"矩形"命令（REC），在绘图区任意单击一点作为矩形第一个角点，再根据如下命令行提示选择"尺寸（D）"选项，输入矩形的长度值为 10mm，宽度值为 4mm，以绘制一个 10mm×4mm 的矩形，如图 3-7 所示。

命令： RECTANG	\\启动命令
指定第一个角点或 [倒角(C)/标高(E)/圆角(F)/厚度(T)/宽度(W)]:	\\鼠标单击确定第一个角点
指定另一个角点或 [面积(A)/尺寸(D)/旋转(R)]: d	\\选择"尺寸(D)"选项
指定矩形的长度:10	\\输入矩形的长度 10
指定矩形的宽度:4	\\输入矩形的宽度 4

步骤 03 执行"直线"命令（L），捕捉矩形左、右侧中点分别绘制长 6mm 的水平直线，从而完成电阻符号的绘制，如图 3-8 所示。

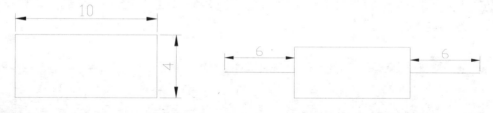

图 3-7　绘制矩形　　　　　　　　　图 3-8　绘制水平线

步骤 04 执行"基点"命令（Base），指定电阻左水平线端点为基点，再按 Ctrl+S 组合键进行保存。

技巧：081 电感的绘制

视频：技巧081-电感的绘制.avi
案例：电感.dwg

技巧概述： 电感器是依据电磁感应原理，由导线绕制而成。在电路中具有通直流、阻交流的作用。在电路图中用符号 L 表示，主要参数是电感量，单位是亨利，用 H 表示，常用的有毫亨（mH）、微亨（μH）、纳亨（nH），换算关系为 $1H=10^3mH=10^6\mu H=10^9nH$。电感器由四个相等大小的圆弧组成。其绘制步骤如下：

步骤 01 正常启动 AutoCAD 2014 软件，在快速访问工具栏上单击"保存"按钮，将其保存为"案例\03\电感.dwg"文件。

步骤 02 执行"圆弧"命令（A），根据如下命令提示绘制半径为 2mm 的半圆弧，如图 3-9 所示。

命令: ARC	\\启动命令
圆弧创建方向: 逆时针(按住 Ctrl 键可切换方向)。	
指定圆弧的起点或 [圆心(C)]:	\\选择"圆心(C)"选项
指定圆弧的圆心:	\\鼠标单击确定圆心
指定圆弧的起点:	\\输入圆弧半径 2
指定圆弧的端点或 [角度(A)/弦长(L)]:	\\选择"角度（A）"选项
指定包含角:	\\输入角度 180

图 3-9　绘制圆弧

步骤 03 执行"阵列"命令（AR），根据如下命令行提示，对圆弧进行 4 列、列间距为 4mm 的矩形阵列操作。效果如图 3-10 所示。

命令:	\\启动命令
选择对象:	\\选择要阵列的圆弧
选择对象:　输入阵列类型 [矩形(R)/路径(PA)/极轴(PO)] <矩形>:	\\选择"矩形（R）"选项
类型 = 矩形　关联 = 是	
选择夹点以编辑阵列或 [关联(AS)/基点(B)/计数(COU)/间距(S)/列数(COL)/行数(R)/层数(L)/退出(X)] <退出>:	
	\\选择"行数（R）"选项
输入行数数或 [表达式(E)] <3>:	\\输入行数 1
指定 行数 之间的距离或 [总计(T)/表达式(F)] <3>:	\\按键盘上的空格键
指定 行数 之间的标高增量或 [表达式(E)] <0>:	\\按键盘上的空格键
选择夹点以编辑阵列或 [关联(AS)/基点(B)/计数(COU)/间距(S)/列数(COL)/行数(R)/层数(L)/退出(X)] <退出>:	
	\\选择"列数（COL）"选项
输入列数数或 [表达式(E)] <4>:	\\输入列数 4
指定 列数 之间的距离或 [总计(T)/表达式(E)] <6>:	\\输入距离 4

图 3-10　电感符号

步骤 04 执行"基点"命令（Base），指定电感左边端点为基点，再按 Ctrl+S 组合键进行保存。

软件技能　　　　　　　　　　　　　　　　　　　　　　★★★★☆

　　阵列复制可以快速复制出与已有对象相同，且按一定规律分布的多个图形。对于矩形阵列，可以控制行和列的数目以及它们之间的距离。

　　执行命令后，选择阵列图形，按 Enter 键在功能区将出现如图 3-11 所示的"矩形阵列"面板，同样可以在此面板中设置相应的参数来进行阵列操作。其各选项含义如下：

- 列数：设定列数量。
- 行数：设定行数量。
- 介于：（列、行、级）对象与（列、行、级）对象之间的距离。
- 总计：指定第一列（行、级）到最后一列（行、级）之间的总距离。

　　在对图形执行阵列后，行间距、列间距有正负之分，行间距为正值时，向上阵列；为负值时，向下阵列。列间距为正值时，向右阵列；为负值时，向左阵列。

	列数	4		行数	3		级别	1			
矩形	介于	15		介于	15		介于	1	关联	基点	关闭阵列
	总计	45		总计	30		总计	1			
类型	列			行			层级		特性	关闭	

图 3-11　矩形阵列面板

技巧：082　可调电阻的绘制

视频：技巧082-可调电阻的绘制.avi
案例：可调电阻.dwg

　　技巧概述：可调电阻的标称阻值：产品上标示的阻值，其单位为欧、千欧、兆欧，标称阻值都应符合下面所列数值乘以 $10N\Omega$，其中 N 为整数。可调电阻的标称值是标准可以调整到最大的电阻阻值，理论上讲，可调电阻的阻值可以调整到 0 与标称值以内的任意值上，但因为实际结构与设计精度要求等原因，往往不容易达到 100% 精确，可以在允许的范围内调节从而来改变阻值。可调电阻的基本原理：常见的可调电阻主要是通过改变电阻接入电路的长度来改变阻值，对于对温度较敏感的电阻也可通过改变温度来达到改变阻值的目的，这叫热敏电阻；还有通过改变光照强度来达到改变阻值的光敏电阻，除此之外，还有压敏电阻、气敏电阻、密封式可调电阻等。在绘制可调电阻时可以在电阻的基础上来进行绘制。具体步骤如下：

步骤 **01**　正常启动 AutoCAD 2014 软件，在快速访问工具栏上单击"打开"按钮🖿，将"案例\03\电阻.dwg"文件打开，效果如图 3-12 所示。

图 3-12　打开电阻文件

步骤 **02**　单击"另存为"按钮🖿，将其另存为"案例\03\可调电阻.dwg"文件。

步骤 **03**　执行"多段线"命令（PL），鼠标指定起点再向右拖动，输入长度9，按空格键以确定第一段直线，当命令提示"指定下一点或[圆弧(A)/闭合(C)/半宽(H)/长度(L)/放弃(U)/宽度(W)]："时，选择"宽度(W)"项，设置起点宽度为 0.5mm，终点宽度为 0，光标继续向右拖动并输入长度值为 2，从而绘制出箭头符号，如图 3-13 所示。

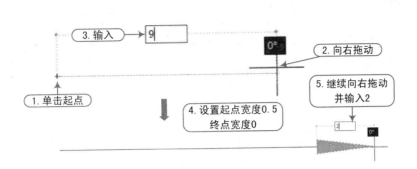

图 3-13　绘制多段线

技巧提示　　　　　　　　　　　　　　　　　　　　　　★★★☆☆

　　多段线即由多条线段构造的一个图形，这些线段可以是直线、圆弧等对象，多段线所构成的图形是一个整体，用户可对其进行整体编辑。

步骤 04　执行"旋转"命令（RO），选择上一步绘制的多段线，指定左端点为旋转基点，输入角度为 45，以将箭头图形旋转 45°；然后再执行"移动"命令（M）将图形移动到如图 3-14 所示位置即可。

图 3-14　可调电阻

步骤 05　执行"基点"命令（Base），指定可调电阻左边端点为基点，再按 Ctrl+S 组合键进行保存。

技巧：083　**导线与连接器件的绘制**　　视频：技巧083-导线与连接器件的绘制.avi
　　　　　　　　　　　　　　　　　　　　案例：导线与连接器件.dwg

　　技巧概述：导线与连接器件是将各分散元件组合成一个完整电路图的必备材料。导线的一般符号可用于表示一根导线、导线组、电线、电缆、电路、传输电路、线路、母线、总线等，根据具体情况加粗、延长或缩小。

　　在绘制电气工程图时，一般的导线可表示单根导线，对于多根导线，可以分别画出，也可以只画一根图线，但需要加标志。若导线少于 4 根，可用短画线数量代表根数；若多于 4 根，可在短画线旁边加数字表示，具体如表 3-1 所示。

表 3-1　导线和导线根数表示法

名称	图形符号	绘制方法
导线、电缆和母线一般符号		执行"直线"命令（L）
三根导线的单线表示		

续表

名称	图形符号	绘制方法
多根导线	n	
二股绞合导线		
导线的连接		执行"直线"命令（L）
导线的多线连接		
柔软导线		执行"直线"命令（L）
		执行"样条曲线"命令（SPL）
同轴电缆		执行"直线"命令（L）
屏蔽导线		执行"圆"命令（C）
电缆终端头		执行"直线"命令（L）

技巧提示 ★★★☆☆

为了突出或区分某些电路及电路的功能等，导线、连接线等都采用不同粗细的直线来表示。一般来说，电源主电路、一次电路、主信号通路等采用粗线，与之相关的其余部分采用细线。由隔离开关、断路器等组成的变压器的电源电路用粗线表示，而由电流互感器、电压互感器和电度表组成的电流测量电路用细线表示。

技巧：084　二极管的绘制

视频：技巧 084-二极管的绘制.avi
案例：二极管.dwg

技巧概述：二极管的主要特性是单向导电性，也就是在正向电压的作用下，导通电阻很小；而在反向电压作用下导通电阻极大或无穷大。正因为二极管具有上述特性，无绳电话机中常把它用在整流、隔离、稳压、极性保护、编码控制、调频调制和静噪等电路中。晶体二极管按作用可分为整流二极管（如 1N4004）、隔离二极管（如 1N4148）、肖特基二极管（如 BAT85）、发光二极管、稳压二极管等。二极管的绘制方法：首先新建并保存一个新的 dwg 文件，再根据二极管符号的要求绘制一条长为 15mm 的直线，在直线中点处绘制一个正三角形，并对其进行旋转，再在正三角形的右侧绘制一条长为 6mm 的垂线。最后执行基点命令保存二极管。具体绘制步骤如下：

步骤 01 正常启动 AutoCAD 2014 软件，在快速访问工具栏上单击"保存"按钮，将其保存为"案例\03\二极管.dwg"文件。

步骤 02 执行"直线"命令（L），打开正交绘制一条长度为 15mm 的水平直线，如图 3-15所示。

步骤 03 执行"正多边形"命令（POL），根据命令提示输入边数为 3，再捕捉上一步所绘直线的中点为中心，接着输入"内接于圆（I）"选项，再输入内接圆半径为 3，最后得到一个正三角形，如图 3-16 所示。

命令: POLYGON　　　　　　　　　　　　　　　　\\多边形命令
输入侧面数 <4>: 3　　　　　　　　　　　　　　\\输入侧面数 3
指定正多边形的中心点或 [边(E)]:　　　　　　　\\单击水平线的中点
输入选项 [内接于圆(I)/外切于圆(C)] <I>:　　　　\\空格键确定默认的"内接于圆(I)"
指定圆的半径: 3　　　　　　　　　　　　　　　\\输入半径值 3

图 3-15　绘制直线　　　　　　　　　　　　　　　图 3-16　绘制三角形

技巧提示　　　　　　　　　　　　　　　　　★★★☆☆

在命令提示行中，尖括号"<?>"内的内容为默认值或选项。

各边相等，各角也相等的多边形叫作正多边形（多边形：边数大于等于 3）。正多边形的外接圆的圆心叫作正多边形的中心；中心与正多边形顶点连线的长度叫作半径；中心与边的距离叫作边心距，如图 3-17 所示。

其命令提示栏中各选项的功能与含义如下。

● 边（E）：通过指定多边形的边数的方式来绘制正多边形，该方式将通过边的数量和长度确定正多边形。

● 内接于圆（I）：指定以正多边形内接圆半径绘制正多边形，如图 3-18 所示。

● 外切于圆（C）：指定以多边形外切圆半径绘制正多边形，如图 3-19 所示。

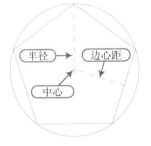

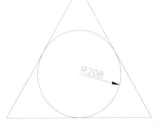

图 3-17　正多边形属性　　　　　图 3-18　内接于圆　　　　　图 3-19　外切于圆

步骤 04 执行"旋转"命令（RO），根据命令行提示选择正三角形对象，以水平直线中点为基点，输入旋转角度为 30。旋转效果如图 3-20 所示。

步骤 05 执行"直线"命令（L），在正三角形的右端点处向上、下分别绘制长为 3mm 的垂直线段，如图 3-21 所示。

图 3-20　旋转三角形　　　　　　　　　　图 3-21　二极管符号

步骤 06 执行"基点"命令（Base），指定二极管左边端点为基点，再按 Ctrl+S 组合键进行保存。

技巧：085 　稳压二极管的绘制

视频：技巧 085-稳压二极管的绘制.avi
案例：稳压二极管.dwg

技巧概述： 在绘制发光二极管时可以在二极管的基础上来进行绘制。具体步骤如下：

步骤 01 接上例，单击"另存为"按钮，将"二极管.dwg"文件另存为"案例\03\稳压二极管.dwg"文件。

步骤 02 执行"多段线"命令（PL），在三角形上方由左下向右上侧绘制一条斜线，如图 3-22 所示；当命令提示"指定下一点或 [圆弧(A)/闭合(C)/半宽(H)/长度(L)/放弃(U)/宽度(W)]："时，选择"宽度(W)"项，设置起点宽度为 0.5mm，端点宽度为 0，光标继续向右上拖动，如图 3-23 所示，在斜线延长线上绘制箭头图形。

步骤 03 执行"多段线"命令（PL），用同样的方法在箭头图形的上方继续绘斜线箭头，如图 3-24 所示。

步骤 04 执行"基点"命令（Base），指定稳压二极管左边端点为基点，再按 Ctrl+S 组合键进行保存。

图 3-22　绘制斜线　　　　　图 3-23　绘制箭头　　　　　图 3-24　稳压二极管符号

技巧：086 　PNP 三极管的绘制

视频：技巧 086-PNP 三极管的绘制.avi
案例：PNP 三极管.dwg

技巧概述： 三极管又称双极型器件，它的基本组成部分是两个靠得很近且背对背排列的 PN 结。三极管是非线性器件，其工作模式包括放大模式、截止模式和饱和模式。根据排列方式不同，三极管分为 PNP 和 NPN 两种类型，PNP 型三极管如图 3-25 所示。具体绘制步骤如下：

步骤 01 正常启动 AutoCAD 2014 软件，在快速访问工具栏上单击"保存"按钮，将其保存为"案例\03\PNP 三极管.dwg"文件。

步骤 02 执行"多边形"命令（POL），根据如下命令行提示，在绘图区绘制一个正三角形。效果如图 3-26 所示。

命令: POLYGON	\\启动命令
输入侧面数 <3>:	\\指定边数为 3
指定正多边形的中心点或 [边(E)]:	\\在屏幕上指定一点为中心点
输入选项 [内接于圆(I)/外切于圆(C)] <I>:	\\选择"内接于圆（I）"选项
指定圆的半径:　<正交 开>	\\指定半径为 5

步骤 03 执行"旋转"命令（RO），根据如下命令行提示，将正三角形旋转 90°。效果如图 3-27 所示。

命令: ROTATE	\\启动命令
UCS 当前的正角方向：ANGDIR=逆时针　ANGBASE=0	
选择对象: 指定对角点: 找到 1 个	\\选择正三角形
选择对象:	\\按回车键结束拾取
指定基点:	\\单击任意一点基点
指定旋转角度，或 [复制(C)/参照(R)] <0>:	\\指定角度为 90°

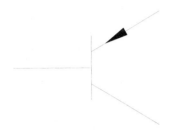

图 3-25　PNP 型三极管

图 3-26　绘制正三角形

图 3-27　旋转图形

步骤 04 执行"分解"命令（X），将三角形分解为独立的三条边。

软件技能　　　　　　　　　　　　　　　　　　　★★★★☆

使用"分解"命令，可以将多个组合实体分解为单独的图元对象，组合对象即由多个基本对象组合而成的复杂对象，如多段线、多线、标注、块、面域、网格、多边形网格、三维网格以及三维实体等，外部参照作为整体不能被分解。

分解后的图形在外观上不会有明显变化，只有在选中被分解的图形时观看其夹点来判断。例如，使用"分解"命令可以将三角形对象分解成独立的线段，如图 3-29 所示。

步骤 05 执行"偏移"命令（O），输入偏移距离为 5mm，然后拾取垂直边，再在左侧单击指引偏移方向，以将垂直线向左偏移 5。效果如图 3-29 所示。

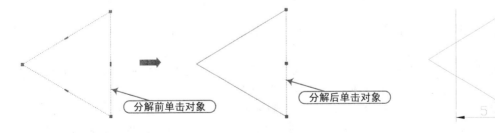

图 3-28　分解前后选择对象效果　　　　　　　　　　　图 3-29　偏移直线

步骤 06 执行"修剪"命令（TR），按两次空格键，依次单击左侧三角形的两条边。修剪结果如图 3-30 所示。

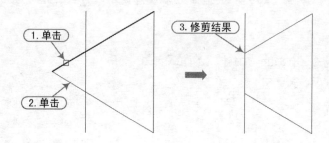

图 3-30　修剪结果

软件技能　　　　　　　　　　　　　　★★★★★

　　修剪命令用于以指定的切割边去裁剪所选定的对象，切割边和被裁剪的对象可以是直线、圆弧、圆、多段线、构造线和样条曲线等。

　　在修剪过程中，直接连续两次按【空格】键或者 Enter 键，默认将所有的图形对象作为剪切边，然后在要修剪的部分单击即可修剪掉。

　　在进行修剪操作时按住 Shift 键，可转换执行延伸 EXTEND 命令。当选择要修剪的对象时，若某条线段未与修剪边界相交，则按住 Shift 键后单击该线段，可将其延伸到最近的边界，然后松开 Shift 键，重新返回到修剪操作，在需要修剪的位置单击即可，如图 3-31 所示。

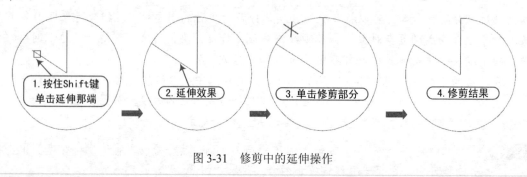

图 3-31　修剪中的延伸操作

步骤 07　执行"删除"命令（E），选择右侧的垂直线段，按空格键确定删除。效果如图 3-32 所示。

步骤 08　执行"直线"命令（L），在"正交"模式下，用鼠标捕捉垂直线段的中点，向左绘制长度为 7 的水平直线。效果如图 3-33 所示。

步骤 09　执行"多段线"命令（PL），单击斜线和垂直线段的交点为起点，再设置起点宽度为 0，终点宽度为 0.5mm，捕捉到斜线的中点并单击为多段线的终点，绘制出箭头，如图 3-34 所示，即完成了 PNP 三极管的绘制。

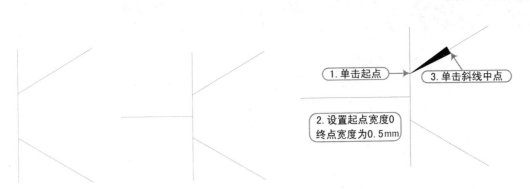

图 3-32 删除直线　　　　　　图 3-33 绘制直线　　　　　　图 3-34 PNP 三极管

步骤 ⑩ 执行"基点"命令（Base），指定 PNP 三极管左边端点为基点，再按 Ctrl+S 组合键进行保存。

技巧：087 **NPN 三极管的绘制**　　　　视频：技巧 087-NPN 三极管的绘制.avi
案例：NPN 三极管.dwg

技巧概述：在绘制 NPN 三极管时，直接调用前面绘制好的 PNP 三极管图形，删除斜线上的箭头，重新绘制箭头即可。具体绘制步骤如下：

步骤 ① 接上例，单击"另存为"按钮 🔳，将"PNP 三极管"另存为"NPN 三极管.dwg"文件。

步骤 ② 执行"删除"命令（E），将多段线箭头图形删除掉。效果如图 3-35 所示。

步骤 ③ 执行"多段线"命令（PL），设置起点宽度为 0.5mm，终点宽度为 0，在斜线上适当位置单击，向上绘制一段箭头。效果如图 3-36 所示。

图 3-35 删除箭头　　　　　　　　　图 3-36 NPN 三极管

步骤 ④ 执行"基点"命令（Base），指定 NPN 型三极管左边端点为基点，再按 Ctrl+S 组合键进行保存。

技巧：088 **单极开关的绘制**　　　　视频：技巧088-单极开关的绘制.avi
案例：单极开关.dwg

技巧概述：单极开关就是一个翘板的开关，是只分合一根导线的开关。单极开关的极数是指开关断开（闭合）电源的线数，如对 220V 的单相线路可以使用单极开关断开相线（火线），而零线（N 线）不经过开关，单极单控开关一个开关控制一条线路，通常是两个接线柱，一进一出。其绘制步骤如下：

步骤 ① 正常启动 AutoCAD 2014 软件，在快速访问工具栏上单击"保存"按钮 🔳，将其保存为"案例\03\单极开关.dwg"文件。

步骤 ② 执行"直线"命令（L），按键盘上的 F8 键切换到"正交"状态，绘制 3 条依次为 4mm、8mm、4mm 首尾相连的竖直直线。效果如图 3-37 所示。

步骤 ③ 执行"旋转"命令（RO），以直线 2 下方端点为基点，将直线 2 旋转 25°。效果如

图 3-38 所示。

图 3-37　绘制竖直直线　　　　　　　图 3-38　旋转直线

步骤 04 执行"基点"命令（Base），指定单极开关上端点为基点，再按 Ctrl+S 组合键进行保存。

技巧：089　多极开关的绘制

视频：技巧089-多极开关的绘制.avi
案例：多极开关.dwg

技巧概述：多极开关就是多翘板连为一体的开关，是可以分合多根导线的开关。多极开关主要是在无负荷情况下关合和开断电路；可与断路器配合改变设备的运行方式；可进行一定范围内空载线路的操作；可进行空载变压器的投入和退出操作；也可形成可见的断开点。如对于3 相 380V，则分别有 3 极或 4 极开关使用的情况。其绘制步骤如下：

步骤 01 接上例，单击"另存为"按钮🖫，将"单极开关.dwg"文件另存为"案例\03\多极开关.dwg"文件。

步骤 02 执行"阵列"命令（AR），根据如下命令提示，对单极开关图形进行 3 列、列间距为 10mm 的矩形阵列操作。效果如图 3-39 所示。

命令: ARRAY　　　　　　　　　　　　　　　　　　\\启动命令选择需阵列对象

输入阵列类型 [矩形(R)/路径(PA)/极轴(PO)] <矩形>:　　\\选择"矩形（R）"选项

类型 = 矩形　关联 = 是

选择夹点以编辑阵列或 [关联(AS)/基点(B)/计数(COU)/间距(S)/列数(COL)/行数(R)/层数(L)/退出(X)] <

退出>:　　　　　　　　　　　　　　　　　　　\\选择"行数（R）"选项

输入行数数或 [表达式(E)] <3>:　　　　　　　　\\输入行数为 1

指定 行数 之间的距离或 [总计(T)/表达式(E)] <24>:　　\\按键盘上的空格到下一个选项

指定 行数 之间的标高增量或 [表达式(E)] <0>:　　　\\按键盘上的空格到下一个选项

选择夹点以编辑阵列或 [关联(AS)/基点(B)/计数(COU)/间距(S)/列数(COL)/行数(R)/层数(L)/退出(X)] <

退出>:　　　　　　　　　　　　　　　　　　　\\选择"列数（COL）"选项

输入列数数或 [表达式(E)] <4>:　　　　　　　　\\输入列数为 3

指定 列数 之间的距离或 [总计(T)/表达式(E)] <5>:　　\\输入列数之间距离为 10

选择夹点以编辑阵列或 [关联(AS)/基点(B)/计数(COU)/间距(S)/列数(COL)/行数(R)/层数(L)/退出(X)] <

退出>:　　　　　　　　　　　　　　　　　　　\\按键盘上的 Enter 键结束阵列

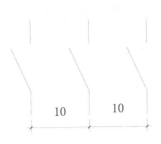

图 3-39　阵列图形

步骤 03 执行"格式|线型"菜单命令,弹出"线型管理器"对话框,单击"加载"按钮,随后弹出"加载或重载线型"对话框,在"可用线型"下拉列表中选择 ACAD-IS002W100 线型,然后单击"确定"按钮进行加载,如图 3-40 所示。

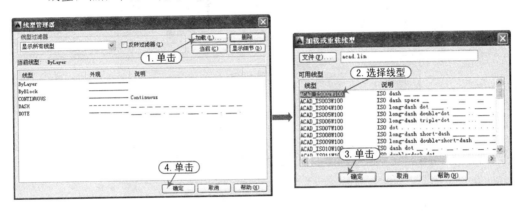

图 3-40　加载线型设置

步骤 04 在"特性"工具栏的"线型"列表中,选择 ACAD-IS002W100 线型,如图 3-41 所示将其设置为当前线型。

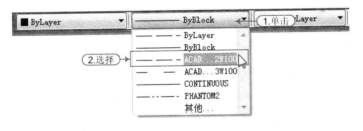

图 3-41　设置线型

步骤 05 执行"直线"命令（L）,在"正交"方式下,捕捉左右斜线中点进行连接。效果如图 3-42 所示。

图 3-42　多极开关符号

步骤 06 执行"基点"命令（Base），指定多极开关左边直线上面端点为基点，再按 Ctrl+S 组合键进行保存。

软件技能 ★★★★★

若绘制出的虚线显示不出来，那么可执行"格式 | 线型"菜单命令，打开"线型管理器"对话框，单击"显示（隐藏）细节"按钮，然后在"全局比例因子"文本框中输入 0.05，单击"确定"按钮，如图 3-43 所示。也可执行 LTS 命令，根据命令提示输入新线型比例为 0.05，直接对线型比例进行修改。

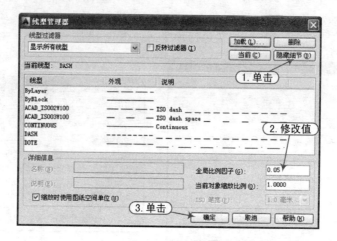

图 3-43　设置线型比例

更改全局比例因子后，图形对象会发生一些变化，不同大小的全局比例因子线型对比效果如图 3-44 所示。

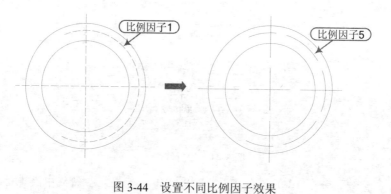

图 3-44　设置不同比例因子效果

技巧：090　常闭按钮开关的绘制

视频：技巧090-常闭按钮开关的绘制.avi
案例：常闭按钮开关.dwg

技巧概述： 按键开关，有常开式和常闭式两种，两种开关结构不一样，所以价格有些差异。而按断式常闭式按钮开关最常用于汽车刹车、自行车车把刹车。这两种开关的性质非常稳定。

步骤 01 正常启动 AutoCAD 2014 软件，在快速访问工具栏上单击"保存"按钮 ，将其保存为"案例\03\常闭按钮开关.dwg"文件。

步骤 02 执行"直线"命令（L），连续绘制3条长均为10mm的垂直线段，如图3-45所示。

步骤 03 执行"旋转"命令（RO），将中间线段以下端点旋转-25°，如图3-46所示。

步骤 04 执行"直线"命令（L），在第1条线段末端绘制一条长为6mm的水平线段，如图3-47所示。

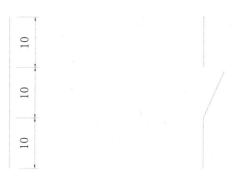

图3-45　绘制线段　　　　　　　图3-46　旋转线段　　　　　　　图3-47　绘制水平线

步骤 05 执行"拉长"命令（LEN），根据如下命令提示选择"增量（DE）"项，输入长度3，然后单击需要延长的端点，以将斜线上端延长3mm，如图3-48所示。

命令: LENGTHEN	\\拉长命令
选择对象或 [增量(DE)/百分数(P)/全部(T)/动态(DY)]: de	\\选择"增量（DE）"项
输入长度增量或 [角度(A)] <0.0000>: 3	\\输入拉长长度3
选择要修改的对象或 [放弃(U)]:	\\单击拾取线段增长的那端

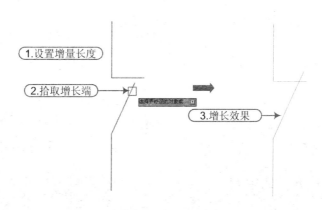

1.设置增量长度

2.拾取增长端

3.增长效果

图3-48　增长操作

步骤 06 执行"直线"命令（L），捕捉斜线中点向左绘制长为9mm的水平线，且转换为虚线线型 DASHED，如图3-49所示。

步骤 07 执行"矩形"命令（REC），绘制 3mm×7mm 的矩形；再执行"移动"命令（M），放置到虚线的左端，如图3-50所示。

步骤 08 执行"修剪"命令（TR），修剪相应线段，结果如图3-51所示，完成常闭按钮开关的绘制。

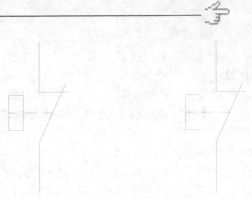

图 3-49　绘制线段　　　　　　图 3-50　绘制矩形　　　　　　图 3-51　常闭按钮开关

步骤 09 执行"基点"命令（Base），指定直线上面端点为基点，再按 Ctrl+S 组合键进行保存。

技巧：091　常开按钮开关的绘制

视频：技巧091-常开按钮开关的绘制.avi
案例：常开按钮开关.dwg

技巧概述：按通式开关常开式按钮开关常用在电器、数码、小家电等产品上。

步骤 01 接上例，再单击"另存为"按钮📄，将文件另存为"案例\03\常开按钮开关.dwg"文件。

步骤 02 执行"删除"命令（E），将相应的线段进行删除。结果如图 3-52 所示。

步骤 03 执行"镜像"命令（MI），将斜线以下端点进行左、右镜像，且删除源对象，如图 3-53 所示。

步骤 04 执行"移动"命令（M），将按钮向左移动。结果如图 3-54 所示。

图 3-52　复制、删除　　　　　图 3-53　镜像斜线　　　　　　图 3-54　常开按钮开关

步骤 05 执行"基点"命令（Base），指定直线上面端点为基点，再按 Ctrl+S 组合键进行保存。

技巧：092　转换开关的绘制

视频：技巧092-转换开关的绘制.avi
案例：转换开关.dwg

技巧概述：转换开关又称组合开关，与刀开关的操作不同，它是左右旋转的平面操作。转换开关具有多触点、多位置、体积小、性能可靠、操作方便、安装灵活等优点，多用于机床电气控制线路中电源的引入开关，起着隔离电源作用，还可作为直接控制小容量异步电动机不频繁启动和停止的控制开关。转换开关同样也有单极、双极和三极。其绘制步骤如下：

步骤 01 正常启动 AutoCAD 2014 软件，在快速访问工具栏上单击"保存"按钮💾，将其保存为"案例\03\转换开关.dwg"文件。

步骤 02 执行"直线"命令（L），按键盘上的 F8 键切换到"正交"模式绘制一条长 8mm 的垂直直线。效果如图 3-55 所示。

步骤 03　执行"偏移"命令（O），对上一步绘制的直线进行偏移，偏移距离为 10mm。效果如图 3-56 所示。

步骤 04　执行"直线"命令（L），将直线 1 与直线 3 下方端点进行连接。效果如图 3-57 所示。

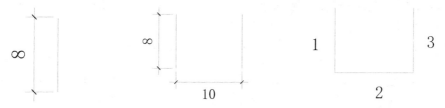

图 3-55　绘制直线　　　　　图 3-56　偏移直线　　　　　图 3-57　连接直线

步骤 05　执行"直线"命令（L），捕捉直线 2 的中点向下绘制长度为 10mm 的垂直直线得到直线 4。效果如图 3-58 所示。

步骤 06　执行"移动"命令（M），将直线 4 垂直向上移动 1mm。效果如图 3-59 所示。

步骤 07　执行"旋转"命令（RO），以直线 2 与直线 4 的交点为基点对直线 4 进行旋转 25°。效果如图 3-60 所示。

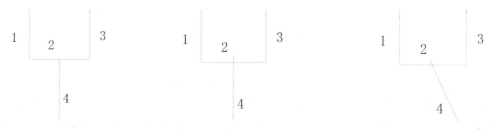

图 3-58　绘制直线　　　　　图 3-59　移动直线　　　　　图 3-60　旋转直线

步骤 08　执行"修剪"命令（TR），将多余的线条进行修剪。效果如图 3-61 所示。

步骤 09　执行"直线"命令（L），以直线 2 与斜线 4 的交点为起点向右绘制一条长度为 1mm 的水平直线。效果如图 3-62 所示。

步骤 10　执行"直线"命令（L），捕捉斜线 4 下方端点向下绘制一条长度为 10mm 的垂直直线。效果如图 3-63 所示。

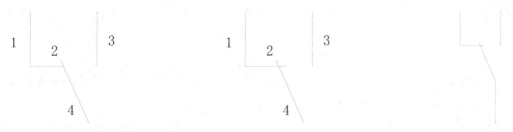

图 3-61　修剪图形　　　　　图 3-62　绘制直线　　　　　图 3-63　转换开关符号

步骤 11　执行"基点"命令（Base），指定转换开关下端点为基点，再按 Ctrl+S 组合键进行保存。

技巧: 093 单极暗装开关的绘制

视频: 技巧093-单极暗装开关的绘制.avi
案例: 单极暗装开关.dwg

技巧概述: 单极暗装开关是指安装盒装在墙体内,开关面板与墙体在同一平面内。单级就是开关只用一个开关点,面板上有一个操作按钮。其绘制步骤如下:

步骤 01 正常启动 AutoCAD 2014 软件,在快速访问工具栏上单击"保存"按钮 ,将其保存为"案例\03\单极暗装开关.dwg"文件。

步骤 02 执行"圆"命令(C),绘制一个半径为 2mm 的圆。效果如图 3-64 所示。

步骤 03 执行"直线"命令(L),捕捉圆心为起点绘制一条长度为 8mm 的水平直线。效果如图 3-65 所示。

步骤 04 执行"旋转"命令(RO),将绘制的水平直线以圆心为基点旋转 30°。效果如图 3-66 所示。

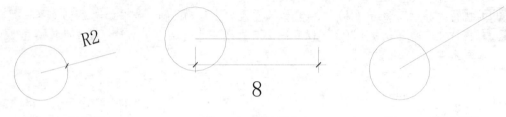

图 3-64 绘制圆   图 3-65 绘制直线   图 3-66 旋转直线

步骤 05 执行"直线"命令(L),以斜线的右端点为起点,在命令行输入"@3<-60",以绘制一条呈直角的斜线。效果如图 3-67 所示。

步骤 06 执行"图案填充"命令(H),选择样例 SOLID,对圆进行填充。效果如图 3-68 所示。

图 3-67 绘制斜线   图 3-68 单极暗装开关符号

步骤 07 执行"基点"命令(Base),指定单极暗装开关圆心为基点,再按 Ctrl+S 组合键进行保存。

软件技能   ★★★★★

　　极坐标系由一个极点和一个极轴构成,极轴的方向为水平向右。平面上任何一点 P 都可以由该点到极点的连线长度 L(>0)和连线与极轴的交角 a(极角,逆时针方向为正)所定义,即用一对坐标值($L<a$)来定义一个点,其中"$<$"表示角度。例如,某点的极坐标为($5<30$)。默认情况下,角度的正方向为逆时针方向,若要按顺时针方向移动,就必须输入负的角度值。例如,输入 $2<245$ 与输入 $2<-115$ 效果相同。

　　极坐标也可分为绝对极坐标和相对极坐标。要指定相对极坐标,可在坐标前面添加一个"@"符号。

● 极坐标是通过相对于极点的距离和角度来定义的,其格式为:距离 < 角度。绝对极坐标以原点为极点。如输入"$10<20$",表示距原点 10mm,方向 20° 的点。

例如，以原点为起点，用绝对极坐标绘制两条直线，其命令行提示如下，绘制效果如图 3-69 所示。

命令：LINE	\\执行"直线"命令
指定第一个点：0,0	\\确定起点
指定下一点或 [放弃(U)]: 4<120	\\确定下一点
指定下一点或 [放弃(U)]: 5<30	\\确定下一点
指定下一点或 [放弃(U)]:	\\按 Enter 键结束

- 相对极坐标是以上一个操作点为极点，其格式为：@距离＜角度。如输入"@10<20"，表示该点距上一点的距离为 10mm，和上一点的连线与 *x* 轴成 20°。

例如，以原点为起点，用相对极坐标绘制两条直线，其命令行提示如下，绘制效果如图 3-70 所示。

命令：LINE	\\执行"直线"命令
指定第一个点：0,0	\\确定起点
指定下一点或 [放弃(U)]: @3<45	\\确定下一点
指定下一点或 [放弃(U)]: @5<285	\\确定下一点
指定下一点或 [放弃(U)]:	\\按 Enter 键结束

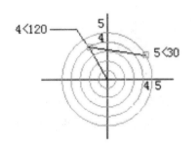

图 3-69　绝对极坐标

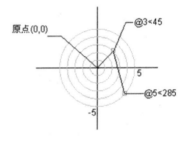

图 3-70　相对极坐标

而用"动态输入"方法绘制直线时，不需要输入"@"符号就可以完成相对极坐标的输入。指定了直线的起点后，动态指针输入时有两个数据框，直接输入长度数值会出现在第一个框中；按 Tab 键切换到第二个框再输入角度值，如图 3-71 所示即可绘制一条线段。命令行相对应显示"@50<0"。0°表示没有角度，即绘制水平线。

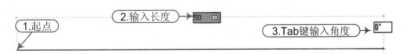

图 3-71　动态输入相对极轴坐标

技巧：094 **防爆单极开关的绘制**　　　视频：技巧094-防爆单极开关的绘制.avi
案例：防爆单极开关.dwg

技巧概述：防爆开关，顾名思义，就是能够应用在恶劣的较为危险的爆炸环境中，如煤矿行业、油漆或油墨厂家、木材加工厂、水泥厂、船务和污水处理，都需要用到防爆开关。防爆开关也适用于外部电器设备，如马达、泵、灯光设备，过程控制装置用在危险的厂家和工厂，或导致易燃气体、蒸汽、薄雾气体或易燃尘埃的爆炸环境。其绘制步骤如下：

步骤 01 正常启动 AutoCAD 2014 软件，在快速访问工具栏上单击"打开"按钮，将"案例\03\单极暗装开关.dwg"文件打开，如图 3-72 所示。再单击"另存为"按钮，将其另存为"案例\03\防爆单极开关.dwg"文件。

步骤 02 执行"删除"命令（E），删除圆内的填充图案。效果如图 3-73 所示。

图 3-72　打开的图形　　　　　　　　　　　图 3-73　删除图案

步骤 03 执行"修剪"命令（TR），将圆内斜线修剪掉，然后执行"直线"命令（L）捕捉圆上下象限点进行连接。效果如图 3-74 所示。

步骤 04 执行"图案填充"命令（H），选择样例 SOLID，对右半圆部分进行填充。效果如图 3-75 所示。

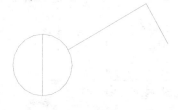 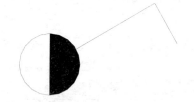

图 3-74　绘制斜线　　　　　　　　　　　　图 3-75　防爆单极开关

步骤 05 执行"基点"命令（Base），指定防爆单极开关圆心为基点，再按 Ctrl+S 组合键进行保存。

技巧：095　灯的绘制

视频：技巧095-灯的绘制.avi
案例：灯.dwg

技巧概述：灯适用于铁路、电力、冶金、石油化工及各类厂区、车间、场站和大型设施、场馆等场所作泛光照明，透明件选用先进的照明光学原理优化设计，光线均匀、柔和、无眩光、无重影，有效避免施工作业人员产生不适和疲劳感。座式、吸顶式和吊顶式等多种安装方式，适应不同工作现场的照明需要，内部合理的结构设计使灯具在使用和维护上更安全、稳定、可靠性强。其绘制步骤如下：

步骤 01 正常启动 AutoCAD 2014 软件，在快速访问工具栏上单击"保存"按钮，将其保存为"案例\03\灯.dwg"文件。

步骤 02 执行"圆"命令（C），绘制半径为 5mm 的圆。效果如图 3-76 所示。

步骤 03 执行"直线"命令（L），捕捉圆的象限点和圆心进行连接。效果如图 3-77 所示。

步骤 04 执行"旋转"命令（RO），将上一步绘制的直线旋转 45°。效果如图 3-78 所示。

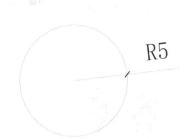

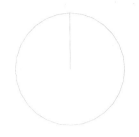

图 3-76 绘制圆   图 3-77 绘制直线   图 3-78 旋转直线

步骤 05 执行"阵列"命令（AR），根据如下命令提示对圆内斜线进行环形阵列，阵列个数为 4。效果如图 3-79 所示。

命令:ARRAY	\\启动命令
选择对象:	\\选择需阵列对象
选择对象: 输入阵列类型 [矩形(R)/路径(PA)/极轴(PO)] <极轴>:	\\选择"极轴（PO）"选项
类型 = 极轴 关联 = 是	
指定阵列的中心点或 [基点(B)/旋转轴(A)]:	\\捕捉到圆心
选择夹点以编辑阵列或 [关联(AS)/基点(B)/项目(I)/项目间角度(A)/填充角度(F)/行(ROW)/层(L)/旋转项目(ROT)/退出(X)] <退出>:	\\选择"项目（I）"选项
输入阵列中的项目数或 [表达式(E)] <6>:	\\输入项目数为 4
选择夹点以编辑阵列或 [关联(AS)/基点(B)/项目(I)/项目间角度(A)/填充角度(F)/行(ROW)/层(L)/旋转项目(ROT)/退出(X)] <退出>:	\\按 Enter 键结束阵列

步骤 06 执行"直线"命令（L），打开正交捕捉圆左、右象限点分别绘制长为 5mm 的线段。效果如图 3-80 所示。

图 3-79 阵列斜线   图 3-80 灯效果

步骤 07 执行"基点"命令（Base），指定灯左线段端点为基点，再按 Ctrl+S 组合键进行保存。

技巧：096 信号灯的绘制

视频：技巧096-信号灯的绘制.avi
案例：信号灯.dwg

技巧概述： 信号灯用于反映有关照明、灯光信号和工作系统的技术状况，并对异常情况发出警报灯光信号。其绘制步骤如下：

步骤 01 接上例，再单击"另存为" ![按钮] 按钮，将"灯.dwg"文件另存为"案例\03\信号灯.dwg"文件。

步骤 02 执行"删除"命令（E），将两条水平线删除，如图 3-81 所示。

步骤 03 执行"直线"命令（L），再捕捉圆上象限点向上绘制高为 5mm 的垂直线段。效果如图 3-82 所示。

步骤 04 执行"图案填充"命令（H），选择样例 SOLID，对上一步绘制的图形进行填充。效果如图 3-83 所示。

图 3-81 删除水平线

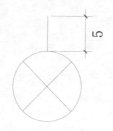

图 3-82 绘制直线

图 3-83 信号灯符号

步骤 05 执行"基点"命令（Base），指定信号灯上端点为基点，再按 Ctrl+S 组合键进行保存。

技巧：097 电铃的绘制

视频：技巧097-电铃的绘制.avi
案例：电铃.dwg

技巧概述： 电铃是利用电流的磁效应，通电时，电磁铁有电流通过，产生了磁性，把小锤下方的弹性片吸过来，使小锤打击电铃发出声音；同时电路断开，电磁铁失去了磁性，小锤又被弹回，电路闭合，不断重复，电铃便发出连续击打声，从而起到报警作用。其绘制步骤如下：

步骤 01 正常启动 AutoCAD 2014 软件，在快速访问工具栏上单击"保存"按钮 ，将其保存为"案例\03\电铃.dwg"文件。

步骤 02 执行"直线"命令（L），绘制一条长度为 16mm 的水平直线。效果如图 3-84 所示。

步骤 03 执行"圆弧"命令（ARC），根据如下命令提示，捕捉线段中点和两个端点来绘制圆弧。效果如图 3-85 所示。

命令：ARC	\\启动命令
圆弧创建方向：逆时针(按住 Ctrl 键可切换方向)。	
指定圆弧的起点或 [圆心(C)]:	\\选择直线左边端点
指定圆弧的第二个点或 [圆心(C)/端点(E)]:	\\选择"圆心（C）"选项
指定圆弧的圆心：	\\单击直线中点
指定圆弧的起点：	\\单击直线右端点
指定圆弧的端点或 [角度(A)/弦长(L)]:	\\单击直线左端点

图 3-84 绘制直线

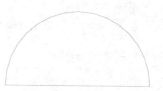

图 3-85 绘制圆弧

步骤 04 执行"直线"命令（L），绘制一条长度为 4mm 的垂直线，得到直线 1。效果如图 3-86 所示。

步骤 05 执行"偏移"命令（O），将直线 1 分别向左右各偏移 4mm，得到直线 2 和 3，效果如图 3-87 所示。

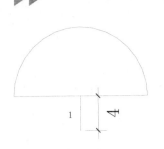

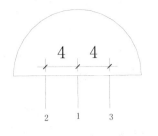

图 3-86　绘制直线　　　　　　　　　　　　　图 3-87　偏移直线

步骤 06 执行"删除"命令（E），将直线 1 删除。效果如图 3-88 所示。

步骤 07 执行"直线"命令（L），以直线 2 下方端点为起点向左绘制一条长度为 7mm 的水平直线，然后再以直线 3 下方端点为起点向右绘制一条长度为 7mm 的水平直线。效果如图 3-89 所示。

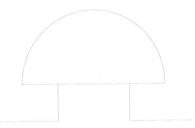

图 3-88　删除直线　　　　　　　　　　　　　图 3-89　电铃符号

步骤 08 执行"基点"命令（Base），指定电铃左边直端点为基点，再按 Ctrl+S 组合键进行保存。

技巧：098　蜂鸣器的绘制

视频：技巧098-蜂鸣器的绘制.avi
案例：蜂鸣器.dwg

技巧概述： 蜂鸣器是一种一体化结构的电子讯响器，采用直流电压供电，广泛应用于计算机、打印机、复印机、报警器、电子玩具、汽车电子设备、电话机、定时器等电子产品中作发声器件。蜂鸣器主要分为压电式蜂鸣器和电磁式蜂鸣器两种类型。蜂鸣器在电路中用字母 H 或 HA（旧标准用 FM、LB、JD 等）表示。其绘制步骤如下：

步骤 01 正常启动 AutoCAD 2014 软件，在快速访问工具栏上单击"保存"按钮 ，将其保存为"案例\03\蜂鸣器.dwg"文件。

步骤 02 执行"直线"命令（L），绘制一条长度为 16mm 的水平直线。效果如图 3-90 所示。

步骤 03 执行"圆弧"命令（ARC），根据如下命令提示，捕捉线段中点和两个端点来绘制圆弧。效果如图 3-91 所示。

命令: ARC	\\启动命令
圆弧创建方向: 逆时针(按住 Ctrl 键可切换方向)。	
指定圆弧的起点或 [圆心(C)]:	\\选择直线左边端点
指定圆弧的第二个点或 [圆心(C)/端点(E)]:	\\选择"圆心（C）"选项
指定圆弧的圆心:	\\单击直线中点
指定圆弧的起点:	\\单击直线左端点
指定圆弧的端点或 [角度(A)/弦长(L)]:	\\单击直线右端点

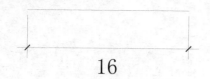

图 3-90　绘制直线

图 3-91　绘制圆弧

步骤 04 执行"直线"命令（L），打开正交捕捉到圆弧的圆心以其为起点垂直向下绘制一条长度为 15mm 的垂直线，得到直线 1。效果如图 3-92 所示。

步骤 05 执行"偏移"命令（O），将直线 1 分别向左向右偏移 4mm，得到直线 2 和直线 3，效果如图 3-93 所示。

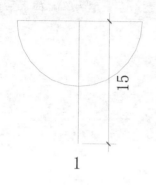

图 3-92　绘制直线

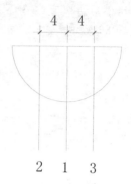

图 3-93　偏移直线

步骤 06 执行"删除"命令（E），将直线 1 删除，然后执行"修剪"命令（TR），对直线 2 和直线 3 进行修剪。效果如图 3-94 所示。

步骤 07 执行"直线"命令（L），捕捉直线 2 下方端点，以其为起点，向左绘制一条长度为 12mm 的水平直线，然后捕捉直线 3 下方端点，以其为起点，向右绘制一条长度为 12mm 的水平直线。效果如图 3-95 所示。

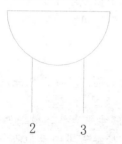

图 3-94　修剪直线

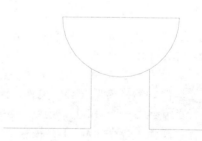

图 3-95　蜂鸣器符号

步骤 08 执行"基点"命令（Base），指定蜂鸣器左边直线端点为基点，再按 Ctrl+S 组合键进行保存。

技巧：099　**频率表的绘制**

视频：技巧099-频率表的绘制.avi
案例：频率表.dwg

　　技巧概述：频率表适用于电力电网、自动化控制等领域，用于监测频率。产品分为简易型和智能型两类，其中简易型只具有常规测量显示功能，智能型具有可编程功能、DC4～20mA 模拟量输出、RS485 串行口和开关量输出等功能，可以实现与监控系统的联网或数据的远程传输等功能。仪表采用 LED 数码管显示形式，具有精度高、电磁兼容性好、外形美观等特点。其绘制步骤如下：

步骤 01 正常启动 AutoCAD 2014 软件，在快速访问工具栏上单击"保存"按钮 ，将其保存为"案例\03\频率表.dwg"文件。

步骤 02 执行"圆"命令（C），绘制半径为 5mm 的圆。效果如图 3-96 所示。

步骤 03 执行"单行文字"命令（DT），根据如下命令提示，在圆内部输入字母 Hz。效果如图 3-97 所示。

命令: TEXT	\\启动"单行文字"命令
当前文字样式： "样式 1" 文字高度：3 注释性：否 对正：左	
指定文字的起点 或 [对正(J)/样式(S)]:	\\选择"对正（J）"项
输入选项 [左(L)/居中(C)/右(R)/对齐(A)/中间(M)/布满(F)/左上(TL)/中上(TC)/右上(TR)/左中(ML)/正中 (MC)/右中(MR)/左下(BL)/中下(BC)/右下(BR)]:	\\选择"正中（MC）"项
指定文字的中间点:	\\捕捉圆心点
指定高度 <3>:	\\输入文字高度为 2.5
指定文字的旋转角度 <0>:	\\空格键确定
	\\在键盘上输入"Hz"
	\\鼠标在文字外单击退出

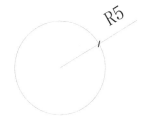

图 3-96 绘制圆

图 3-97 频率表符号

步骤 04 执行"基点"命令（Base），指定频率表圆心为基点，再按 Ctrl+S 组合键进行保存。

技巧：100 功率因素表的绘制

视频：技巧100-功率因素表的绘制.avi
案例：功率因素表.dwg

技巧概述：功率因数表用于测量单相和三相负荷电路的功率因素。功率因数英语单词 Power Factor，简称 PF，又称功率因子，是有功功率与视在功率的比值。功率因数在一定程度上反映了发电机容量得以利用的比例，是合理用电的重要指标。其绘制步骤如下：

步骤 01 接上例，单击"另存为" 按钮，将文件另存为"案例\03\功率因素表.dwg"文件。

步骤 02 双击文字 Hz，修改为 W 即可。效果如图 3-98 所示。

图 3-98 功率因素表符号

步骤 03 执行"基点"命令（Base），指定功率因素表圆心为基点，再按 Ctrl+S 组合键进行保存。

技巧：101　电流表的绘制

视频：技巧101-电流表的绘制.avi
案例：电流表.dwg

技巧概述： 电流表是用来测量电流大小的仪表，电流表又称"安培表"，一般可直接测量微安和毫安数量级的电流，为测量更大的电流，电流表应有并联电阻器（又称分流器），分流器的电阻值要使满量程电流通过时，电流表满偏转，即电流表指示达到最大，对于几安的电流，可在电流表内设置专用分流器，对于几安以上的电流，则采用外附分流器。大电流分流器的电阻值很小，为避免引线电阻和接触电阻附加于分流器而引起误差，分流器要制成四端形式，即有两个电流端、两个电压端。例如，当用外附分流器和毫伏表来测量 200A 的大电流时，若采用的毫伏表标准化量程为 45mV（或 75mV），则分流器的电阻值为 0.045/200=0.000 225Ω（或 0.075/200=0.000 375Ω）。若利用环形（或称梯级）分流器，可制成多量程电流表。其绘制步骤如下：

步骤 01 接上例，单击"另存为" 按钮，将文件另存为"案例\03\电流表.dwg"文件。

步骤 02 双击文字 W，修改为 A 即可。效果如图 3-99 所示。

图 3-99　电流表符号

步骤 03 执行"基点"命令（Base），指定电流表中点为基点，再按 Ctrl+S 组合键进行保存。

技巧：102　电压表的绘制

视频：技巧102-电压表的绘制.avi
案例：电压表.dwg

技巧概述： 电压表是由小量程电流表与定值电阻串联改装而来，它的指针偏转靠通过表内的电流决定，而它的读数则等于电压表本身作为电阻所分得的电压或者与外电路并联后并联电阻所分得的电压。电压表内，有一个磁铁和一个导线线圈，通过电流后，会使线圈产生磁场，这样线圈通电后在磁铁的作用下会旋转，这就是电流表、电压表的表头部分。这个表头所能通过的电流很小，两端所能承受的电压也很小（肯定远小于 1V，可能只有零点零几伏甚至更小），为了能测量实际电路中的电压，需要给这个电压表串联一个比较大的电阻，做成电压表。这样，即使两端加上比较大的电压，可是大部分电压都作用在加的那个大电阻上了，表头上的电压就会很小。可见，电压表是一种内部电阻很大的仪器，一般应该大于几千欧。其绘制步骤如下：

步骤 01 接上例，单击"另存为" 按钮，将文件另存为"案例\03\电压表.dwg"文件。

步骤 02 双击文字 A，修改为 V 即可。效果如图 3-100 所示。

图 3-100　电压表符号

步骤 03　执行"基点"命令（Base），指定电压表圆心为基点，再按 Ctrl+S 组合键进行保存。

技巧：103　电动机的绘制

视频：技巧103-电动机的绘制.avi
案例：电动机.dwg

技巧概述：电动机是一种旋转式机器，它将电能转变为机械能，它主要包括一个用以产生磁场的电磁铁绕组或分布的定子绕组和一个旋转电枢或转子，其导线中有电流通过并受磁场的作用而使电动机转动。这些机器中有些类型可作电动机用，也可作发电机用。电动机按使用电源不同分为直流电动机和交流电动机，电力系统中的电动机大部分是交流电动机，可以是同步电动机或者是异步电动机（电动机定子磁场转速与转子旋转转速不保持同步）。电动机主要由定子与转子组成。通电导线在磁场中受力运动的方向与电流方向和磁感线（磁场方向）方向有关。电动机工作原理是磁场对电流受力的作用，使电动机转动。交流电动机的工作原理都是电磁转换，不管是单相电动机还是三相电动机都跑不出这个范围。通过控制电流和磁场方向的转换令转子持续旋转。其绘制步骤如下：

步骤 01　正常启动 AutoCAD 2014 软件，在快速访问工具栏上单击"保存"按钮，将其保存为"案例\03\电动机.dwg"文件。

步骤 02　执行"圆"命令（C），绘制半径为 5mm 的圆。效果如图 3-101 所示。

步骤 03　执行"直线"命令（L），捕捉到圆心以其为起点垂直向上绘制一条长度为 10mm 的直线，得到直线 1。效果如图 3-102 所示。

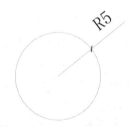

图 3-101　绘制圆

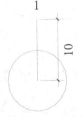

图 3-102　绘制直线

步骤 04　执行"偏移"命令（O），选择上一步绘制的直线 1 为对象分别向左、向右偏移 6mm，得到直线 2 和直线 3。效果如图 3-103 所示。

步骤 05　执行"直线"命令（L），分别捕捉直线 2 和直线 3 的中点以其为起点，以圆心为终点绘制两条直线。效果如图 3-104 所示。

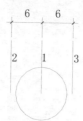

图 3-103　偏移直线

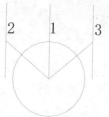

图 3-104　绘制直线

步骤 06 执行"修剪"命令（TR），对直线 2 和直线 3 以下以及包含在圆内部的直线进行修剪。效果如图 3-105 所示。

步骤 07 执行"多行文字"命令（MT），在圆内拖出矩形文本框，设置文字高度为 3，其他保持默认，输入字母 M 后按 Enter 键跳到下一行，再输入"3～"，然后选中"～"符号设置其文字高度为 2。效果如图 3-106 所示。

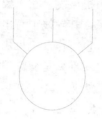

图 3-105　修剪直线

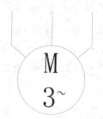

图 3-106　电动机符号

步骤 08 执行"基点"命令（Base），指定电动机中间直线上面端点为基点，再按 Ctrl+S 组合键进行保存。

技巧：104　三相变压器的绘制

视频：技巧104-三相变压器的绘制.avi
案例：三相变压器.dwg

技巧概述： 三相变压器是三个容量相同的单相变压器的组合。它有三个铁芯柱，每个铁芯柱都绕着同一相的两个线圈，一个是高压线圈，另一个是低压线圈。产生幅值相等、频率相等、相位互差 120.电势的发电机，称为三相发电机；以三相发电机作为电源，称为三相电源；以三相电源供电的电路，称为三相发电路。U、V、W 称为三相，相与相之间的电压是线电压，电压为 380V。相与中心线之间称为相电压，电压是 220V。其绘制步骤如下：

步骤 01 正常启动 AutoCAD 2014 软件，在快速访问工具栏上单击"保存"按钮，将其保存为"案例\03\三相变压器.dwg"文件。

步骤 02 执行"圆"命令（C），绘制半径为 5mm 的圆。效果如图 3-107 所示。

步骤 03 执行"复制"命令（CO），以圆心为基点将上一步绘制的圆垂直向下复制 8mm。效果如图 3-108 所示。

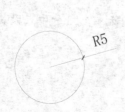

图 3-107　绘制圆

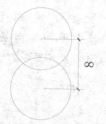

图 3-108　复制圆

步骤 04 执行"直线"命令（L），分别捕捉到两个圆的圆心以其为起点绘制两条长度为 13mm 的垂直线，得到直线 1 和直线 2。效果如图 3-109 所示。

步骤 05 执行"修剪"命令（TR），将直线 1 和直线 2 包含在圆内的直线部分修剪掉。效果如图 3-110 所示。

步骤 06 执行"直线"命令（L），在直线 1 的中点绘制长为 4mm 的水平线，如图 3-111 所示。

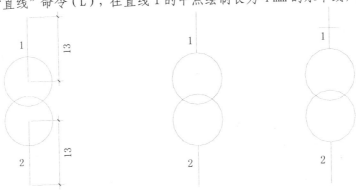

图 3-109　绘制直线　　　　图 3-110　修剪直线　　　　图 3-111　绘制构造线

步骤 07 执行"旋转"命令（RO），将上一步水平直线以直线 1 的中点为基点旋转 30°。效果如图 3-112 所示。

步骤 08 执行"偏移"命令（O），将上一步绘制的斜线分别向上和向下偏移 1mm。效果如图 3-113 所示。

步骤 09 执行"复制"命令（CO），以上一步的三条斜线以中间线段的中点为基点复制到下侧垂直线 2 的中心处。效果如图 3-114 所示。

步骤 10 执行"单行文字"命令（DT），指定圆心为文字对正的中间位置，在两个圆内部各输入字母 Y。效果如图 3-115 所示。

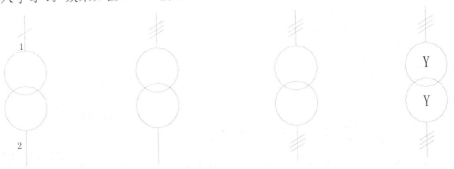

图 3-112　旋转线段　　　图 3-113　偏移斜线　　　图 3-114　复制斜线　　　图 3-115　输入文字

步骤 11 执行"基点"命令（Base），指定三相变压器直线上面端点为基点，再按 Ctrl+S 组合键进行保存。

技巧：105　**热继电器的绘制**

视频：技巧105-热继电器的绘制.avi
案例：热继电器.dwg

　　技巧概述： 在电力拖动控制系统中，当三相交流电动机出现长期带负荷欠电压下运行、长期过载运行以及长期单相运行等不正常情况时，会导致电动机绕组严重过热乃至烧坏。为了充分发挥电动机的过载能力，保证电动机的正常启动和运转，而当电动机一旦出现长时间过载时又能自动切断电路，从而出现了能随过载程度而改变动作时间的电器，这就是热继电器。显然，热继电器在电路中是做三相交流电动机的过载保护用。但需指出的是，由于热继电器中发热元件有热惯性，在电路中不能做瞬时过载保护，更不能做短路保护。因此，它不同于过电流继电器和熔断器。按相数来分，热继电器有单相、两相和三相式共三种类型，每种类型按发热元件的额定电流又有不同的规格和型号。三相式热继电器常用于三相交流电动机，做过载保护。按职能来分，三相式热继电器又有不带断相保护和带断相保护两种类型。其绘制步骤如下：

步骤 01 正常启动 AutoCAD 2014 软件，在快速访问工具栏上单击"保存"按钮 ，将其保存为"案例\03\热继电器.dwg"文件。

步骤 02 执行"矩形"命令（REC），绘制一个 3mm × 3mm 的矩形。效果如图 3-116 所示。

步骤 03 执行"分解"命令（X），将上一步绘制的矩形分解成 4 条直线，然后再执行"删除"命令（E），将直线 4 删除。效果如图 3-117 所示。

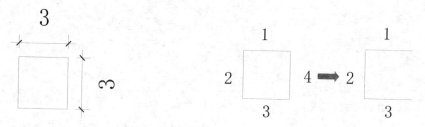

图 3-116 绘制矩形   图 3-117 删除直线

步骤 04 执行"直线"命令（L），分别以直线 1 和直线 3 右边端点为起点向上和向下各绘制一条长为 1mm 的垂直线。效果如图 3-118 所示。

步骤 05 执行"偏移"命令（O），将直线 1 和直线 3 分别向上和向下偏移 2mm。效果如图 3-119 所示。

步骤 06 执行"偏移"命令（O），将直线 2 和步骤 4 绘制的垂直线分别向左和向右偏移 4mm。效果如图 3-120 所示。

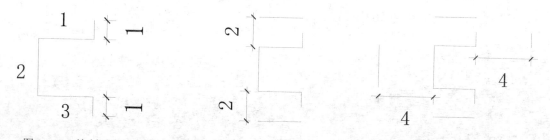

图 3-118 绘制垂直线   图 3-119 偏移直线   图 3-120 偏移直线

步骤 07 执行"倒角"命令（CHA），将上两步偏移得到的四条直线段进行倒直角处理。效果如图 3-121 所示。

步骤 08 执行"直线"命令（L），捕捉上一步绘制图形最上面线段的中点垂直向上绘制一条长度为 8mm 的直线。效果如图 3-122 所示。

步骤 09 执行"偏移"命令（O），将步骤 8 绘制的垂直线分别向左、向右偏移 3mm。效果如图 3-123 所示。

图 3-121 倒直角垂直线

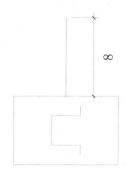

图 3-122 绘制直线

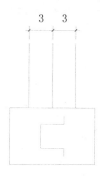

图 3-123 偏移直线

步骤 ⑩ 执行"镜像"命令（MI），根据如下命令提示对三条垂直线进行镜像。效果如图 3-124 所示。

命令: MIRROR	\\启动命令
选择对象: 指定对角点:	\\选择三条垂直线
选择对象:指定镜像线的第一点:	\\选择步骤 7 图形左边线段中点
指定镜像线的第二点:	\\选择步骤 7 图形右边线段中点
要删除源对象吗？[是(Y)/否(N)] <N>:	\\选择"否（N）"项

步骤 ⑪ 执行"单行文字"命令（DT），指定文字在图形内的位置，输入数字 3。效果如图 3-125 所示。

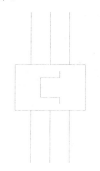

图 3-124 镜像垂直线

图 3-125 热继电器符号

步骤 ⑫ 执行"基点"命令（Base），指定热继电器左边直线上面端点为基点，再按 Ctrl+S 组合键进行保存。

技巧提示 ★★★☆☆

　　倒角命令是指用斜线连接两个不平行的线型对象，可以用斜线连接直线段、双向无限长线、射线和多段线等。

　　当执行倒角命令过后，首先显示当前的修剪模式及倒角 1、2 的距离值，用户可以根据需要设置倒角的距离值进行倒角，斜线的距离可以相同也可以不同。如果两个倒角距离都为 0，则倒角操作将修剪或延伸这两个对象直到它们相交，但不创建倒角线，如图 3-126 所示。

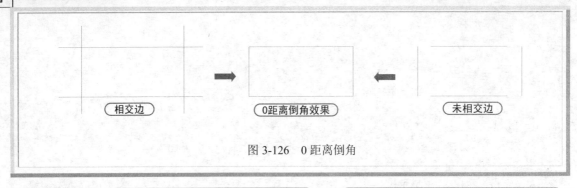

图 3-126　0 距离倒角

技巧：106 熔断器的绘制

视频：技巧106-熔断器的绘制.avi
案例：熔断器.dwg

　　技巧概述：熔断器是一种广泛应用于低压电路或者电动机控制电路中的最简单有效的保护电器。熔断器的主体是用低熔点的金属丝或者金属薄片制成的熔体，熔体与绝缘底座或者熔管组合而成熔断器总成。熔断器的熔体材料通常有两种：一种是由铅锡合金和锌等低熔点、导电性能较差的金属材料制成；另一种是由银、铜等高熔点、导电性能好的金属制成。当流过熔体的电流达到熔体额定电流的 1.3～2 倍时，熔体自身的发热温度开始缓慢上升，熔体开始缓慢熔断；当流过熔体的电流达到熔体额定电流的 8～10 倍时，熔体自身的发热温度呈突变式上升，熔体迅速熔断。熔断器的这种电流越大，熔体熔断的速度越快的特性就被称为熔断器的保护特性或者安秒特性。其绘制步骤如下：

步骤 01 正常启动 AutoCAD 2014 软件，在快速访问工具栏上单击"保存"按钮，将其保存为"案例\03\熔断器.dwg"文件。

步骤 02 执行"矩形"命令（REC），绘制 3mm×7mm 的矩形。效果如图 3-127 所示。

步骤 03 执行"直线"命令（L），捕捉矩形上面和下面的中点进行连接。效果如图 3-128 所示。

步骤 04 执行"直线"命令（L），分别捕捉步骤 3 绘制线段的上下端点向上和向下各绘制 4mm 垂直线。效果如图 3-129 所示。

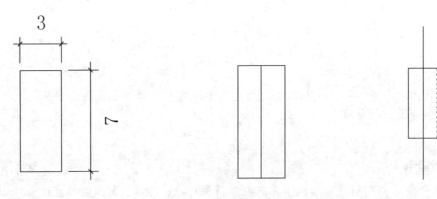

图 3-127　绘制矩形　　　　图 3-128　绘制直线　　　　图 3-129　熔断器符号

步骤 05 执行"基点"命令（Base），指定熔断器直线上面端点为基点，再按 Ctrl+S 组合键进行保存。

技巧：107 三极接触器的绘制

视频：技巧107-三极接触器的绘制.avi
案例：三极接触器.dwg

技巧概述：接触器分为交流接触器（电压 AC）和直流接触器（电压 DC），它应用于电力、配电与用电。接触器广义上是指工业电中利用线圈流过电流产生磁场，使触头闭合，以达到控制负载的电器。其绘制步骤如下：

步骤 01 正常启动 AutoCAD 2014 软件，在快速访问工具栏上单击"保存"按钮，将其保存为"案例\03\三极接触器.dwg"文件。

步骤 02 执行"直线"命令（L），连续绘制 3 条长均为 10mm 的垂直线段，如图 3-130 所示。

步骤 03 执行"旋转"命令（RO），将中间线段以下端点旋转 25°，如图 3-131 所示。

步骤 04 执行"圆"命令（C）和"修剪"命令（TR），在图形相应位置绘制半径为 2mm 的圆，并修剪为半圆弧。效果如图 3-132 所示。

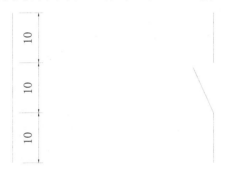

图 3-130　绘制线段　　　　　　图 3-131　旋转操作　　　　　　图 3-132　绘制圆弧

步骤 05 执行"复制"命令（CO），将图形复制出三份，如图 3-133 所示。

步骤 06 执行"直线"命令（L），连接斜线中点绘制水平线段，且转换其线型为虚线 DASHED。结果 3-134 所示。

图 3-133　复制图形　　　　　　　　　图 3-134　绘制连接线

步骤 07 执行"基点"命令（Base），指定中间直线上面端点为基点，再按 Ctrl+S 组合键进行保存。

第4章 电气照明控制线路图的绘制技巧

● **本章导读**

电气照明早已成为生产和生活中不可缺少的重要部分，随着人们生活水平的提高，生产和工作环境的改善，对电气照明的要求不仅局限于能够提供充分的、良好的光照条件，而且能够装饰和美化环境。

在本章中，首先让用户掌握照明控制电路的功能、应用和组成部分，同时要求用户掌握照明灯、开关、继电器等的实物及其外形，然后就是来绘制不同情况的照明电路图，包括单联开关、声控照明、触摸开关、光控路灯、门控自动灯等。

● **本章内容**

照明控制电路的功能	照明灯的实物及其外形	触摸开关控制照明灯的绘制
照明控制电路的应用	照明开关的实物及其外形	晶体管控制的电气线路图
照明控制电路的组成	照明电路中的常见图形符号	光控制路灯电路图的绘制
单联开关控制照明电路图	电路中继电器的实物及其外形	荧光灯电气线路图的绘制
声控照明电路图的绘制	双控开关照明电路图的绘制	门控自动灯电气线路图
		流水式控制彩灯电气线路图

技巧：108 照明控制电路的功能

视频：无
案例：无

技巧概述：电气线路图与建筑图、机械图等工程图有着根本的不同，它是用来表示电气系统或设备中的电气关系，因而具有鲜明的独特性。其主要功能如下。

1）图面清楚

由于电气线路图都是用图形符号、文字符号、连线或围框等简图形式，来表示电气装置或设备中各元器件之间电气连接的图。因此，整个电气线路图的图面应清楚明晰。

2）合理布局

电气线路图的布局一般是根据图所要表达的内容而定。系统图、电气线路图均是按功能布局，它只考虑方便检视元器件之间的功能关系，而不必去顾及元器件的实际位置。应主要突出电气设备和装置的工作原理和操作程序，依据元器件动作顺序及功能作用，从上至下、从左到右进行布局。对于接线图、平面布置图等，则要认真考虑元器件实际位置，应按位置合理布局。

3）构图简洁

电气线路图都是采用电气元器件或设备的图形符号、文字符号及边线等来表示的，而电气元器件的复杂外形结构则没有必要一一绘出。这样就使图面非常简洁，从而能突出重点地去展示系统构成、功能特征用电气接线等。

4）独特性

电气线路图主要用来表示成套电气设备或装置中各元器件之间的电气连接。不论说明电力电能供电关系的电气系统图、电气设备工作原理的电气线路图，还是表明接线关系及安装位置的平面图、接线图等，均表示出了各元器件之间的相互连接关系。

5）多样性

对电气系统、成套设备或装置的电器元件及连接线表达叙述方式的不同，就构成了电气线路图的多样性。例如，电气线路图中的元件就可采用集中表示法、半集中表示法和分散表示法这三种表示方法；而连线方式则采用多线表示、单线表示和混合表示等。此外，对于在一个系统中各种电气装置及设置之间，若从不同角度和不同侧面去分析、研究，即可以从中找出它们之间所存在的不同关系。

技巧：109　照明控制电路的应用

视频：无
案例：无

技巧概述：电气图应用十分广泛，分类方法有很多种，电气图主要用来表现电气照明的构成和功能，描述各种电气设备的工作原理，提供安装接线和维护的依据。从这个角度来说，电气图主要可以应用于以下几类。

1）电力工程

电力工程又分为发电工程、变电工程和输电工程三类，分别介绍如下。

（1）发电工程。根据不同电源性质，发电工程主要可分为火电、水电、核电这三类。发电工程中的电气工程指的是发电厂电气设备的布置、接线、控制及其他附属项目

（2）变电工程。升压变电站将发电站发出的电能进行升压，以减少远距离输电的电能损失；降压变电站将电网中的高电压降为各级用户能使用的低电压。

（3）输电工程。用于连接发电厂、变电站和各级电力用户的输电线路，包括内线工程和外线工程。内线工程指室内动力、照明电气线路及其他线路。外线工程指室外电源供电线路，包括架空电力线路、电缆电力线路等。

2）电子工程

电子工程主要是指应用于家用电器、广播通信、计算机等众多领域的弱电信号设备和线路。

3）工业电气

工业电气主要是指应用于机械、工业生产及其他控制领域的电气设备，包括机床电气、工厂电气、汽车电气和其他控制电气。

4）建筑电气

建筑电气工程主要是应用于工业和民用建筑领域的动力照明、电气设备、防雷接地等，包括各种动力设备、照明灯具、电器以及各种电气装置的保护接地、工作接地、防静电接地等。

技巧：110　照明控制电路的组成

视频：无
案例：无

技巧概述：一般而言，一项电气照明控制电路图的电气图通常由以下几部分组成，而不同的组成部分可能有不同类型的电气图纸来表现。

1）目录和前言

目录是对某套电气工程图的所有图纸编出目录，以便检索、查阅图纸，内容包括序号、图名、图纸编号、张数、备注等。前言包括设计说明、图例、设备材料明细表、工程经费概算等。

2）电气系统图和框图

电气系统图和框图主要表示整个工程或者其中某一项目的供电方式和电能输送的关系，亦可表示某一装置各主要组成部分的关系，如电气一次主接线图、建筑供配电系统图、控制原理框图等。

3）电路图

电路图主要表示某一系统或者装置的工作原理，如机床电气原理图、电动机身控制回路图、继电保护原理图等。

4）安装接线图

安装接线图主要表示电气装置的内部各元件之间以及其他装置之间的连接关系，便于设备的安装、调试及维护。

5）电气平面图

电气平面图主要表示某一电气工程中的电气设备、装置和线路的平面布置。它一般是在建筑平面的基础上绘制出来的。常见的电气平面图主要有线路平面图、变电所平面图、弱电系统平面图、照明平面图、防雷与接地平面图等。

6）设备布置图

设备布置图主要表示各种设备的布置方式、安装方式及相互间的尺寸关系，主要包括平面布置图、立面布置图、断面图、纵横剖面图等。

7）设备元件和材料表

设备元件和材料表是把某一电气工程中用到的设备、元件和材料列成表格，表示其名称、符号、型号、规格和数量等。

8）大样图

大样图主要表示电气工程某一部件的结构，用于指导加工与安装，其中一部分大样图为国家标准图。

9）产品使用说明书用电气图

电气工程中选用的设备和装置，其生产厂家往往随产品使用说明书附上电气图，这种电气图也属于电气工程图。

10）其他电气图

在电气工程图中，电气系统图、电路图、安装接线图和设备布置图是最主要的图。在一些较复杂的电气工程中，为了补充和详细说明某一方面，还需要一些特殊的电气图，如逻辑图、功能图、曲线图、表格等。

技巧：111 单联开关控制照明电路图

视频：技巧111-单联开关控制照明电路图.avi
案例：单联开关控制照明电路图.dwg

技巧概述： 如图 4-1 所示为一只单联开关控制一盏灯并带插座电路图，加接的插座应并接在电源上，并不经开关 S 的控制而直接与电源连接。一般情况下开关的离地高度应不低于 1.3m，插座离地则至少 15cm 以上。

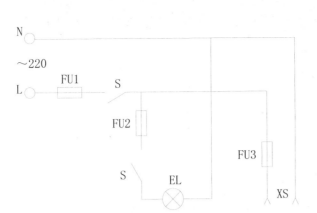

图 4-1　单联开关控制照明电路图

具体绘制步骤如下。

1. 绘制线路结构

步骤 01 正常启动 AutoCAD 2014 软件，系统自动创建一个空白文件，在快速访问工具栏上单击 "保存" 按钮 ，将其保存为 "案例\04\单联开关控制照明电路图.dwg" 文件。

步骤 02 执行 "矩形" 命令（REC），绘制一个 75mm × 45mm 的矩形，如图 4-2 所示。

步骤 03 执行 "分解" 命令（X），将矩形分解为线段，然后执行 "删除" 命令（E），删除相应的线段，如图 4-3 所示。

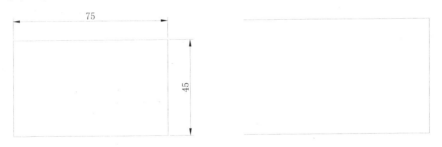

图 4-2　绘制矩形　　　　　　　　　　　　　　　图 4-3　删除线段

步骤 04 执行 "偏移" 命令（O），根据单联开关控制照明电路图的需求对线段进行从右至左依次偏移 8mm、18mm、18mm、5mm、6mm，然后再从上至下依次偏移 15mm、16mm、6mm、8mm，如图 4-4 所示。

步骤 05 执行 "修剪" 命令（TR）和 "删除" 命令（E），将多余线条修剪和删除掉，如图 4-5 所示。

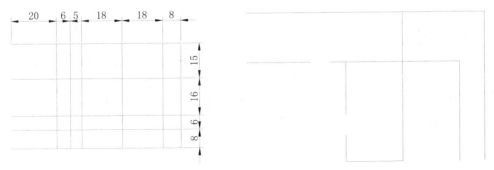

图 4-4　偏移直线　　　　　　　　　　　　　　　图 4-5　修剪、删除直线

步骤 06 执行"圆"命令（C），绘制半径为 1.5mm 的圆，如图 4-6 所示。

图 4-6　绘制圆

2. 绘制电气元件

步骤 01 执行"直线"命令（L），绘制三条垂直相连的直线，如图 4-7 所示。

步骤 02 执行"旋转"命令（RO），将下面线段以上端点为起点旋转 30°，如图 4-8 所示。

步骤 03 执行"镜像"命令（MI），打开正交以垂直线段下面端点为基点对上一步旋转的线段进行镜像，至此完成插座符号的绘制，如图 4-9 所示。

图 4-7　绘制直线　　　　　图 4-8　旋转直线　　　　　图 4-9　插座符号

步骤 04 执行"插入"命令（I），将前面第 3 章绘制的电气元件：单极开关、电阻和灯按照合适的比例插入图形中，如图 4-10 所示。

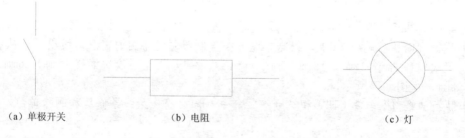

（a）单极开关　　　　　　　　（b）电阻　　　　　　　　　（c）灯

图 4-10　插入元件

3. 组合线路图

步骤 01 执行"移动"命令（M）、"复制"命令（CO）和"旋转"命令（RO），将前面绘制的插座、电阻、单极开关和灯放置到图形相应位置，如图 4-11 所示。

步骤 02 执行"修剪"命令（TR），将灯图形内部多余的线段删除，如图 4-12 所示。

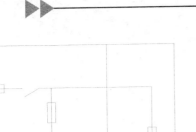
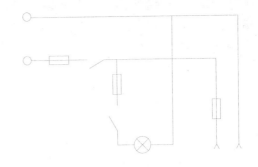

图 4-11　组合图形　　　　　　　　　　图 4-12　修剪图形

技巧提示　　　　　　　　　　　　　　　　　★★★☆☆

　　将电气元件符号移动到线路图中，若是元件图形过大，用户可以执行"缩放"命令（SC），对图形进行合适的比例缩放，达到理想效果。如本步骤中灯的图形在移动到线路图时，显得偏大些，执行"缩放"命令（SC），输入缩放比例因子为 0.5，将其缩小一半的大小。

步骤 03 执行"单行文字"命令（DT），设置字高为 2.5mm，在图形相应位置输入单行文字，如图 4-13 所示。

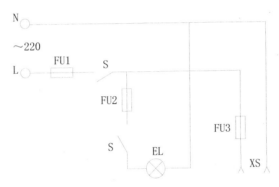

图 4-13　单联开关控制照明电路图

步骤 04 至此，该单联开关控制照明电路图已经绘制完成，按 Ctrl+S 组合键进行保存。

技巧：112　声控照明电路图的绘制　　　　视频：声控照明电路图的绘制.avi
　　　　　　　　　　　　　　　　　　　　　　案例：声控照明电路图.dwg

　　技巧概述：图 4-14 所示为声控照明电路图，该开关线路是由一个声控开关和延时线路组合而成的。若将这种开关安装在楼梯间、走道里，人经过时只要拍一下手，灯即自动点亮，过段时间又会自动熄灭。图中的 B 为一种炭精受话器，它受到外界声压作用时，流过它的电流就会产生变化，电流经电容器 C2、电阻器 Rp 后使晶闸管 V8 导通，再经 V1～V4 整流后，至 R6、V5、V8、V9 的控制极，使 V9 导通，此时灯泡即点亮。

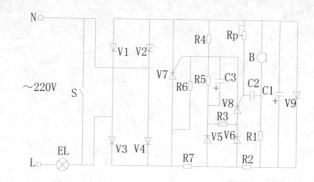

图 4-14　声控照明电路图

具体绘制步骤如下。

1. 绘制线路结构

步骤 01 正常启动 AutoCAD 2014 软件，系统自动创建一个空白文件，在快速访问工具栏上单击【保存】按钮 ⬚，将其保存为 "案例\04\声控照明电路图.dwg" 文件。

步骤 02 执行 "矩形" 命令（REC），绘制一个 220mm × 120mm 的矩形，如图 4-15 所示。

步骤 03 执行 "分解" 命令（X），将矩形分解为 4 条线段，然后执行 "删除" 命令（E）将左边线段删除，如图 4-16 所示。

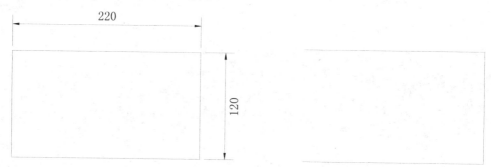

图 4-15　绘制矩形　　　　　　　　　　　　　　　图 4-16　删除线段

步骤 04 执行 "偏移" 命令（O），根据声控照明电路图的需求对线段进行从右至左依次偏移 15mm、15mm、15mm、5mm、15mm、10mm、15mm、15mm、20mm、30mm、15mm、10mm，然后再从上至下依次偏移 30mm、10mm、30mm、10mm、10mm，如图 4-17 所示。

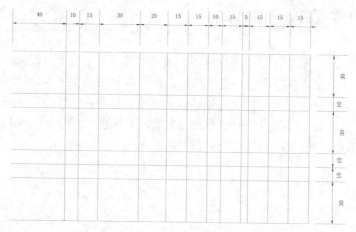

图 4-17　偏移线段

步骤 05 执行"修剪"命令（TR）和"删除"命令（E），将多余线条修剪和删除掉，如图 4-18 所示。

步骤 06 执行"直线"命令（L），以 b 点绘制一条斜线；同时执行"旋转"命令（RO），以 a 点为基点将直线旋转 60°，如图 4-19 所示。

图 4-18 修剪线段　　　　　　　　　　　图 4-19 旋转线段

步骤 07 执行"修剪"命令（TR）和"删除"命令（E），将多余线条修剪、拉伸和删除掉，如图 4-20 所示。

步骤 08 执行"圆"命令（C），绘制半径为 2mm 的圆，如图 4-21 所示。

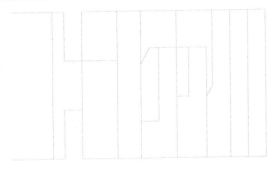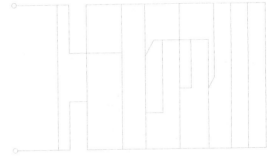

图 4-20 修剪、删除　　　　　　　　　　图 4-21 绘制圆

2. 绘制电气元件

步骤 01 绘制"滑动触点电位器"。执行"插入"命令（I），将"案例\03"文件夹中的"电阻"插入图形中，如图 4-22 所示。

步骤 02 执行"多段线"命令（PL），根据如下命令提示在矩形上方绘制一段箭头。效果如图 4-23 所示。

命令：PLINE	\\启动命令
指定起点：	\\捕捉矩形上方线段中点为起点
当前线宽为 0	
指定下一个点或 [圆弧(A)/半宽(H)/长度(L)/放弃(U)/宽度(W)]:	\\选择"宽度（W）"选项
指定起点宽度 <0>:	\\输入起点宽度为 0
指定端点宽度 <0>:	\\输入端点宽度为 0.3
指定下一个点或 [圆弧(A)/半宽(H)/长度(L)/放弃(U)/宽度(W)]:	\\输入箭头长度为 1
指定下一点或 [圆弧(A)/闭合(C)/半宽(H)/长度(L)/放弃(U)/宽度(W)]:	\\选择"宽度（W）"选项
指定起点宽度 <0>:	\\输入起点宽度为 0
指定端点宽度 <0>:	\\输入端点宽度为 0

指定下一点或 [圆弧(A)/闭合(C)/半宽(H)/长度(L)/放弃(U)/宽度(W)]: \\向上垂直绘制 2mm
指定下一点或 [圆弧(A)/闭合(C)/半宽(H)/长度(L)/放弃(U)/宽度(W)]: \\向右水平绘制 8mm
指定下一点或 [圆弧(A)/闭合(C)/半宽(H)/长度(L)/放弃(U)/宽度(W)]: \\按 Enter 键结束多线的绘制

图 4-22　电阻符号　　　　　　　　　　图 4-23　滑动触点电位器

技巧提示　　　　　　　　　　★★★★★

　　前面第 3 章中没有"滑动触点电位器"，用户可以执行"写块"命令（W），弹出"写块"对话框，并按照如图 4-24 所示进行操作，将绘制好的"滑动触点电位器"图形保存为外部块文件，且保存到电气元件符号的章节"案例\03"文件夹里面。在以后需要调用该文件时，可执行"插入块"命令（I），将该图形插入其他图形中。

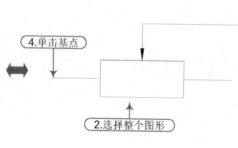

图 4-24　保存为外部图块

步骤 03 绘制"单向击穿二极管"。执行"插入"命令（I），将"案例\03"文件夹中的"二极管"插入图形中，如图 4-25 所示。

步骤 04 执行"直线"命令（L），以垂直线段的下端点为起点，向左绘制一条长 1mm 的线段，如图 4-26 所示。

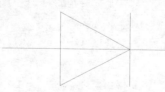
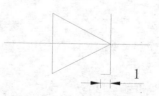

图 4-25　二极管符号　　　　　　　　　图 4-26　单向击穿二极管

步骤 05 绘制"同轴电缆"。执行"圆"命令（C），绘制一个半径为 4mm 的圆，如图 4-27 所示。

步骤 06 执行"直线"命令（L），在圆下端绘制一条长为 8mm 的水平线段；再过圆直径绘制一条长为 16mm 的水平线段，如图 4-28 所示。

图 4-27　绘制圆

图 4-28　绘制同轴电缆

步骤 07 执行"插入"命令（I），将前面第 3 章绘制的元件：二极管、电阻、电容和灯按照合适的比例插入图形中，如图 4-29 所示。

（a）二极管　　　　　　　　　　（b）电阻　　　　　　　　　　（c）电容　　　　　　　　　　（d）灯

图 4-29　插入的元件

3. 组合线路图

步骤 01 执行"移动"命令（M）、"复制"命令（CO）和"旋转"命令（RO），将元件符号移动至线路相应位置，如图 4-30 所示。

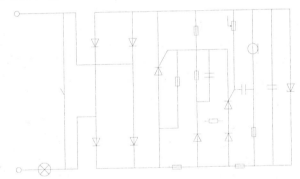

图 4-30　移动元件

步骤 02 执行"直线"命令（L），连接元件端点线路；再执行"修剪"命令（TR），将多余线条删除，如图 4-31 所示。

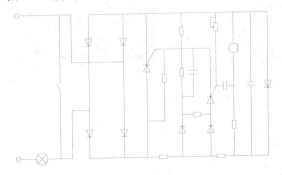

图 4-31　绘制线段并修剪

步骤 03 执行"单行文字"命令(DT),设置字高为 3.5mm,在图形中输入相应的文字,如图 4-32 所示。

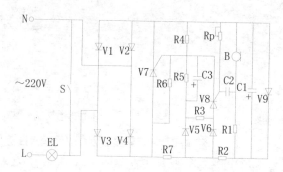

图 4-32 声控照明电路图

步骤 04 至此,该声控照明电路图已经绘制完成,按 Ctrl+S 组合键进行保存。

技巧:113 照明灯的实物及其外形

视频:无
案例:无

技巧概述: 根据国际照明委员会(CIE)的建议,灯具按光通量在上下空间分布的比例分为五类,即直接型、半直接型、全漫射型(包括水平方向光线很少的直接—间接型)、半间接型和间接型。照明灯的实物及其外形如图 4-33 所示。

(a)白炽灯 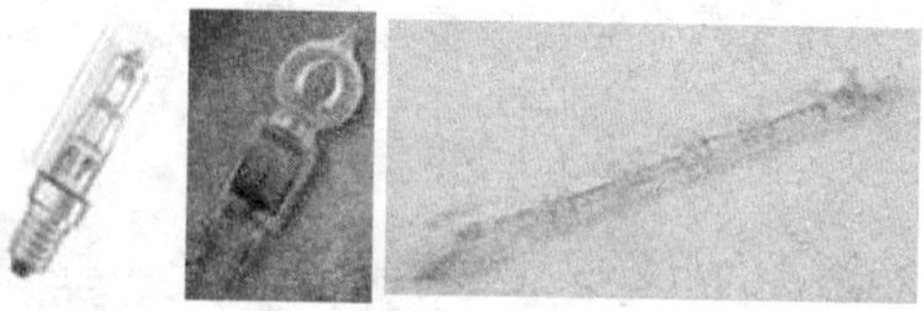　　　　　　　　　　　　　　　　　　(b)碘钨灯

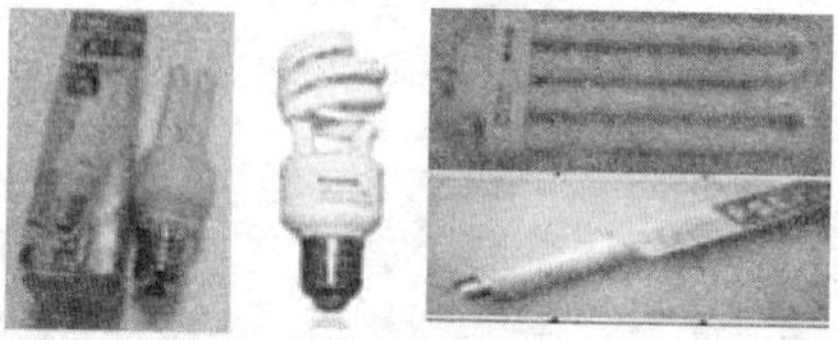

(c)荧光灯 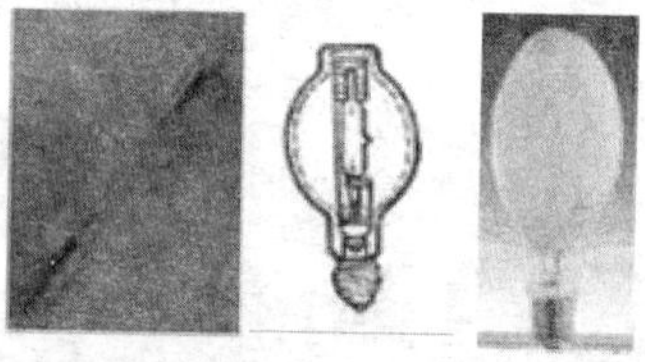　　　　　　　　　　　　　　　　　　(d)高压水银灯

 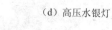  

(e)高压钠灯　　　　　　　　　　　　　　　　　(f)低压钠灯

图 4-33 照明灯的实物及其外形

（g）金卤灯　　　　　　　　　　　　　　　（h）LED 灯

图 4-33　照明灯的实物及其外形（续）

技巧：114　照明开关的实物及其外形

视频：无
案例：无

技巧概述：开关的种类包括小急停开关、交流开关、行程开关、纽扣开关、自锁开关、四联开关和家用开关等。

1）小急停开关

小急停开关由两组开关组成，分别在两边，使用时可选用一组，中间的 C 脚为公共端，NO 和 NC 一个为常开触点，另一个为常闭触点，用电表一端连公共端 C，另一端在按钮未按下时分别连 NO 和 NC，若通路则那个触点是常闭触点，若不通则为常开触点。NO 为常开，NC 为常闭。若需开关为常开，则引线接 C 和 NO，一进一出；若需开关为常闭，则引线接 C 和 NC，一进一出（无方向限制），如图 4-34 所示。

2）交流开关

1 和 2 是一组开关，3 和 4 是一组开关，两组开关为常开。在交流通路中，交流两条线分别走 1、2 开关一路，另一条走 3、4 开关一路。在直流通路中，底线电源线分别走 1、2 开关一路，另一条走 3、4 开关一路（接线无方向要求），如图 4-35 所示。

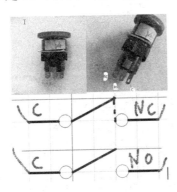

图 4-34　小急停开关

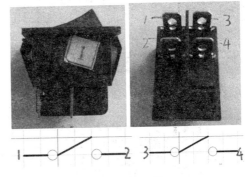

图 4-35　交流开关

3）行程开关

行程开关有一组开关，1 为公共端，2 为常开触点，3 为常闭触点。这分别是两种引线方式：上面为常闭连接，下面为常开连接。若需开关为常开，则引线接 1 和 2，一进一出；若需开关为常闭，则引线接 1 和 3，一进一出（无方向限制），如图 4-36 所示。

4）纽扣开关

1 和 2 一进一出，无方向限制，如图 4-37 所示。

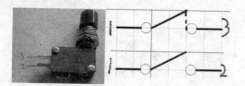

图 4-36　行程开关

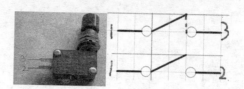

图 4-37　纽扣开关

5）自锁开关

C 为公共端，NC 为常闭触点，NO 为常开触点，若需开关为常开，则引线接 C 和 NO，一进一出；若需开关为常闭，则引线接 C 和 NC，一进一出（无方向限制），如图 4-38 所示。

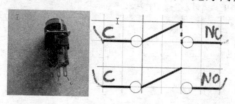

图 4-38　自锁开关

6）四联开关

四联开关由四个开关组成，每个开关上有两组开关，可选用一组。1、2、3 构成一组开关，2 为公共端，1 为常闭触点，3 为常开触点。若要求为常开，则接 2 和 3，一进一出；若为常闭，则 1 和 2 一进一出（一个开关的接线方式）。四联开关也可只用三个开关，变成三联开关，如图 4-39 所示。

7）家用开关

一般家用开关的单联开关要印红点和夜光条方便夜晚找到开关位置，楼梯灯不论在楼上还是在楼下都可以随意开关，达到楼下开灯楼上关、楼上开灯楼下关的效果，如图 4-40 所示。

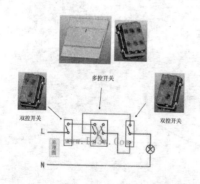

图 4-39　四联开关

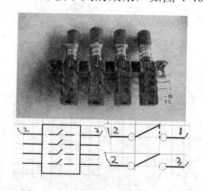

图 4-40　家用开关

技巧：115 照明电路中的常见图形符号　　视频：无　案例：无

技巧概述：在绘制照明电路图的过程中，一般会使用各种图形符号来代表相应的实体，这样可使绘制的图形更清晰明了。表 4-1 中给出了照明电路中的常见图形符号。

表 4-1 照明电路中的常见图形符号

序号	图 形 符 号	说 明
1		开关（机械式）电气图形符号
2		多极开关一般符号单线表示
3		多极开关一般符号多线表示
4		接触器（在非动作位置触点断开）
5		接触器（在非动作位置触点闭合）
6		负荷开关（负荷隔离开关）电气图用图形符号
7		具有自动释放功能的负荷开关
8		熔断器式断路器
9		断路器
10		隔离开关
11		熔断器一般符号
12		跌落式熔断器
13		熔断器式开关
14		熔断器式隔离开关
15		熔断器式负荷开关
16		当操作器件被吸合时延时闭合的动合触点
17		当操作器件被释放时延时闭合的动合触点
18		当操作器件被释放时延时闭合的动断触点

续表

序号	图 形 符 号	说 明
19		当操作器件被吸合时延时闭合的动断触点
20		当操作器件被吸合时延时闭合和释放时延时断开的动合触点
21		按钮开关（不闭锁）
22		旋钮开关、旋转开关（闭锁）
23		位置开关，动合触点 限制开关，动合触点
24		位置开关，动断触点 限制开关，动断触点
25		热敏开关，动合触点 注:θ 可用动作温度代替
26		热敏自动开关，动断触点 注：注意区别此触点和下图所示热继电器的触点
27		具有热元件的气体放电管荧光灯启动器
28		动合（常开）触点 注：本符号也可用作开关一般符号
29		动断（常闭）触点
30		先断后合的转换触点
31		当操作器件被吸合或释放时，暂时闭合的过渡动合触点
32		座（内孔的）或插座的一个极
33		插头（凸头的）或插头的一个极

续表

序号	图 形 符 号	说 明
34		插头和插座（凸头的和内孔的）
35		接通的连接片
36		换接片
37		双绕组变压器
38		三绕组变压器
39		自耦变压器
40		电抗器 扼流图
41		电流互感器 脉冲变压器
42		具有两个铁芯和两个二次绕组的电流互感器
43		在一个铁芯上具有两个二次绕组的电流互感器
44		具有有载分接开关的三相三绕组变压器，有中性点引出线的星形——三角形连接
45		三相三绕组变压器，两个绕组为有中性点引出线的星形，中性点接地，第三绕组为开口三角形连接

技巧：116 电路中继电器实物及其外形

视频：无
案例：无

　　技巧概述：继电器是一种根据电量（电压、电流等）或者非电量（温度、时间、转速、压力）等信号的变化带动触点动作，来接通或断开所控制的电路或者电器，以实现自动控制和保护电路或电器设备的电器。继电器一般由感测机构、中间机构和执行机构三个基本部分组成，可分为电磁式继电器和非电磁式继电器两大类。电磁式继电器是以电磁吸合力为驱动动力源的继电器。电磁式继电器所配装的电磁线圈有交流和直流两种，各自构成交流电磁式继电器和直流电磁式继电器。电磁式继电器配装不同功能的电磁线圈后可分别制成电流继电器、电压继电器和中间继电器。电磁式继电器的工作原理如图 4-41 所示。

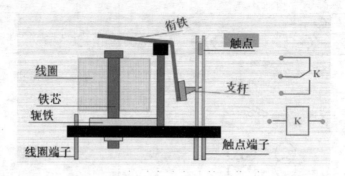

图 4-41　电磁式继电器的工作原理

1. 继电器的分类

（1）按用途可分为控制型继电器和保护型继电器。其中，热继电器、过电流继电器、欠电压继电器属于保护型继电器；时间继电器、速度继电器、中间继电器属于控制型继电器。

（2）按工作原理可分为电磁式继电器、感应式继电器、热敏式继电器、机械式继电器、电动式继电器和电子式继电器等。

（3）按反应的参数（动作信号）可分为电流继电器、电压继电器、时间继电器、速度继电器、压力继电器等。

（4）按动作时间可分为瞬时继电器（动作时间小于 0.05s）和延时继电器（动作时间大于 0.15s）。

（5）按输出形式可分为有触点式继电器和无触点式继电器。在电力拖动系统中，应用最多、最广泛的是电磁式继电器。

2. 继电器—中间继电器

中间继电器在结构上是一个电压继电器，但它的触点数多、触点容量大（额定电流为 5～10A），是用来转换控制信号的中间元件；中间继电器的输入是线圈的通电或断电信号，输出信号形式为触点的动作；中间继电器主要用途是当其他继电器的触点数或触点容量不够时，可借助中间继电器来扩大它们的触点数或触点容量。中间继电器如图 4-42 所示。

（a）3TH 中间继电器　　　　　　　　　　　　（b）JZ7 系列中间继电器

图 4-42　中间继电器

3. 继电器的触点形式

（1）动合型（H 型）。线圈不通电时两触点是断开的，通电后两个触点就闭合。以合字的拼音字头 H 表示。

（2）动断型（D 型）。线圈不通电时两触点是闭合的，通电后两个触点就断开。用断字的拼音字头 D 表示。

（3）转换型（Z 型）。这是触点组型。这种触点组共有三个触点，即中间是动触点，上下各一个静触点。线圈不通电时，动触点和其中一个静触点断开，而另一个闭合，线圈通电后，动触点就移动，使原来断开的成闭合状态，原来闭合的变成断开状态，达到转换的目的。这样的触点组称为转换触点。用"转"字的拼音字头 Z 表示。

4. 电磁式继电器的主要参数

（1）灵敏度：使继电器动作的最小功率称为继电器的灵敏度。

（2）额定电压和额定电流：对于电压继电器，它的线圈额定电压为该继电器的额定电压；对于电流继电器，它的线圈额定电流为该继电器的额定电流。

（3）吸合电压或吸合电流：使继电器衔铁开始运动时线圈的电压（电压继电器）或电流（电流继电器）值称为吸合电压或吸合电流，用 U_{XH} 或 I_{XH} 表示。

（4）释放电压或释放电流：继电器衔铁开始释放时线圈的电压或电流，用 U_{SF} 或 I_{SF} 表示。

（5）返回系数：释放电压（或电流）与吸合电压（或电流）的比值，用 K 表示，K 值恒小于 1。电压继电器的返回系数 $K=U_{SF}/U_{XH}$；电流继电器的返回系数 $K=I_{SF}/I_{XH}$。

（6）吸合时间和释放时间：吸合时间是从线圈接收电信号到衔铁完全吸合所需的时间；释放时间是线圈失电到衔铁完全释放所需的时间。

（7）整定值：根据控制系统的要求，预先使继电器达到某一个吸合值或释放值，这个预先设定的吸合值（电压或电流）或释放值（电压或电流）就叫整定值。继电器实物如图 4-43 所示。

（a）温度继电器　　　　　　　　（b）风速继电器　　　　（c）磁簧继电器

（d）直流固态继电器　　　（e）交流固态继电器　　　（f）工业大功率固态继电器

（g）其他种类继电器实物图片

图 4-43　继电器实物图

技巧：117 **双控开关照明电路图的绘制**

视频：技巧117-双控开关照明电路图的绘制.avi
案例：双控开关照明电路图.dwg

技巧概述：图4-44所示为用两只开关控制一盏灯的电气线路。从图中可以看出，无论在哪一端，均可控制灯泡的亮、灭。

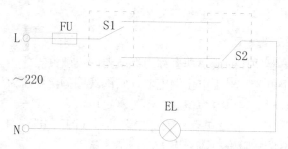

图 4-44　双控开关照明电路图

具体绘制步骤如下。

1. 绘制线路结构

步骤 01 正常启动 AutoCAD 2014 软件，系统自动创建一个空白文件，在快速访问工具栏上单击"保存"按钮，将其保存为"案例\04\双控开关照明电路图.dwg"文件。

步骤 02 执行"直线"命令（L），打开正交绘制三条直线，如图4-45所示。

步骤 03 执行"偏移"命令（O），从上至下依次偏移 5mm、5mm，然后再从右至左依次偏移10mm、6mm、28mm、6mm，如图4-46所示。

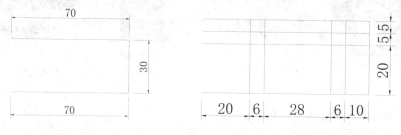

图 4-45　绘制直线　　　　　　　图 4-46　偏移直线

步骤 04 执行"修剪"命令（TR）和"删除"命令（E），将多余线条修剪和删除掉，如图4-47所示。

步骤 05 执行"圆"命令（C），绘制半径为 1.5mm 的圆，如图4-48所示。

图 4-47　修剪、删除　　　　　　　图 4-48　绘制圆

2. 绘制电气元件

执行"插入"命令（I），将前面第 3 章绘制的电气元件：单极开关、电阻和灯按照合适的比例插入图形中，如图4-49所示。

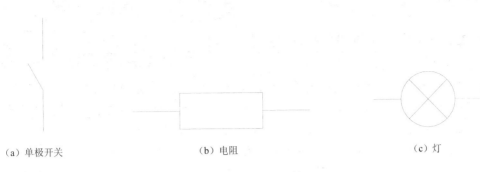

（a）单极开关　　　　　　　　　　（b）电阻　　　　　　　　　　（c）灯

图 4-49　插入元件

3．组合线路图

步骤 01 执行"移动"命令（M），将单极开关、电阻、灯放置到图形相应位置，如图 4-50 所示。

步骤 02 执行"修剪"命令（TR），将灯图形内部多余的线段删除，如图 4-51 所示。

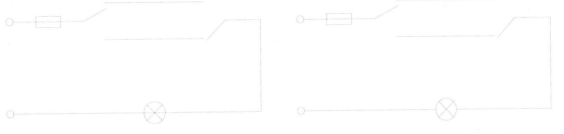

图 4-50　放置电气元件　　　　　　　　　　　　图 4-51　修剪线段

步骤 03 执行"单行文字"命令（DT），设置字高为 2.5mm，在图形相应位置输入单行文字，如图 4-52 所示。

步骤 04 执行"矩形"命令（REC），在图形相应位置绘制 15mm×12mm 的两个矩形，且将其线型转换为虚线 DASHED 线型；再执行"线型比例"命令（LTS），根据命令提示设置新线型比例因子为 0.08。效果如图 4-53 所示。

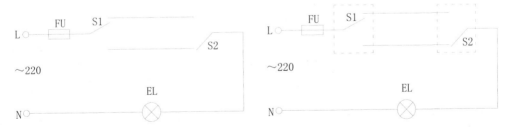

图 4-52　文字注释　　　　　　　　　　　　图 4-53　绘制矩形

步骤 05 至此，该双控开关照明电路图已经绘制完成，按 Ctrl+S 组合键进行保存。

专业技能：　　　　　　　　　　　　　　　　　　　　　　★★★☆☆

　　若该图形中没有 DASHED 线型，那么可执行"格式|线型"菜单命令，在弹出的"线型管理器"对话框中进行加载。设置了虚线 DASHED 线型后，若绘制的矩形不显示虚线，可执行"线型比例"命令（LTS），调整比例值以改变虚线的显示状态。

技巧：**118** 触摸开关控制照明灯的绘制

视频：技巧118-触摸开关控制照明灯的绘制.avi
案例：触摸开关控制照明灯电路图.dwg

技巧概述： 触摸开关控制照明灯电路结构图如图 4-54 所示。触摸开关是指当用手去接触开关时，就能对电灯进行点亮或熄灭控制的一种开关。根据它的这一特点，将其应用于台灯、门灯等的开关线路，这将给我们的日常生活带来极大的方便。如图所示，当手触摸到金属片 b 时，由于人体感应，V8、V9 导通而 V7 截止，继电器 KA 的线圈得电吸合，其常开触点 KA 闭合，灯泡 EL 点燃；当手触摸金属片 a 时，人体感应产生电压，导致 V7 导通，使 V8、V9 截止而灯灭。

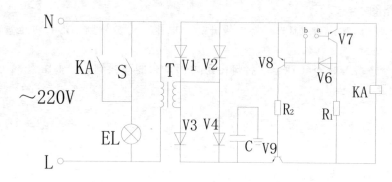

图 4-54　触摸开关控制照明灯电路结构图

具体绘制步骤如下。

1. 绘制线路结构

步骤 01 正常启动 AutoCAD 2014 软件，系统自动创建一个空白文件，在快速访问工具栏上单击"保存"按钮 ，将其保存为"案例\04\触摸开关控制照明灯电路图.dwg"文件。

步骤 02 执行"矩形"命令（REC），绘制一个 160mm×70mm 的矩形，如图 4-55 所示。

步骤 03 执行"分解"命令（X），将矩形分解为线段，然后执行"删除"命令（E），删除相应的线段，如图 4-56 所示。

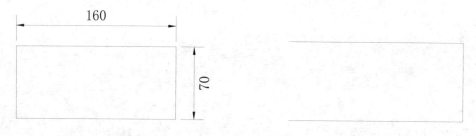

图 4-55　绘制矩形　　　　　　　　　　　　　　图 4-56　删除线段

步骤 04 执行"偏移"命令（O），从上至下依次偏移 20mm、10mm、10mm，然后再从右至左依次偏移 20mm、30mm、30mm、20mm、10mm、15mm、15mm，如图 4-57 所示。

步骤 05 执行"修剪"命令（TR）和"删除"命令（E），将多余线条修剪和删除掉，如图 4-58 所示。

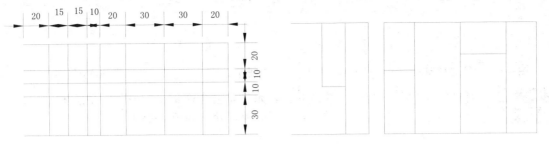

图 4-57　偏移直线　　　　　　　　　　　　图 4-58　修剪、删除

步骤 06 执行"圆"命令（C），绘制半径为 1.5mm 的圆，如图 4-59 所示。

2. 绘制电气元件

步骤 01 绘制"接地一般符号"。执行"直线"命令（L），绘制一条长度为 10mm 的水平直线，如图 4-60 所示。

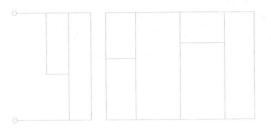

图 4-59　绘制圆　　　　　　　　　　　　　图 4-60　绘制直线

步骤 02 执行"直线"命令（L），捕捉直线中点向上绘制一条长度为 10mm 的垂直线，如图 4-61 所示。

步骤 03 执行"偏移"命令（O），将水平直线向下依次偏移 3mm、3mm，得到直线 1 和 2，如图 4-62 所示。

步骤 04 执行"缩放"命令（SC），选择直线 1，并捕捉直线 1 的中点为基点，输入缩放比例因子为 0.8，以将直线 1 缩短；按空格键重复命令，然后同样再捕捉直线 2 的中点为基点，输入缩放比例因子为 0.5，以将直线 2 缩短。接地一般符号的效果如图 4-63 所示。

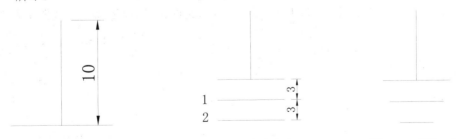

图 4-61　绘制直线　　　　　图 4-62　偏移直线　　　　　图 4-63　接地一般符号

步骤 05 绘制"带磁芯的电感器"。执行"插入块"命令（I），将"案例\03"文件夹中的"电感器"插入图形中，如图 4-64 所示。

步骤 06 执行"直线"命令（L），捕捉电感器两边圆弧端点分别向下绘制垂直线 3mm，如图 4-65 所示。

步骤 07 执行"直线"命令（L），捕捉上一步绘制的两条垂直线下方端点进行连接，如图 4-66 所示。

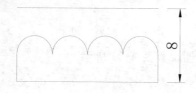

图 4-64 插入电感器   图 4-65 绘制直线   图 4-66 绘制直线

步骤 08 执行 "偏移" 命令（O），将连接线段水平向上偏移8mm，如图 4-67 所示。

步骤 09 执行 "删除" 命令（E），将偏移的源对象删除，如图 4-68 所示。

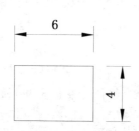

图 4-67 偏移直线   图 4-68 带磁芯的电感器

步骤 10 绘制 "继电器和接触器操作器件一般符号"。执行 "矩形" 命令（REC），绘制一个 6mm×4mm 的矩形，如图 4-69 所示。

步骤 11 执行 "直线" 命令（L），捕捉矩形上下线段中心以其为起点分别向上和向下绘制垂直线 3mm，如图 4-70 所示。

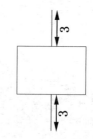

图 4-69 绘制矩形   图 4-70 绘制直线

步骤 12 执行 "写块" 命令（W），将绘制好的接地一般符号、继电器和接触器操作器件一般符号及带磁芯的电感器图形分别保存为外部块文件，且保存到电气元件符号的章节 "案例\03" 文件夹里面。

步骤 13 执行 "插入" 命令（I），将前面第 3 章绘制的电气元件：单极开关、电阻、灯、电感器、电容、PNP 三极管、NPN 三极管，按照合适的比例插入图形中，如图 4-71 所示。

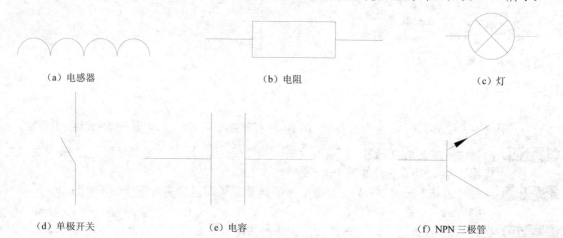

(a) 电感器   (b) 电阻   (c) 灯

(d) 单极开关   (e) 电容   (f) NPN 三极管

图 4-71 插入元件

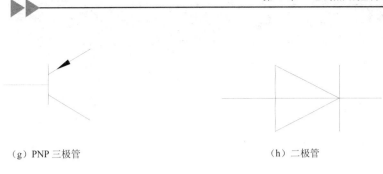

（g）PNP 三极管　　　　　　　　　　　　　（h）二极管

图 4-71　插入元件（续）

3．组合线路图

步骤 01 执行"移动"命令（M），将单极开关、电阻、灯、电感器、电容、PNP 三极管、NPN 三极管、接地一般符号、继电器和接触器操作器件一般符号及带磁芯的电感器放置到图形相应位置，如图 4-72 所示。

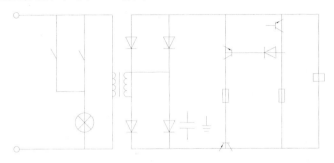

图 4-72　放置电气元件

步骤 02 执行"修剪"命令（TR），将图形内部多余的线段删除，如图 4-73 所示。

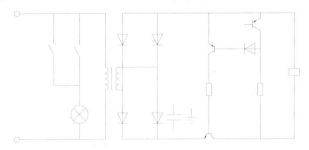

图 4-73　修剪线段

步骤 03 执行"直线"命令（L），将电容和接地一般符号进行连接，然后在图形内部右上方绘制一条长度为 12mm 的垂直线，如图 4-74 所示。

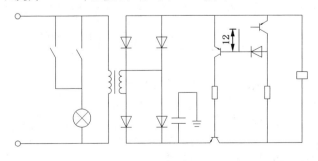

图 4-74　绘制连线

步骤 04 执行"圆"命令（C），在图形内部相应位置绘制半径为 1mm 的圆，如图 4-75 所示。

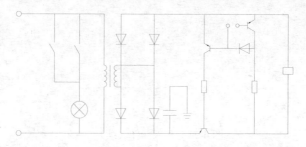

图 4-75　绘制圆

步骤 05 执行"单行文字"命令（DT），设置字高为 2.5mm，在图形相应位置输入单行文字，如图 4-76 所示。

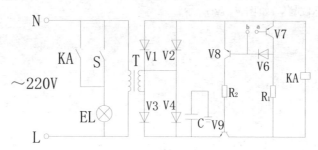

图 4-76　文字注释

步骤 06 至此，该触摸开关控制照明灯电路结构图已经绘制完成，按 Ctrl+S 组合键进行保存。

技巧：119 　晶体管控制的电气线路图

视频：技巧119-晶体管控制的电气线路图.avi
案例：晶体管控制的电气线路图.dwg

技巧概述：图 4-77 所示为晶体管延时开关控制的电气线路。该线路主要由二极管、三极管、电流继电器、电阻、电容、按钮等组成，一般延时时间约为 1～5min，可以通过调节电位器 Rp 的电阻值来获得需要的延时时间。线路还可以实行多点控制，此时只需在按钮 SB 两端多并联几只按钮即可。开关 S 为照明灯的普通开关，它与继电器 KA 并联，当不需要作延时控制时，则采用开关 S 来控制即可。

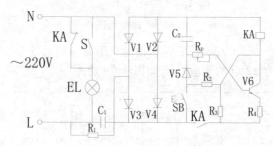

图 4-77　晶体管控制的电气线路图

具体绘制步骤如下。

1. 绘制线路结构

步骤 01 正常启动 AutoCAD 2014 软件，系统自动创建一个空白文件，在快速访问工具栏上单

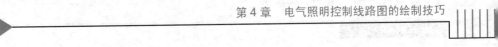

击“保存”按钮，将其保存为“案例\04\晶体管控制的电气线路图.dwg”文件。

步骤 02 执行“矩形”命令（REC），绘制一个 150mm × 70mm 的矩形，如图 4-78 所示。

步骤 03 执行“分解”命令（X），将矩形分解为线段，然后执行“删除”命令（E），删除相应的线段，如图 4-79 所示。

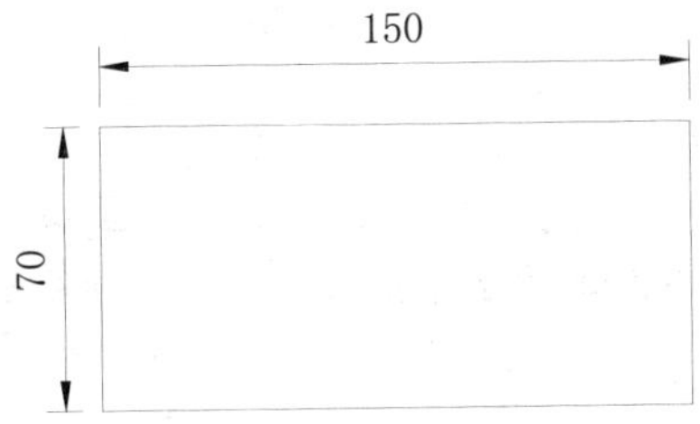

图 4-78 绘制矩形

图 4-79 删除线段

步骤 04 执行“偏移”命令（O），从右至左依次偏移 50mm、20mm、20mm、10mm、15mm、15mm，如图 4-80 所示。

步骤 05 执行“圆”命令（C），在线段两个端点处绘制半径为 1.5mm 的圆，如图 4-81 所示。

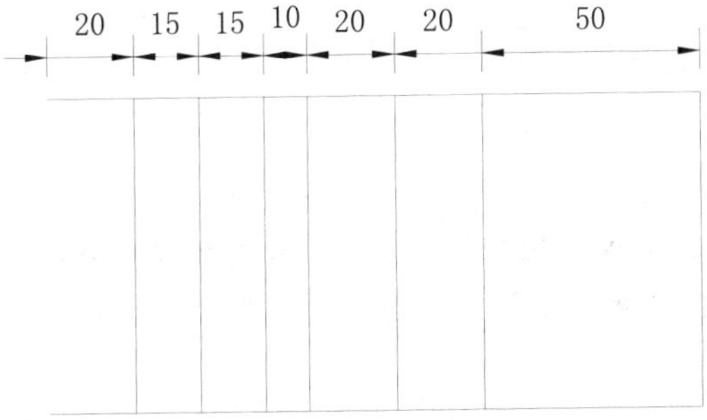

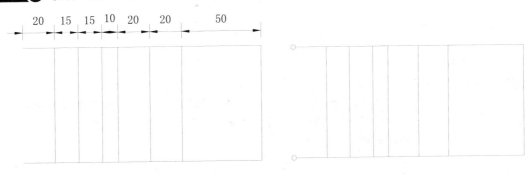

图 4-80 偏移直线

图 4-81 绘制圆

2. 绘制电气元件

步骤 01 执行“插入块”命令（I），将“案例\03”文件夹中的以下电气元件插入图形中，如图 4-82 所示。

（a）电容　（b）电阻　（c）灯

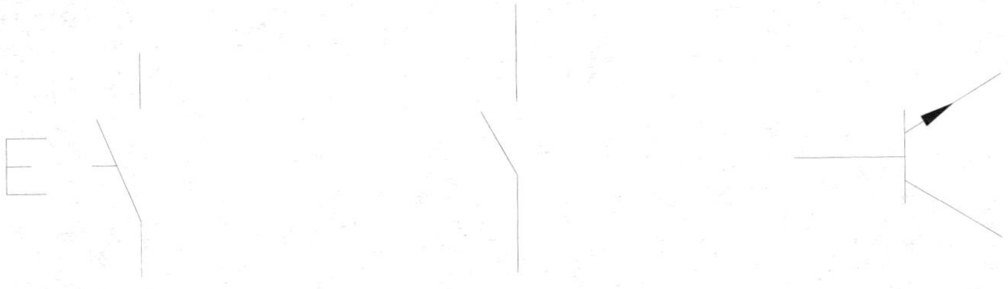

（d）常开按钮　（e）单极开关　（f）NPN 三极管

图 4-82 插入元件

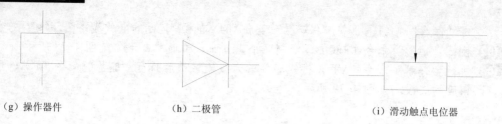

(g) 操作器件   (h) 二极管   (i) 滑动触点电位器

图 4-82 插入元件（续）

步骤 02 绘制"动断（常闭）触点"。执行"复制"命令（CO），将单极开关复制出一份；再执行"直线"命令（L），绘制一条长为 6mm 的水平线段，如图 4-83 所示。

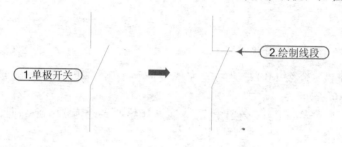

图 4-83 动断（常闭）触点

3. 组合线路图

步骤 01 执行"移动"命令（M）、"复制"命令（CO）和"旋转"命令（RO），将动合常开触点、电阻、灯、动断常闭触点、电容、NPN 三极管、继电器和接触器操作器件、二极管、动合常开铵钮和滑动触点电位器放置到图形相应位置，再执行"修剪"命令（TR）将多余线段删除，如图 4-84 所示。

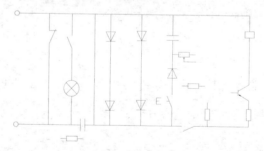

图 4-84 放置电气元件

步骤 02 执行"直线"命令（L），绘制连接导线，再执行"修剪"命令（TR），将图形内部多余的线段删除，如图 4-85 所示。

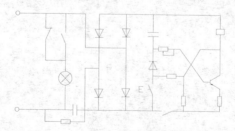

图 4-85 修剪线段

步骤 03 执行"单行文字"命令（DT），设置字高为 2.5mm，在图形相应位置输入单行文字，如图 4-86 所示。

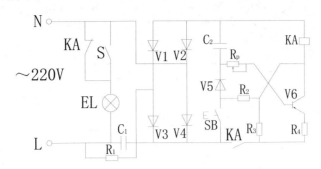

图 4-86　文字注释

步骤 04 至此，晶体管控制电气线路图已经绘制完成，按 Ctrl+S 组合键进行保存。

技巧：120 光控路灯电路图的绘制　　　视频：技巧120-光控路灯电路图的绘制.avi
案例：光控路灯电路图.dwg

技巧概述：光控路灯电路图如图 4-87 所示。光控开关是指能根据外界光线的变化，自动控制灯泡点亮或熄灭的装置，光控开关可用于门灯、路灯等的自动控制。图中的 V9 为光电二极管，简称光敏管，是光控开关的关键部件。光敏管在无光照或光线较弱时显现出很大的内阻，在有光照时内阻则变得很小，故可利用其内阻变化经电子线路去控制灯具。

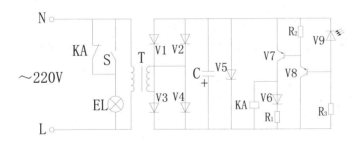

图 4-87　光控路灯电路图

具体绘制步骤如下。

1．绘制线路结构

步骤 01 正常启动 AutoCAD 2014 软件，系统自动创建一个空白文件，在快速访问工具栏上单击"保存"按钮 🔖，将其保存为"案例\04\光控路灯电路图.dwg"文件。

步骤 02 执行"矩形"命令（REC），绘制一个 180mm×70mm 的矩形，如图 4-88 所示。

步骤 03 执行"分解"命令（X），将矩形分解为线段，然后执行"删除"命令（E），删除相应的线段，如图 4-89 所示。

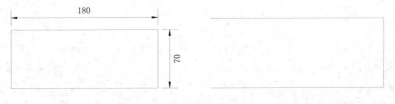

图 4-88　绘制矩形　　　　　　　图 4-89　删除线段

步骤 **04** 执行"偏移"命令（O），从上至下依次偏移 30mm、5mm、5mm，然后再从右至左依次偏移 20mm、15mm、15mm、15mm、15mm、15mm、20mm、15mm、10mm、15mm，如图 4-90 所示。

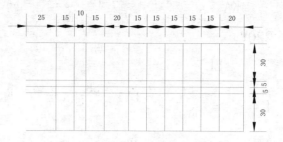

图 4-90　偏移直线

步骤 **05** 执行"修剪"命令（TR）和"删除"命令（E），将多余线条修剪和删除掉，如图 4-91 所示。

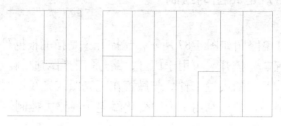

图 4-91　修剪、删除

步骤 **06** 执行"圆"命令（C），绘制半径为 1.5mm 的圆，如图 4-92 所示。

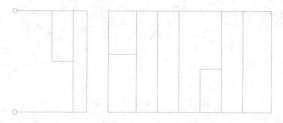

图 4-92　绘制圆

2. 绘制电气元件

步骤 **01** 绘制"光电二极管"。执行"插入块"命令（I），将"案例\03"文件夹中的"二极管"插入图形中，如图 4-93 所示。

步骤 **02** 执行"多段线"命令（PL），根据如下命令绘制箭头符号，如图 4-94 所示。

命令: PLINE	\\启动命令
指定起点:	\\在二极管下方指定起点
当前线宽为 0.000	
指定下一点或 [圆弧(A)/闭合(C)/半宽(H)/长度(L)/放弃(U)/宽度(W)]:	\\选择"宽度（W）"选项
指定起点宽度 <0>:	\\输入起点宽度为 0
指定端点宽度 <0>:	\\输入端点宽度为 1
指定下一点或 [圆弧(A)/闭合(C)/半宽(H)/长度(L)/放弃(U)/宽度(W)]:	\\输入箭头长度为 2
指定下一点或 [圆弧(A)/闭合(C)/半宽(H)/长度(L)/放弃(U)/宽度(W)]:	\\选择"宽度（W）"选项

指定起点宽度 <1>:	\\输入起点宽度为 0
指定端点宽度 <0>:	\\输入端点宽度为 0
指定下一点或 [圆弧(A)/闭合(C)/半宽(H)/长度(L)/放弃(U)/宽度(W)]:	\\输入直线长度为 3

步骤 03 执行 "复制" 命令（CO），将上一步绘制的箭头符号水平向下复制两个，如图 4-95 所示。

步骤 04 执行 "写块" 命令（W），将绘制好的光电二极管图形保存为外部块文件，且保存到电气元件符号的章节 "案例\03" 文件夹里面。

图 4-93　二极管　　　　　图 4-94　绘制箭头　　　　图 4-95　光电二极管

步骤 05 执行 "插入" 命令（I），将前面第 3 章绘制的电气元件：单极开关、电阻、灯、电感器、电容、NPN 三极管、继电器和接触器操作器件、二极管、稳压二极管和带磁芯的电感器，按照合适的比例插入图形中，如图 4-96 所示。

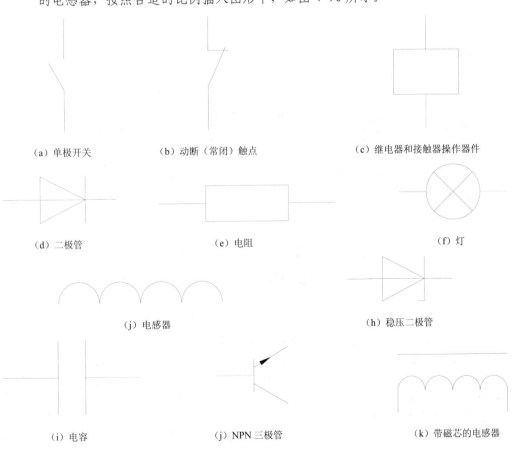

（a）单极开关　　　　　（b）动断（常闭）触点　　　　　（c）继电器和接触器操作器件

（d）二极管　　　　　（e）电阻　　　　　（f）灯

（j）电感器　　　　　（h）稳压二极管

（i）电容　　　　　（j）NPN 三极管　　　　　（k）带磁芯的电感器

图 4-96　插入元件

3. 组合线路图

步骤 01 执行"移动"命令（M），将单极开关、电阻、灯、电感器、电容、NPN 三极管、继电器和接触器操作器件、二极管、稳压二极管和带磁芯的电感器放置到图形相应位置，如图 4-97 所示。

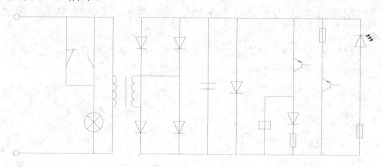

图 4-97　放置电气元件

步骤 02 执行"修剪"命令（TR），将图形内部多余的线段删除，如图 4-98 所示。

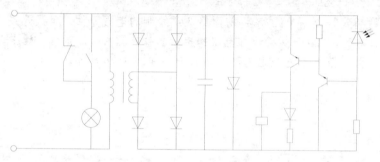

图 4-98　修剪线段

技巧提示 ★★★☆☆

　　用户在执行修剪命令时同时可以对线段进行延伸，首先按住 Shift 键，然后选择线段进行延伸，如图 4-99 所示。

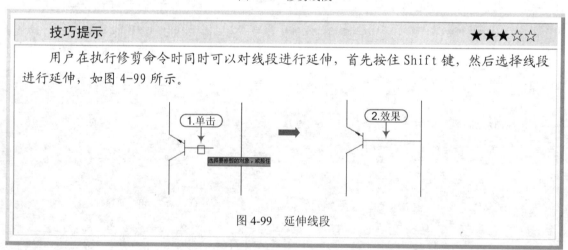

图 4-99　延伸线段

步骤 03 执行"单行文字"命令（DT），设置字高为 2.5mm，在图形相应位置输入单行文字，如图 4-100 所示。

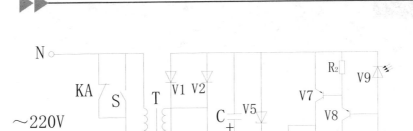

图 4-100　文字注释

步骤 04 至此，光控路灯电路图已经绘制完成，按 Ctrl+S 组合键进行保存。

技巧：121　**荧光灯电气线路图的绘制**

视频：技巧121-荧光灯电气线路图的绘制.avi
案例：荧光灯电气线路图.dwg

技巧概述： 图 4-101 所示为荧光灯低温低压下启动的电气线路。该线路是为荧光灯在气温低，电源电压也低，从而导致启动困难的情况下设计的。它是在荧光灯的启辉器接通时，二极管将交流整为脉动直流，因而镇流器的阻抗减小，使流过灯丝的瞬时电流加大，增加了电子发射能力；同时启辉器在断开瞬间其自感电势也较高，故很易将灯管点然。图 4-101（a）为带按钮开关的二极管低温启动线路；图 4-101（b）为二极管直接串入的低温启动线路。

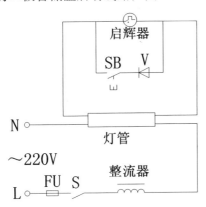

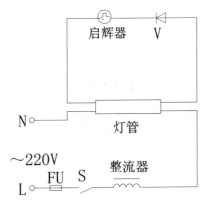

（a）带按钮开关的二极管低温启动线路　　　　　　　　（b）二极管直接串入的低温启动线路

图 4-101　荧光灯电气线路图

具体绘制步骤如下。

1.绘制图 4-101（a）线路结构

步骤 01 正常启动 AutoCAD 2014 软件，系统自动创建一个空白文件，在快速访问工具栏上单击"保存"按钮，将其保存为"案例\04\荧光灯电气线路图.dwg"文件。

步骤 02 执行"直线"命令（L），绘制连续的三条直线。效果如图 4-102 所示。

步骤 03 执行"偏移"命令（O），将线条按如下图形尺寸进行偏移，如图 4-103 所示。

图 4-102　绘制直线　　　　　图 4-103　偏移线段

步骤 04 执行"修剪"命令（TR），将多余线条修剪掉，得到图形（a），如图 4-104 所示。

步骤 05 执行"圆"命令（C），绘制半径为 1.5mm 的圆，放置在图形（a）相应位置，如图 4-105 所示。

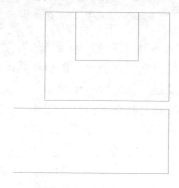

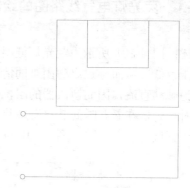

图 4-104　修剪图形　　　　　图 4-105　图形（a）

2. 绘制图 4-101（b）线路结构

步骤 01 执行"直线"命令（L），绘制同样的连续的三条直线。效果如图 4-106 所示。

步骤 02 执行"偏移"命令（O），将线段进行偏移，如图 4-107 所示。

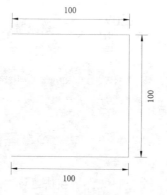

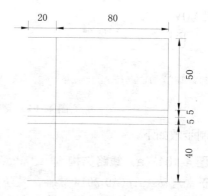

图 4-106　绘制线段　　　　　图 4-107　偏移线段

步骤 03 执行"修剪"命令（TR），将多余线条修剪掉，如图 4-108 所示。

步骤 04 执行"圆"命令（C），绘制半径为 1.5mm 的圆，放置在图形相应位置，如图 4-109 所示。

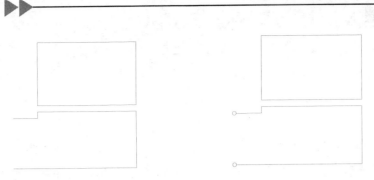

图 4-108 修剪图形   图 4-109 图形（b）

3．绘制电气元件

步骤 01 绘制灯管。执行"矩形"命令（REC），绘制 40mm×8mm 的矩形作为灯管，如图 4-110 所示。

图 4-110 绘制矩形

步骤 02 绘制启辉器。执行"矩形"命令（REC），绘制 1mm×1mm 的矩形，如图 4-111 所示。

步骤 03 执行"分解"命令（X），将上一步绘制的矩形打散操作，并执行"删除"命令（E），将多余线段删除，如图 4-112 所示。

步骤 04 执行"直线"命令（L），分别捕捉上一步图形下方端点以其为基点向两边各绘制长为 1mm 的水平线段，如图 4-113 所示。

图 4-111 绘制矩形   图 4-112 分解、删除   图 4-113 绘制直线

步骤 05 执行"旋转"命令（RO），将图形左边水平线段旋转 30°，如图 4-114 所示。

步骤 06 执行"直线"命令（L），捕捉斜线左边端点以其为基点水平向左绘制一条长为 1mm 的水平线，如图 4-115 所示。

步骤 07 执行"圆"命令（C），绘制半径为 2mm 的圆，如图 4-116 所示圈住图形。

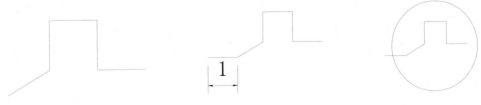

图 4-114 旋转线段   图 4-115 绘制直线   图 4-116 绘制圆

步骤 08 执行"圆"命令（C），绘制半径为 0.1mm 的圆，如图 4-117 所示。

步骤 09 执行"图案填充"命令（H），填充图案为 SOLID，对图形进行填充，如图 4-118 所示。

图 4-117　绘制圆

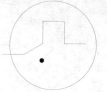

图 4-118　填充图形

步骤 10 绘制整流器。执行"插入"命令（I），将"案例\03"文件夹中的"电感器"插入图形中，如图 4-119 所示。

步骤 11 执行"直线"命令（L），在电感器图形的上方绘制一条长为 16mm 的水平线段，完成整流器的绘制，如图 4-120 所示。

图 4-119　插入电感器　　　　　　　　　图 4-120　绘制整流器

步骤 12 插入电气元件。执行"插入"命令（I），将前面第 3 章绘制的电气元件：单极开关、二极管、动合常开按钮和熔断器，按照合适的比例插入图形中，如图 4-121 所示。

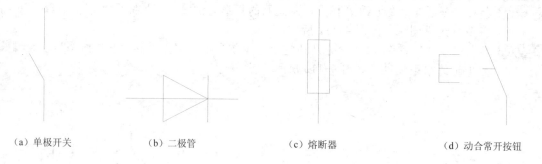

（a）单极开关　　　　（b）二极管　　　　（c）熔断器　　　　（d）动合常开按钮

图 4-121　插入元件

4. 组合线路图

步骤 01 执行"移动"命令（M），将前面绘制的电气元件和单极开关、二极管、动合常开按钮、熔断器放置到图形（a）相应位置，得到带按钮开关的二极管低温启动线路，如图 4-122 所示。

步骤 02 执行"修剪"命令（TR），将图形内部多余的线段删除，如图 4-123 所示。

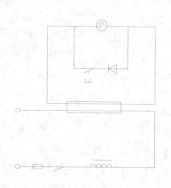

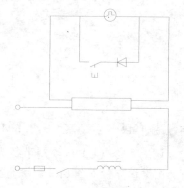

图 4-122　放置电气元件　　　　　　　图 4-123　修剪线段

步骤 03 同样执行"移动"命令（M），将前面绘制的电气元件和单极开关、二极管、动合常开按钮、熔断器放置到图形（b）相应位置，得到二极管直接串入的低温启动线路，如图 4-124 所示。

步骤 04 执行"修剪"命令（TR），将图形内部多余的线段删除，如图 4-125 所示。

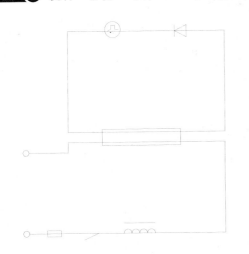

图 4-124　放置电气元件

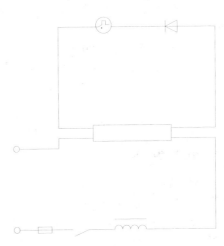

图 4-125　修剪线段

步骤 05 执行"单行文字"命令（DT），设置字高为 2.5mm，在图形（a）与（b）相应位置输入单行文字，如图 4-126 所示。

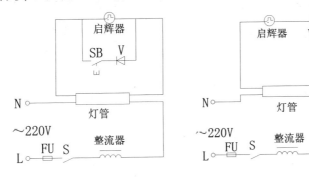

图 4-126　文字注释

步骤 06 至此，荧光灯电气线路图已经绘制完成，按 Ctrl+S 组合键进行保存。

技巧：122 门控自动灯电气线路图

视频：技巧 122-门控自动灯电气线路图.avi
案例：门控自动灯电气线路图.dwg

技巧概述： 图 4-127 所示为门控自动灯电气线路。该门控开关由永久磁铁和干簧管组成。永久磁铁安装在门体边上，干簧管安装在门框上。门关上时，干簧管内部触点开关接通；门打开时，干簧管内部的触点开关断开。该灯的工作原理为：在白天时，光敏电阻 RG 受光线照射呈低阻状态，至 VT3 导通而 VT1、VT2、VS 均处于截止状态，故照明灯 H 不亮。在夜间时，光敏电阻 RG 因无光线照射而阻值增大，使 VT3 截止。当门被打开时，干簧管内部的触点开关断开，使 VT1、VT2、VS 均导通，至使照明灯 H 点亮。

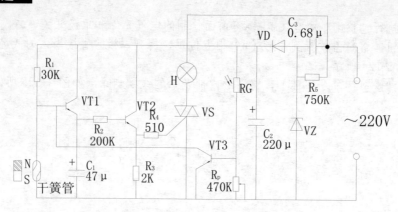

图 4-127 门控自动灯电气线路

具体绘制步骤如下。

1. 绘制线路结构

步骤 01 正常启动 AutoCAD 2014 软件，系统自动创建一个空白文件，在快速访问工具栏上单击"保存"按钮，将其保存为"案例\04\门控自动灯电气线路图.dwg"文件。

步骤 02 执行"矩形"命令（REC），绘制 160mm×90mm 的矩形，如图 4-128 所示。

步骤 03 执行"偏移"命令（O），从左至右依次偏移 10mm、10mm、30mm、25mm、5mm、20mm、10mm、20mm、15mm、15mm，如图 4-129 所示。

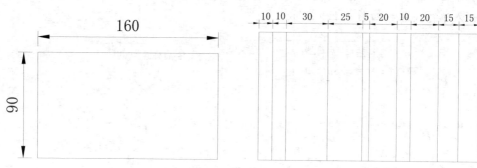

图 4-128 绘制矩形

图 4-129 偏移线段

步骤 04 执行"偏移"命令（O），从上至下依次偏移 15mm、15mm、15mm、20mm、5mm、20mm，如图 4-130 所示。

图 4-130 偏移线段

步骤 05 执行"修剪"命令（TR），将图形多余线条修剪掉。结果如图 4-131 所示。

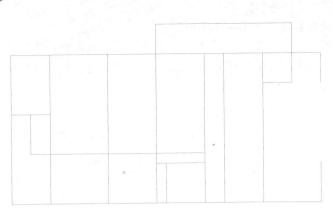

图 4-131　修剪图形

步骤 06 执行"矩形"命令（REC），绘制 10mm × 4mm 的矩形，如图 4-132 所示。

步骤 07 执行"直线"命令（L），捕捉矩形中点进行连接，如图 4-133 所示。

步骤 08 执行"图案填充"命令（H），设置图案为 STEEL，比例为 0.5，角度为 270。对图形进行填充，如图 4-134 所示。

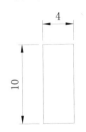

图 4-132　绘制矩形　　　　　图 4-133　绘制直线　　　　　图 4-134　填充图形

步骤 09 执行"复制"命令（CO），将矩形水平复制一个至右侧，如图 4-135 所示。

步骤 10 执行"圆角"命令（F），根据如下命令提示设置圆角半径为 2mm，对矩形倒圆角，如图 4-136 所示。

命令:FILLET   \\启动命令
当前设置: 模式 = 修剪，半径 = 2.0000
选择第一个对象或 [放弃(U)/多段线(P)/半径(R)/修剪(T)/多个(M)]:   \\选择"半径（R）"选项
指定圆角半径 <2.0000>:   \\输入半径为 2
选择第一个对象或 [放弃(U)/多段线(P)/半径(R)/修剪(T)/多个(M)]:   \\选择"多段线（P）"选项
选择二维多段线或 [半径(R)]:   \\选择需要倒圆角的矩形
4 条直线已被圆角

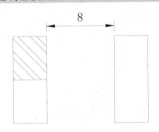

图 4-135　复制矩形　　　　　　　　　　图 4-136　倒角图形

步骤 11 执行"直线"命令（L），捕捉圆心首先向上端点绘制垂直线，然后再由圆心向左侧线段中点绘制斜线，如图 4-137 所示。

步骤 12 执行"镜像"命令（MI），将上一步绘制的两条线段首先进行水平镜像，然后再对镜像后的图形进行垂直镜像（垂直镜像选择"是"选项删除源对象）。结果如图 4-138 所示。

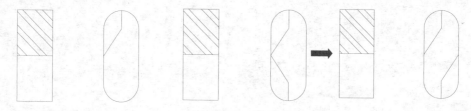

图 4-137 绘制线段   图 4-138 两次镜像图形

步骤 13 执行"移动"命令（M），将上一步绘制好的图形移动到步骤 5 图形上，如图 4-139 所示的位置。

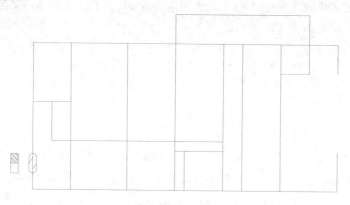

图 4-139 移动图形

步骤 14 执行"修剪"命令（TR），将多余线段删除，如图 4-140 所示。

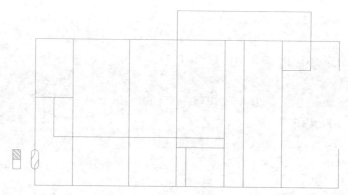

图 4-140 修剪线段

步骤 15 执行"圆"命令（C），绘制半径为 1.5mm 的圆，如图 4-141 所示。

步骤 16 执行"圆"命令（C），绘制半径为 1mm 的圆，再执行"图案填充"命令（H），填充图案为 SOLID，对圆进行填充，如图 4-142 所示。

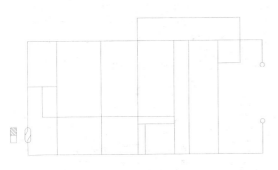

图 4-141　绘制圆　　　　　　　　　　　　　　　图 4-142　填充圆

2. 绘制电气元件

步骤 01 绘制双向二极管。执行"多边形"命令（POL），根据如下命令提示绘制多边形，如图 4-143 所示。

命令: POL POLYGON	\\启动命令
输入侧面数 <3>:	\\输入多边形边数 3
指定正多边形的中心点或 [边(E)]:	\\选择"边（E）"选项
指定边的第一个端点: 指定边的第二个端点:	\\输入多边形边长为 6

步骤 02 执行"旋转"命令（RO），将多边形以右边端点为基点旋转 270°，如图 4-144 所示。

步骤 03 执行"直线"命令（L），捕捉旋转后的多边形上方端点垂直向上绘制一条长度为 6mm 的线段，如图 4-145 所示。

图 4-143　绘制多边形　　　　　图 4-144　旋转多边形　　　　　图 4-145　绘制线段

步骤 04 执行"直线"命令（L），向左绘制一条长为 6mm 的水平直线，如图 4-146 所示。

步骤 05 执行"镜像"命令（MI），将图形首先进行垂直镜像，然后再对镜像后的图形进行水平镜像（水平镜像选择"是"选项删除源对象），再执行"移动"命令（M），将图形移动至如图 4-147 所示的位置。

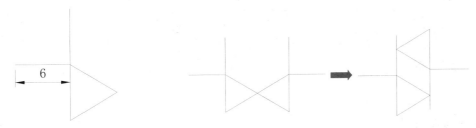

图 4-146　绘制线段　　　　　　　　图 4-147　镜像、移动图形

步骤 06 执行"写块"命令（W），将绘制好的双向二极管图形保存为外部块文件，且保存到电气元件符号的章节"案例\03"文件夹里面。

步骤 07 绘制光敏电阻。执行"插入"命令（I），将前面第 3 章绘制的电气元件电阻插入图形中，如图 4-148 所示。

步骤 08 执行"多段线"命令（PL），根据如下命令提示绘制箭头。效果如图 4-149 所示。

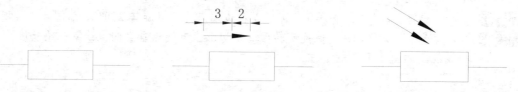

```
命令: PLINE                                              \\启动命令
指定起点:                                                \\在电阻上方指定起点
当前线宽为 0.000
指定下一点或 [圆弧(A)/闭合(C)/半宽(H)/长度(L)/放弃(U)/宽度(W)]: \\选择"宽度（W）"选项
指定起点宽度 <0>:                                         \\输入起点宽度为 0
指定端点宽度 <0>:                                         \\输入端点宽度为 0.5
指定下一点或 [圆弧(A)/闭合(C)/半宽(H)/长度(L)/放弃(U)/宽度(W)]: \\输入箭头长度为 2
指定下一点或 [圆弧(A)/闭合(C)/半宽(H)/长度(L)/放弃(U)/宽度(W)]: \\选择"宽度（W）"选项
指定起点宽度 <1>:                                         \\输入起点宽度为 0
指定端点宽度 <0>:                                         \\输入端点宽度为 0
指定下一点或 [圆弧(A)/闭合(C)/半宽(H)/长度(L)/放弃(U)/宽度(W)]: \\输入直线长度为 3
```

步骤 09 执行"旋转"命令（RO），将上一步绘制的图形以右侧端点为基点旋转-30°，再执行"复制"命令（CO），将旋转后的图形平行向上复制一个，如图 4-150 所示。

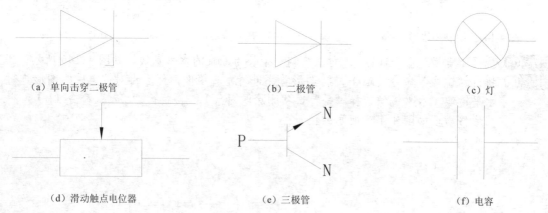

图 4-148　插入电阻　　　　图 4-149　绘制箭头　　　　图 4-150　旋转、复制

步骤 10 插入电气元件。执行"插入"命令（I），将前面第 3 章绘制的电气元件：单向击穿二极管、二极管、灯、滑动触点电位器、三极管、电容，按照合适的比例插入图形中，如图 4-151 所示。

（a）单向击穿二极管　　　　　　（b）二极管　　　　　　　　（c）灯

（d）滑动触点电位器　　　　　　（e）三极管　　　　　　　　（f）电容

图 4-151　插入元件

3. 组合线路图

步骤 01 执行"移动"命令（M），将前面绘制的电气元件和单向击穿二极管、二极管、灯、滑动触点电位器、三极管、电容放置到图形相应位置。

步骤 02 执行"修剪"命令（TR）和"直线"命令（L），绘制连接导线并将图形内部多余的线段删除，如图 4-152 所示。

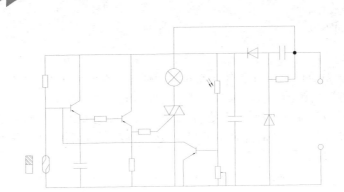

图 4-152　放置电气元件并修剪线段

步骤 03 执行"单行文字"命令（DT），设置字高为 2.5mm，在图形相应位置输入单行文字，如图 4-153 所示。

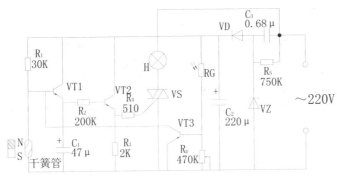

图 4-153　文字注释

步骤 04 至此，门控自动灯电气线路图已经绘制完成，按 Ctrl+S 组合键进行保存。

技巧：123　流水式控制彩灯电气线路图

视频：技巧123-流水式控制彩灯电气线路图.avi
案例：流水式控制彩灯电气线路图.dwg

技巧概述： 图 4-154 所示为"流水式"控制彩灯电气线路。该线路是一种大功率、少元件的流水式彩灯，它可以同时为 60 只 20W 彩灯供电。灯光则呈追逐式跳动的闪光，灯泡按次序轮流发光，产生一种"流水式"的效果。若灯泡亮灭时间不符合追逐要求，则可适当调整电容 C1～C2 的容量。

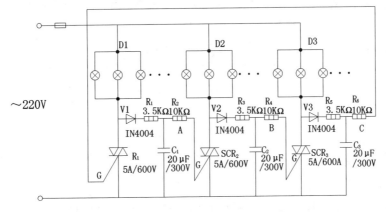

图 4-154　流水式控制彩灯电气线路

具体绘制步骤如下。

1. 绘制线路结构

步骤 01 正常启动 AutoCAD 2014 软件，系统自动创建一个空白文件，在快速访问工具栏上单击"保存"按钮 📄，将其保存为"案例\04\流水式控制彩灯电气线路图.dwg"文件。

步骤 02 执行"矩形"命令（REC），绘制 220mm×120mm 的矩形，如图 4-155 所示。

步骤 03 执行"分解"命令（X），将矩形打散操作；再执行"删除"命令（E），将多余线段删除，如图 4-156 所示。

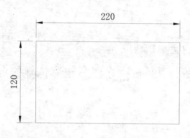

图 4-155 绘制矩形 　　　　图 4-156 分解、删除

步骤 04 执行"偏移"命令（O），将上一步绘制的图形从右至左依次偏移 20mm、30mm、10mm、20mm、30mm、10mm、20mm、30mm、20mm，如图 4-157 所示。

步骤 05 执行"偏移"命令（O），从上至下依次偏移 10mm、60mm、40mm，结果如图 4-158 所示。

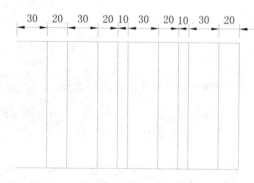

图 4-157 偏移图形 　　　　图 4-158 偏移图形

步骤 06 执行"修剪"命令（TR），将图形多余线条修剪掉，如图 4-159 所示。

步骤 07 执行"圆"命令（C），绘制半径为 1.5mm 的圆，如图 4-160 所示。

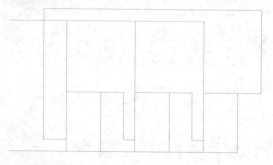
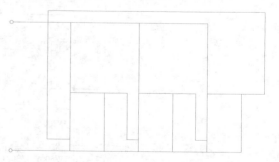

图 4-159 修剪图形 　　　　图 4-160 绘制圆

步骤 08 执行"矩形"命令（REC），在如图 4-161 所示的位置绘制三个 30mm×30mm 的矩形。

步骤 09 执行"圆"命令（C），绘制半径为 1.5mm 的圆，再执行"图案填充"命令（H），设置填充图案为 SOLID，对圆进行填充，如图 4-162 所示。

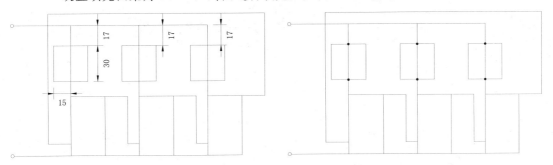

图 4-161　绘制矩形　　　　　　　　　　　　　图 4-162　绘制圆

步骤 10 执行"圆"命令（C），按照如图 4-163 所示的尺寸绘制三个半径为 0.5mm 的圆；并执行"图案填充"命令（H），设置填充图案为 SOLID，对圆进行填充。

步骤 11 执行"移动"命令（M）和"复制"命令（CO），将上一步绘制的图形放置在如图 4-164 所示的位置。

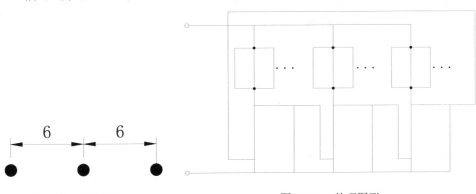

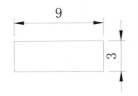

图 4-163　绘制圆　　　　　　　　　　图 4-164　整理图形

2. 绘制流水式控制彩灯电气元件

步骤 01 执行"矩形"命令（REC），绘制 9mm × 3mm 的矩形，如图 4-165 所示。

步骤 02 执行"分解"命令（X），将图形打散操作；再执行"偏移"命令（O），将图形从左至右依次偏移 3mm、3mm，如图 4-166 所示。

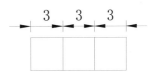

图 4-165　绘制矩形　　　　　　　　　　图 4-166　偏移线段

3. 插入电气元件

执行"插入"命令（I），将前面第 3 章绘制的电气元件：双向二极管、二极管、熔断器、灯和电容，按照合适的比例插入图形中，如图 4-167 所示。

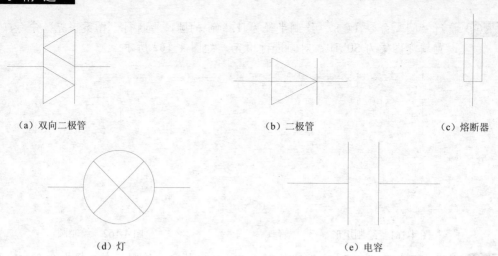

（a）双向二极管　　　　　　　　（b）二极管　　　　　　　　（c）熔断器

（d）灯　　　　　　　　　　　　　　（e）电容

图 4-167　插入元件

4. 组合线路图

步骤 01 执行"移动"命令（M），将前面绘制的电气元件和双向二极管、二极管、熔断器、灯和电容放置到图形相应位置，如图 4-168 所示。

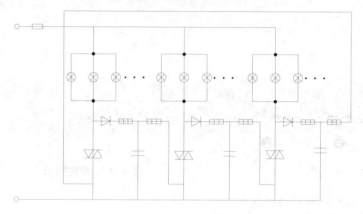

图 4-168　放置电气元件

步骤 02 执行"修剪"命令（TR）和"直线"命令（L），绘制连接导线并将图形内部多余的线段删除，如图 4-169 所示。

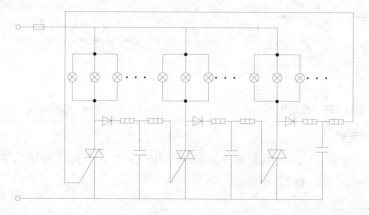

图 4-169　修剪线段

步骤 03 执行 "单行文字" 命令（DT），设置字高为 2.5mm，在图形相应位置输入单行文字，如图 4-170 所示。

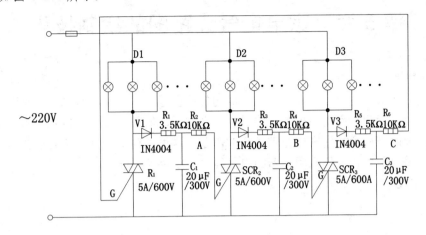

图 4-170　文字注释

步骤 04 至此，"流水式" 控制彩灯电气线路图已经绘制完成，按 Ctrl+S 组合键进行保存。

第5章 家电电气线路图的绘制技巧

● **本章导读**

随着人们生活水平的日益提高，家用电器的使用也越来越普及，其现已迅速进入城、乡居民的千家万户中。因此，家用电器的维修量也随之剧增，但其多品种、多品牌的状况也给维修工作带来了极大困难。为方便家电修理工作的需要，这里选绘了部分品牌的空调器、电冰箱、洗衣机、排风扇等用量较大的家用电器的电气线路，以供参考选用。

● **本章内容**

窗式空调电气线路图	喷淋式洗衣机线路图	自动排风扇线路图
冷暖空调电气线路图	半自动洗衣机线路图	自动抽油烟机线路图
电冰箱电气线路图	滚筒式洗衣机线路图	电动剃须刀线路图

技巧：124 窗式空调电气线路图

视频：技巧124-窗式空调电气线路图.avi
案例：窗式空调电气线路图.dwg

技巧概述：图 5-1 所示为华宝牌窗式空调电气原理接线图。该图主要由压缩机电动机、风扇电动机、过电流继电器、除霜温控器、四通阀线圈及继电器等构成。

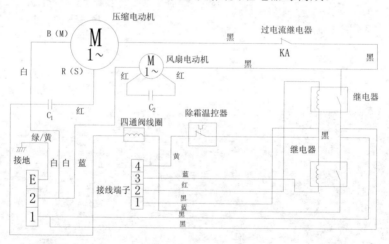

图 5-1 窗式空调电气线路图

具体绘制步骤如下。

1. 绘制线路结构

步骤 01 正常启动 AutoCAD 2014 软件，系统自动创建一个空白文件，在快速访问工具栏上单击"保存"按钮，将其保存为"案例\05\窗式空调电气线路图.dwg"文件。

步骤 02 执行"构造线"命令（XL），根据命令行提示，选择"水平(H)"选项，在视图窗口中绘制一条水平构造线。

步骤 03 执行"偏移"命令（O），将绘制的构造线从上至下依次偏移 20mm、30mm、25mm、60mm、20mm，如图 5-2 所示。

步骤 04 执行"构造线"命令（XL），根据命令行提示，选择"垂直(V)"选项，在视图窗口中绘制一条垂直构造线。

步骤 05 执行"偏移"命令（O），再将垂直的构造线从左至右依次偏移 70mm、55mm、150mm、30mm，如图 5-3 所示。

图 5-2　绘制水平构造线

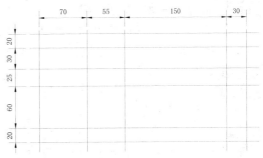

图 5-3　绘制垂直构造线

技巧提示 ★★★☆☆

由于绘制的构造线是无限延长的，这时就应将多余的构造线进行修剪。用户可以执行"矩形"命令（REC），以水平和垂直构造线的左上角和右下角绘制一个矩形，然后执行"修剪"命令（TR），将矩形以外的构造线进行修剪。

步骤 06 执行"修剪"命令（TR），根据窗式空调电气线路图的需要将多余的线条修剪掉。修剪结果如图 5-4 所示。

图 5-4　修剪结果

2．绘制电气元件

1）绘制压缩电动机

步骤 01 执行"插入"命令（I），将"案例\03"文件夹下面的"电动机"插入图形中，如图 5-5 所示。

步骤 02 执行"删除"命令（E），将电动机上方线段删除，如图 5-6 所示。

步骤 03 双击圆内多行文字，将第二行内的 3 修改成 1。结果如图 5-7 所示。

图 5-5 打开的图形　　　　图 5-6 删除线段　　　　图 5-7 压缩电动机效果

步骤 04 执行"写块"命令（W），将绘制好的压缩电动机图形保存为外部块文件，且保存到电气元件符号的章节"案例\03"文件夹里面。

2）绘制风扇电动机

步骤 01 执行"复制"命令（CO），将前面绘制的"压缩电动机"图形复制一份。

步骤 02 执行"缩放"命令（SC），指定圆心为缩放基点，输入比例因子为 0.5，将圆缩小处理。结果如图 5-8 所示。

步骤 03 执行"插入"命令（I），将"案例\03"文件夹下面的"电容"插入图形中。

步骤 04 执行"移动"命令（M）和"缩放"命令（SC），将电容按照合适的比例放置在前面图形的下方，如图 5-9 所示。

步骤 05 执行"直线"命令（L），将上、下图形进行连接。结果如图 5-10 所示。

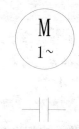
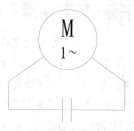

图 5-8 缩小圆　　　　　图 5-9 插入电容　　　　图 5-10 导线连接

步骤 06 执行"写块"命令（W），将绘制好的风扇电动机图形保存为外部块文件，且保存到电气元件符号的章节"案例\03"文件夹里面。

3）绘制四通阀线圈

步骤 01 执行"矩形"命令（REC），绘制 17mm×11mm 的矩形，如图 5-11 所示。

步骤 02 执行"插入"命令（I），将"案例\03"文件夹下面的"电感器"插入图形中。

步骤 03 执行"移动"命令（M），将电感器放置在矩形的内部，如图 5-12 所示。

步骤 04 执行"直线"命令（L），捕捉电感器两边端点，分别向两边绘制长为 3mm 的水平线段。结果如图 5-13 所示。

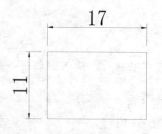
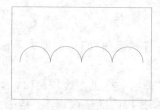
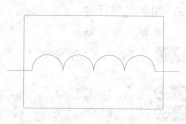

图 5-11 绘制矩形　　　　图 5-12 放置电感器　　　　图 5-13 绘制线段

步骤 05 执行"写块"命令（W），将绘制好的四通阀线圈图形保存为外部块文件，且保存到电气元件符号的章节"案例\03"文件夹里面。

4）绘制除霜温控器

步骤 01 执行"插入"命令（I），将"案例\03"文件夹下面的"动断常闭触点"插入图形中，如图 5-14 所示。

步骤 02 执行"旋转"命令（RO），捕捉动断常闭触点下方端点以其为基点旋转 90°，如图 5-15 所示。

步骤 03 执行"直线"命令（L），设置线型为 ISO03W100，捕捉动断常闭触点中间斜线中点以其为基点垂直向上绘制一条长度为 4mm 的线段，如图 5-16 所示。

图 5-14　动断常闭触点　　　　　图 5-15　旋转图形　　　　　图 5-16　绘制线段

步骤 04 执行"插入"命令（I），将"案例\03"文件夹下面的"热继电器"插入图形中，如图 5-17 所示。

步骤 05 执行"删除"命令（E），将热继电器除中间图形以外的线段进行删除，如图 5-18 所示。

步骤 06 执行"旋转"命令（RO），将上一步图形以下方端点为基点旋转 90°，如图 5-19 所示。

图 5-17　热继电器符号　　　　　图 5-18　删除线段　　　　　图 5-19　旋转图形

步骤 07 执行"移动"命令（M），将旋转后的图形与前面步骤 3 的图形进行组合。结果如图 5-20 所示。

步骤 08 执行"矩形"命令（REC），绘制 23mm×19mm 的矩形，如图 5-21 所示。

图 5-20　组合图形　　　　　　　图 5-21　绘制矩形

步骤 09 执行"写块"命令（W），将绘制好的除霜温控器图形保存为外部块文件，且保存到电气元件符号的章节"案例\03"文件夹里面。

5）绘制接地板

步骤 01 执行"直线"命令（L），首先绘制长为 8mm 的水平线段，然后捕捉其中点为起点向上绘制一条高为 4mm 的垂直线段，如图 5-22 所示。

步骤 02 执行"直线"命令（L），在图形下侧绘制斜线，如图 5-23 所示。

步骤 03 执行"复制"命令（CO），将斜线水平向右进行复制。结果如图 5-24 所示。

图 5-22 绘制线段   图 5-23 绘制斜线   图 5-24 复制斜线

步骤 04 执行"写块"命令（W），将绘制好的接地板图形保存为外部块文件，且保存到电气元件符号的章节"案例\03"文件夹里面。

6）绘制继电器

步骤 01 执行"矩形"命令（REC），绘制 30mm × 20mm 的矩形，如图 5-25 所示。

步骤 02 执行"插入"命令（I），将"案例\03"文件夹下面的"单极开关"和"电感器"插入图形中，如图 5-26 和图 5-27 所示。

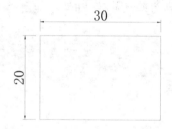

图 5-25 绘制矩形   图 5-26 单极开关   图 5-27 电感器

步骤 03 执行"旋转"命令（RO），捕捉电感器左边端点以其为基点旋转 90°，如图 5-28 所示。

步骤 04 执行"移动"命令（M），将电感器和单极开关移动到矩形内部，如图 5-29 所示。

步骤 05 执行"直线"命令（L），首先以电感器两端点为起点，分别绘制长为 5mm 的垂直线段，然后执行"分解"命令（X），将单极开关进行分解打散操作，并将上、下垂直线拉长。结果如图 5-30 所示。

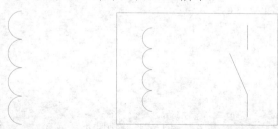
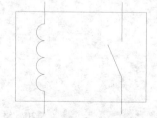

图 5-28 旋转图形   图 5-29 移动图形   图 5-30 绘制线段

步骤 06 执行"写块"命令（W），将绘制好的继电器图形保存为外部块文件，且保存到电气元件符号的章节"案例\03"文件夹里面。

7）绘制四口接线端子

步骤 01 执行"矩形"命令（REC），绘制 10mm×40mm 的矩形；再执行"分解"命令（X），将矩形分解为四条线段，如图 5-31 所示。

步骤 02 执行"偏移"命令（O），将线段 1 垂直向下依次偏移 10mm、10mm、10mm。结果如图 5-32 所示。

步骤 03 执行"单行文字"命令（DT），设置字高为 7mm，在偏移后的 4 个框内分别输入数字。效果如图 5-33 所示。

图 5-31　绘制矩形

图 5-32　偏移线段

图 5-33　输入文字

步骤 04 执行"写块"命令（W），将绘制好的四口接线端子图形保存为外部块文件，且保存到电气元件符号的章节"案例\03"文件夹里面。

8）绘制三口接线端子

步骤 01 执行"矩形"命令（REC），绘制 10mm×45mm 的矩形；再执行"分解"命令（X），将矩形进行分解操作，如图 5-34 所示。

步骤 02 执行"偏移"命令（O），将线段按照如图 5-35 所示进行偏移。

步骤 03 执行"单行文字"命令（DT），设置字高为 8mm，在偏移后的 3 个框内分别输入文字。效果如图 5-36 所示。

图 5-34　绘制矩形

图 5-35　偏移线段

图 5-36　输入文字

步骤 04 执行"写块"命令（W），将绘制好的三口接线端子图形保存为外部块文件，且保存到电气元件符号的章节"案例\03"文件夹里面。

9）插入电气元件符号

执行"插入"命令（I），将"案例\03"文件夹下面的"动断常闭触点"和"电容"插入图形中，如图 5-37 所示。

（a） 动断常闭触点　　　　　　　　　　　（b）　电容

图 5-37　插入元件

3. 组合图形

步骤 01 执行"移动"命令（M）、"复制"命令（CO）和"旋转"命令（RO），将各元件符号移动至线路相应位置；再执行"修剪"命令（TR），将多余的线条修剪掉，如图 5-38 所示。

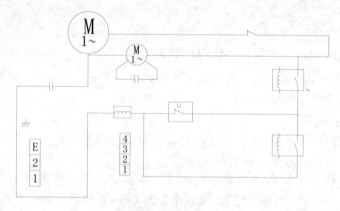

图 5-38　放置元件

步骤 02 执行"直线"命令（L），绘制连接导线。效果如图 5-39 所示。

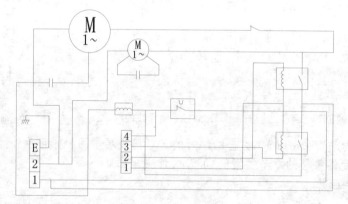

图 5-39　连接导线

步骤 03 执行"倒角"命令（CHA）和"修剪"命令（TR），对图形进行倒角处理并将多余线条删除。效果如图 5-40 所示。

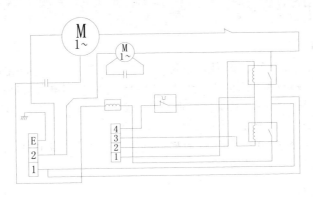

图 5-40　整理图形

步骤 04 执行"单行文字"命令（DT），设置文字高度为 5mm，在图形位置进行文字注释。效果如图 5-41 所示。

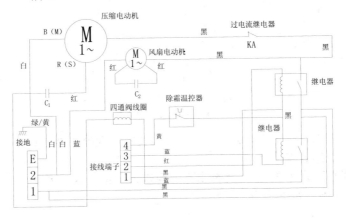

图 5-41　标注文字

步骤 05 至此，窗式空调电气线路图已经绘制完成，按 Ctrl+S 组合键进行保存。

技巧：125　冷暖空调电气线路图

视频：技巧125-冷暖空调电气线路图.avi
案例：冷暖空调电气线路图.dwg

　　技巧概述：图 5-42 所示为华宝牌分体式冷暖空调器电气原理接线图。该图主要由压缩机电动机、风扇电动机、过电流继电器、除霜温控器、四通阀线圈及继电器等组成。

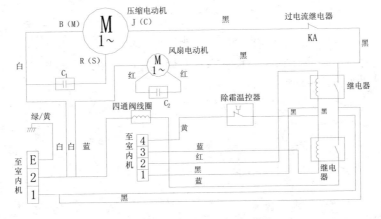

图 5-42　冷暖空调电气线路图

具体绘制步骤如下。

1. 绘制线路结构

步骤 01 正常启动 AutoCAD 2014 软件，系统自动创建一个空白文件，在快速访问工具栏上单击"保存"按钮█，将其保存为"案例\05\冷暖空调电气线路图.dwg"文件。

步骤 02 执行"构造线"命令（XL），根据命令行提示，选择"水平(H)"选项，在视图窗口中绘制一条水平构造线。

步骤 03 执行"偏移"命令（O），将绘制的构造线从上至下依次偏移 30mm、15mm、15mm、15mm、50mm、10mm，如图 5-43 所示。

图 5-43　绘制水平构造线

步骤 04 执行"构造线"命令（XL），根据命令行提示，选择"垂直(V)"选项，在视图窗口中绘制一条垂直构造线。

步骤 05 执行"偏移"命令（O），再将垂直的构造线从左至右依次偏移 35mm、35mm、55mm、150mm、20mm，如图 5-44 所示。

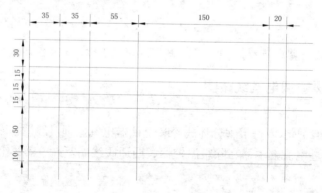

图 5-44　绘制垂直构造线

步骤 06 执行"修剪"命令（TR），根据冷暖空调电气线路图的需要将多余的线条修剪掉。修剪结果如图 5-45 所示。

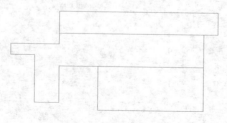

图 5-45　修剪结果

2．绘制电气元件

执行"插入"命令（I），将"案例\03"文件夹下面的动断常闭触点、压缩机电动机、风扇电动机、继电器、除霜温控器、四通阀线圈、接地板、四口接线端子、三口接线端子和电容插入图形中，如图 5-46 所示。

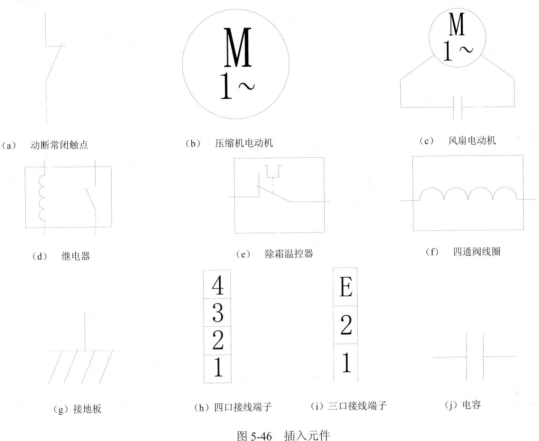

（a） 动断常闭触点　　　　（b） 压缩机电动机　　　　　　（c） 风扇电动机

（d） 继电器　　　　　　　（e） 除霜温控器　　　　　　　（f） 四通阀线圈

（g）接地板　　　　（h）四口接线端子　　（i）三口接线端子　　（j）电容

图 5-46　插入元件

3．组合图形

步骤 01 执行"移动"命令（M），将各元件符号移动至线路相应位置；再执行"修剪"命令（TR），将多余的线条修剪掉，如图 5-47 所示。

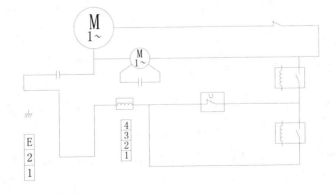

图 5-47　放置元件

步骤 02 执行"直线"命令（L），绘制连接导线。效果如图 5-48 所示。

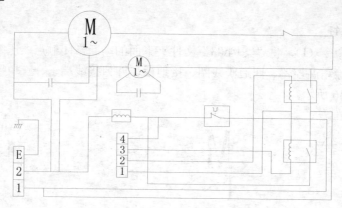

图 5-48 连接导线

步骤 03 执行"修剪"命令（TR），将多余线条删除。效果如图 5-49 所示。

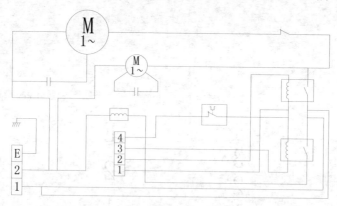

图 5-49 整理图形

步骤 04 执行"矩形"命令（REC），在图内电容处绘制 16mm × 10mm 的矩形。效果如图 5-50 所示。

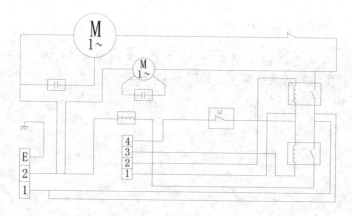

图 5-50 绘制矩形

步骤 05 执行"单行文字"命令（DT），设置文字高度为 5mm，在图形位置进行文字注释。效果如图 5-51 所示。

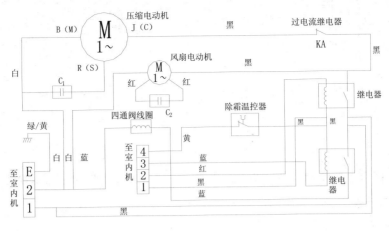

图 5-51　标注文字

步骤 06 至此，冷暖空调电气线路图已经绘制完成，按 Ctrl+S 组合键进行保存。

技巧：126　**电冰箱电气线路图**

视频：技巧126-电冰箱电气线路图.avi
案例：电冰箱电气线路图.dwg

技巧概述：图 5-52 所示为日本松下 NR-143KJ-G 电冰箱电气原理接线图。该图主要由压缩机电动机、启动继电器、过载保护器、温控器、电加热器、化霜电加热器、化霜开关极及定时器等组成。

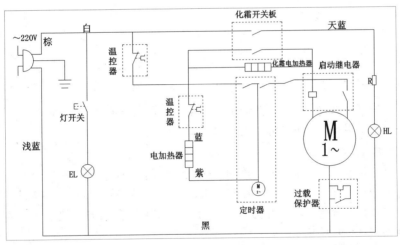

图 5-52　电冰箱电气线路图

具体绘制步骤如下。

1．绘制线路结构

步骤 01 正常启动 AutoCAD 2014 软件，系统自动创建一个空白文件，在快速访问工具栏上单击"保存"按钮 ，将其保存为"案例\05\电冰箱电气线路图.dwg"文件。

步骤 02 执行"矩形"命令（REC），绘制 255mm × 150mm 的矩形；再执行"分解"命令（X），将矩形分解为四条线段，如图 5-53 所示。

步骤 03 执行"偏移"命令（O），将线段 4 从左至右依次偏移 35mm、35mm、150mm，如图 5-54 所示。

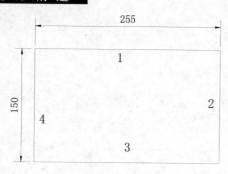

图 5-53 绘制矩形

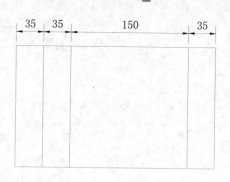

图 5-54 偏移线段

2. 绘制电气元件

1）绘制温控器

步骤 01 执行"插入"命令（I），将"案例\03"文件夹下面的"除霜温控器"插入图形中，如图 5-55 所示。

步骤 02 设置线型为 ISO03W100，将除霜温控器的矩形改为虚线，如图 5-56 所示。

步骤 03 执行"旋转"命令（RO），捕捉上一步图形右边端点以其为基点旋转-90°。结果如图 5-57 所示。

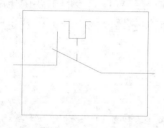

图 5-55 除霜温控器

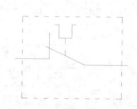

图 5-56 修改线型

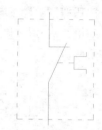

图 5-57 旋转图形

步骤 04 执行"写块"命令（W），将绘制好的温控器图形保存为外部块文件，且保存到电气元件符号的章节"案例\03"文件夹里面。

2）绘制电加热器

步骤 01 执行"矩形"命令（REC），绘制 6mm × 20mm 的矩形，如图 5-58 所示。

步骤 02 执行"分解"命令（X）和"偏移"命令（O），图形绘制结果如图 5-59 所示。

步骤 03 执行"直线"命令（L），捕捉上、下水平线中点，分别向两边绘制长为 5mm 的线段。结果如图 5-60 所示。

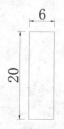

图 5-58 绘制矩形

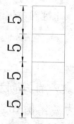

图 5-59 偏移线段

图 5-60 绘制直线

步骤 04 执行"写块"命令（W），将绘制好的电加热器图形保存为外部块文件，且保存到电气元件符号的章节"案例\03"文件夹里面。

3）绘制过载保护器

步骤 01 执行"插入"命令（I），将"案例\03"文件夹下面的"单极开关"插入图形中，如图 5-61 所示。

步骤 02 执行"直线"命令（L），捕捉单极开关中间斜线中点以其为基点水平向右绘制一条长为 5mm 的线段，然后改线型为虚线，如图 5-62 所示。

步骤 03 执行"直线"命令（L），捕捉水平线右端点，向右绘制线段，如图 5-63 所示。

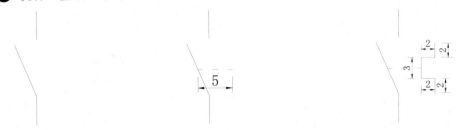

图 5-61　单极开关　　　　　　图 5-62　绘制水平虚线　　　　　　图 5-63　绘制线段

步骤 04 执行"写块"命令（W），将绘制好的过载保护器图形保存为外部块文件，且保存到电气元件符号的章节"案例\03"文件夹里面。

4）插入电气电件符号

执行"插入"命令（I），将"案例\03"文件夹下面的灯、压缩机电动机、电铃、接地一般符号、常开按钮开关、单极开关、电阻及继电器和接触器操作器件插入图形中，如图 5-64 所示。

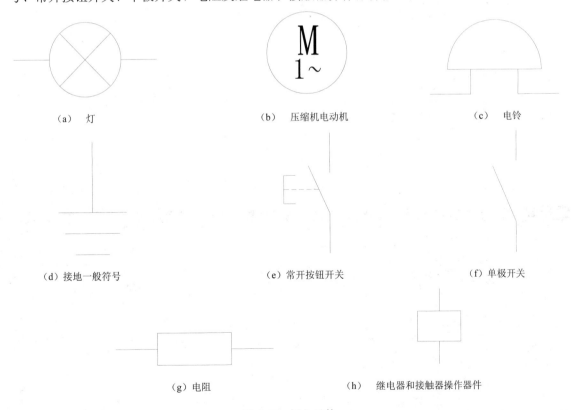

（a）　灯　　　　　　　　（b）　压缩机电动机　　　　　　（c）　电铃

（d）接地一般符号　　　　（e）常开按钮开关　　　　　　（f）单极开关

（g）电阻　　　　　　　（h）　继电器和接触器操作器件

图 5-64　插入元件

3. 组合图形

步骤 01 执行"移动"命令（M）、"复制"命令（CO）和"旋转"命令（RO），将各元件符号移动至线路相应位置；再执行"修剪"命令（TR），将多余的线条修剪掉，如图 5-65 所示。

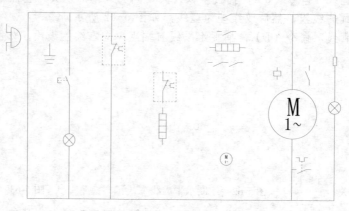

图 5-65　放置元件

步骤 02 执行"直线"命令（L），绘制连接导线，再执行"修剪"命令（TR），将多余线条删除。效果如图 5-66 所示。

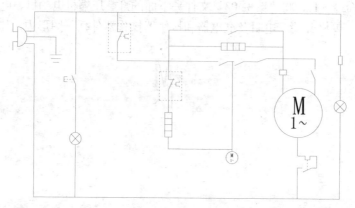

图 5-66　连接导线

步骤 03 执行"矩形"命令（REC），在图形相应位置绘制四个虚线矩形，如图 5-67 所示。

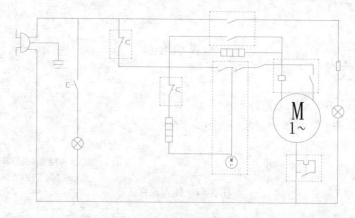

图 5-67　整理图形

步骤 04 执行"单行文字"命令（DT），设置文字高度为 5mm，在图形位置进行文字注释。效果如图 5-68 所示。

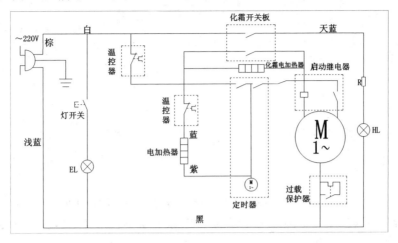

图 5-68　标注文字

步骤 05 至此，电冰箱电气线路图已经绘制完成，按 Ctrl+S 组合键进行保存。

技巧：127　喷淋式洗衣机线路图

视频：技巧127-喷淋式洗衣机线路图.avi
案例：喷淋式洗衣机线路图.dwg

技巧概述：图 5-69 所示为喷淋式双桶洗衣机电气原理接线图。该图主要由洗涤电动机、脱水电动机、洗涤定时器、喷淋定时器、琴键开关等电气元件组成。

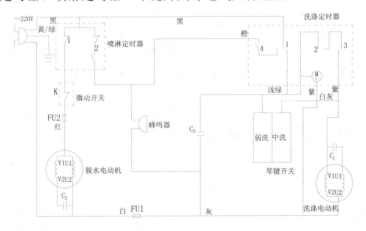

图 5-69　喷淋式洗衣机电气线路图

具体绘制步骤如下。

1. 绘制线路结构

步骤 01 正常启动 AutoCAD 2014 软件，系统自动创建一个空白文件，在快速访问工具栏上单击"保存"按钮![保存]，将其保存为"案例\05\喷淋式洗衣机线路图.dwg"文件。

步骤 02 执行"矩形"命令（REC），绘制 295mm × 190mm 的矩形，如图 5-70 所示。

步骤 03 执行"偏移"命令（O）和"分解"命令（X），将矩形的垂直线从左至右依次偏移 35mm、125mm、100mm，如图 5-71 所示。

图 5-70　绘制矩形

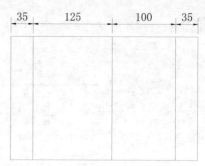

图 5-71　偏移直线

2. 绘制电气元件

1）绘制电动机

步骤 01 执行"圆"命令（C），绘制半径为 18mm 的圆，如图 5-72 所示。

步骤 02 执行"插入"命令（I），将"案例\03"文件夹下面的"电感器"插入图形中，如图 5-73 所示。

步骤 03 通过执行"旋转"命令（RO）、"镜像"命令（MI）和"移动"命令（M），将电感器放置到如图 5-74 所示位置。

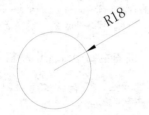

图 5-72　绘制圆

图 5-73　电感器

图 5-74　放置电感器

步骤 04 执行"插入"命令（I），将"案例\03"文件夹下面的"电容"插入图形中，如图 5-75 所示。

步骤 05 执行"移动"命令（M），将插入的电容移动到步骤 3 图形正上方，如图 5-76 所示。

步骤 06 执行"直线"命令（L），绘制连接导线，如图 5-77 所示。

图 5-75　电容

图 5-76　放置电容

图 5-77　直线连接

步骤 07 执行"写块"命令（W），将绘制好的电动机图形保存为外部块文件，且保存到电气元件符号的章节"案例\03"文件夹里面。

2）插入电气元件符号

执行"插入"命令（I），将"案例\03"文件夹里下图电气元件插入图形中，如图 5-78 所示。

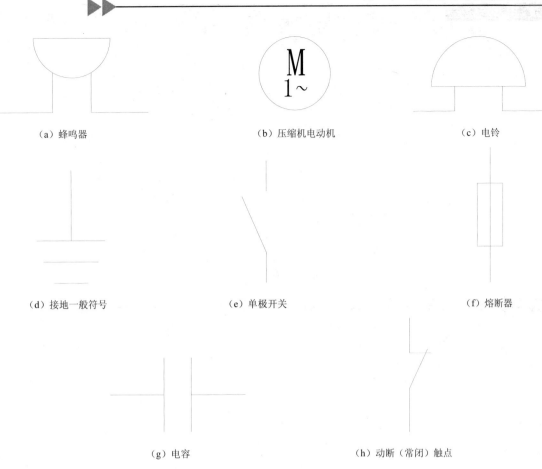

(a) 蜂鸣器　　　　　　　　　　(b) 压缩机电动机　　　　　　　　　(c) 电铃

(d) 接地一般符号　　　　　　　　(e) 单极开关　　　　　　　　　　(f) 熔断器

(g) 电容　　　　　　　　　　　(h) 动断（常闭）触点

图 5-78　插入元件

3. 组合图形

步骤 01　执行"移动"命令（M）、"复制"命令（CO）和"旋转"命令（RO），将各元件符号移动至线路相应位置；再执行"修剪"命令（TR），将多余的线条修剪掉，如图5-79 所示。

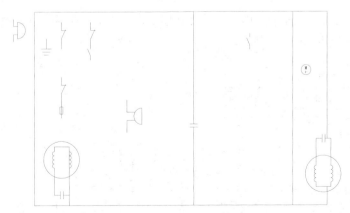

图 5-79　放置元件

步骤 02　执行"直线"命令（L）和"修剪"命令（TR），绘制连接导线，然后将多余线条删除。效果如图 5-80 所示。

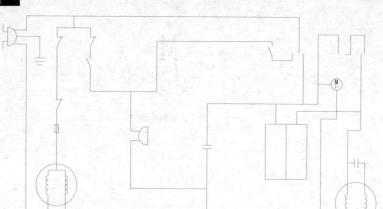

图 5-80　连接导线

步骤 03 执行"矩形"命令（REC），在图形相应位置绘制三个虚线矩形，如图 5-81 所示。

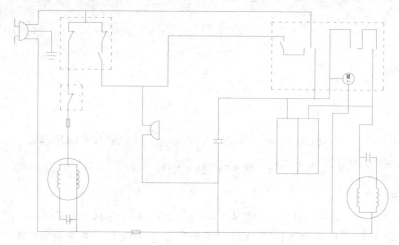

图 5-81　整理图形

步骤 04 执行"单行文字"命令（DT），设置文字高度为 5mm，在图形位置进行文字注释。效果如图 5-82 所示。

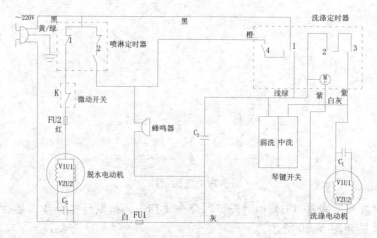

图 5-82　标注文字

步骤 **05** 至此，喷淋式洗衣机电气线路图已经绘制完成，按 Ctrl+S 组合键进行保存。

 技巧：**128**　半自动洗衣机线路图

视频：技巧128-半自动洗衣机线路图.avi
案例：半自动洗衣机线路图.dwg

技巧概述：图 5-83 所示为半自动双桶洗衣机电气原理接线图。该图主要由洗涤电动机、脱水电动机、选择开关、洗涤注水开关、安全开关、洗涤定时器、漂洗脱水定时器等电气元件组成。

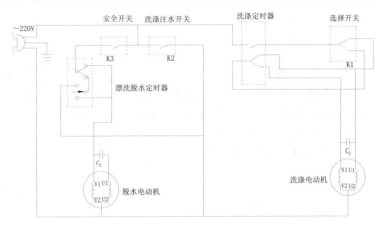

图 5-83　半自动洗衣机电气线路图

具体绘制步骤如下。

1．绘制线路结构

步骤 **01** 正常启动 AutoCAD 2014 软件，系统自动创建一个空白文件，在快速访问工具栏上单击"保存"按钮 ![save]，将其保存为"案例\05\半自动洗衣机线路图.dwg"文件。

步骤 **02** 执行"矩形"命令（REC），绘制 325mm×190mm 的矩形；再执行"分解"命令（X）将矩形打散操作，如图 5-84 所示。

步骤 **03** 执行"偏移"命令（O），将打散操作后的矩形按如图 5-85 所示尺寸进行偏移。

图 5-84　绘制矩形

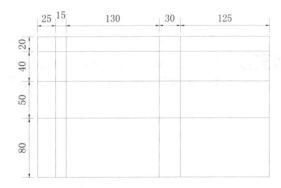

图 5-85　偏移线段

步骤 **04** 执行"修剪"命令（TR），按照半自动洗衣机电气线路图要求将多余线条进行删除，如图 5-86 所示。

步骤 **05** 执行"圆"命令（C），绘制半径为 1.5mm 的圆；再通过执行"复制"命令（CO），将圆以图 5-87 所示距离进行复制。

图 5-86　修剪效果　　　　　　　　　　　图 5-87　绘制圆

步骤 06 执行"多段线"命令（PL），选择"宽度（W）"项，设置起点宽度为 0，终点宽度为 2，捕捉点向左绘制长为 6mm 的箭头多段线，再设置起点、终点都为 0，接着绘制长为 7mm 的线段，如图 5-88 所示。

步骤 07 执行"直线"命令（L），捕捉圆象限点分别向上、下圆引出切线。结果如图 5-89 所示。

步骤 08 执行"直线"命令（L），捕捉相应圆象限点绘制水平线段；再通过"延伸"命令（EX），将切线延长。结果如图 5-90 所示。

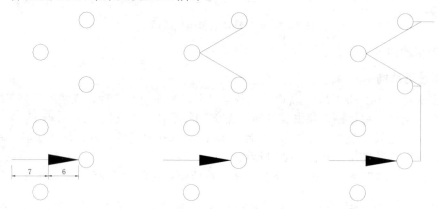

图 5-88　绘制箭头　　　　　图 5-89　绘制线段　　　　图 5-90　绘制、延长线段

步骤 09 执行"移动"命令（M），将上一步绘制好的图形移动到如图 5-91 所示位置，并执行"修剪"命令（TR），将多余线段删除。

图 5-91　移动结果

2. 绘制电气元件

1）绘制选择开关

步骤 01 执行"直线"命令（L），在正交状态下绘制长为 8mm、12mm、8mm 连续的三条水平线段，如图 5-92 所示。

步骤 02 执行"旋转"命令（RO），捕捉中间线段左边端点以其为基点旋转 30°，如图 5-93 所示。

步骤 03 执行"移动"命令（M），将后侧线段移动至旋转线段的右边端点对齐，如图 5-94 所示

图 5-92 绘制线段 　　　　　　　图 5-93 旋转线段 　　　　　　　图 5-94 移动线段

步骤 04 执行"镜像"命令（MI），将后面两线段进行垂直镜像。结果如图 5-95 所示。

步骤 05 选择镜像后的斜线在线型控制栏将其线型改为虚线。结果如图 5-96 所示。

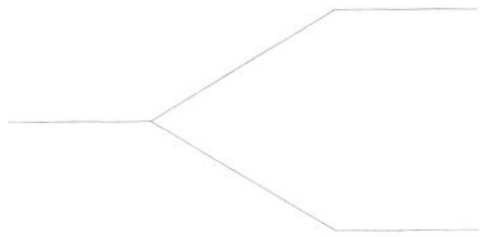

图 5-95 镜像图形 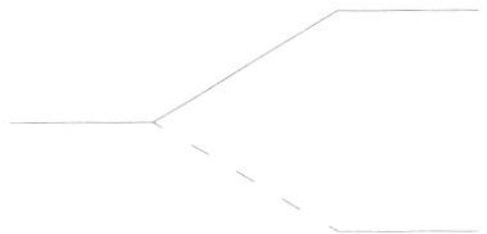　　　　　　　　　　图 5-96 设置线型

步骤 06 执行"写块"命令（W），将绘制好的选择开关图形保存为外部块文件，且保存到电气元件符号的章节"案例\03"文件夹里面。

2）插入电气元件符号

执行"插入"命令（I），将"案例\03"文件夹下面的单极开关、电铃、接地和电动机（用于洗衣机）插入图形中，如图 5-97 所示。

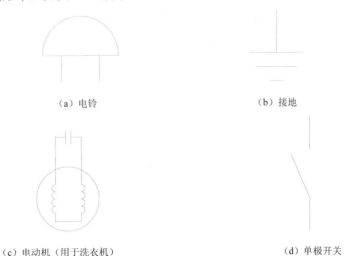

（a）电铃　　　　　　　　　　　　　　　（b）接地

（c）电动机（用于洗衣机）　　　　　　　　（d）单极开关

图 5-97 插入元件

3. 组合图形

步骤 01 执行"移动"命令（M）、"复制"命令（CO）和"旋转"命令（RO），将各元件符号移动至线路相应位置；再执行"修剪"命令（TR），将多余的线条修剪掉，如图

5-98 所示。

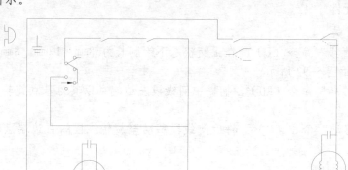

图 5-98　放置元件

步骤 02 执行"直线"命令（L）和"修剪"命令（TR），绘制连接导线，然后将多余线段修剪掉。效果如图 5-99 所示。

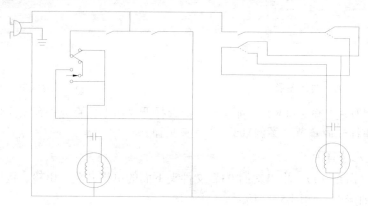

图 5-99　连接导线

步骤 03 执行"矩形"命令（REC），在图形相应位置绘制五个虚线矩形，如图 5-100 所示。

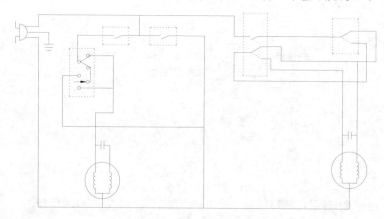

图 5-100　绘制矩形

步骤 04 执行"单行文字"命令（DT），设置文字高度为 5mm，在图形位置进行文字注释。效果如图 5-101 所示。

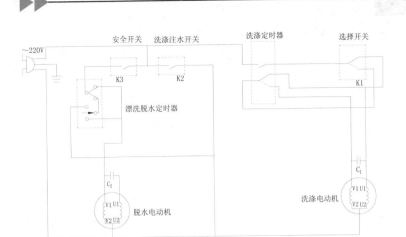

图 5-101　标注文字

步骤 05 至此，半自动洗衣机电气线路图已经绘制完成，按 Ctrl+S 组合键进行保存。

技巧：129 　滚筒式洗衣机线路图

视频：技巧129-滚筒式洗衣机线路图.avi
案例：滚筒式洗衣机线路图.dwg

　　技巧概述：图 5-102 所示为小鸭牌 TEMA831-AutoCAD2014 滚筒式全自动洗衣机电气原理接线图。该图主要是由双速洗涤电机、排水泵电动机、程序控制器、水位继电器、噪声滤清器等电气元件组成。

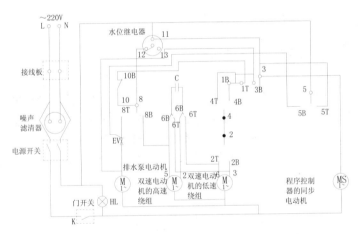

图 5-102　滚筒式洗衣机电气线路图

　　具体绘制步骤如下。

　　1. 绘制线路结构

步骤 01 正常启动 AutoCAD 2014 软件，系统自动创建一个空白文件，在快速访问工具栏上单击"保存"按钮🖫，将其保存为"案例\05\滚筒式洗衣机线路图.dwg"文件。

步骤 02 执行"矩形"命令（REC），绘制 250mm×180mm 的矩形；再执行"分解"命令（X）将矩形打散操作，如图 5-103 所示。

步骤 03 执行"偏移"命令（O），将打散操作后的矩形按如图 5-104 所示尺寸进行偏移。

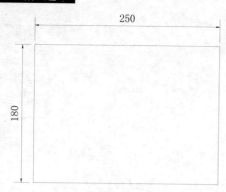

图 5-103 绘制矩形

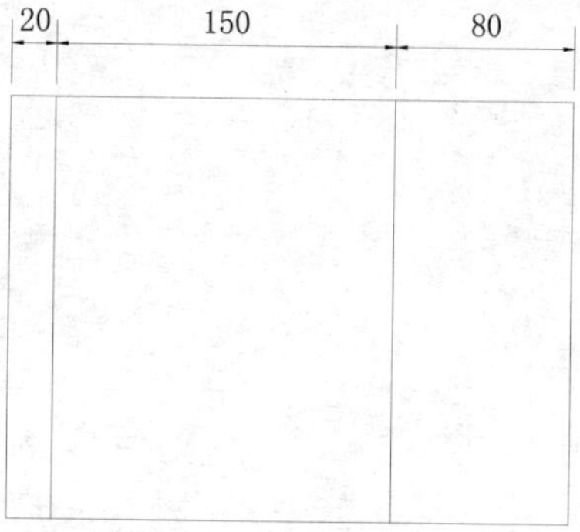

图 5-104 偏移线段

步骤 04 执行 "圆" 命令 (C)，绘制半径为 1.5mm 的圆；再通过执行 "复制" 命令 (CO)，将圆以图 5-105 所示距离进行复制。

步骤 05 执行 "圆" 命令 (C)，以上一步绘制图形中间小圆圆心为起点绘制半径为 9.5mm 的圆，如图 5-106 所示。

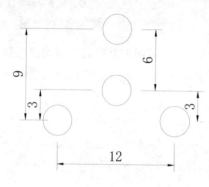

图 5-105 绘制圆

图 5-106 绘制圆

步骤 06 执行 "直线" 命令 (L)，捕捉如下图圆下侧象限点向左边圆引出切线，再通过 "延伸" 命令 (EX)，将切线延长。结果如图 5-107 所示。

步骤 07 执行 "圆" 命令 (C)，绘制半径为 1.5mm 的圆；再通过执行 "复制" 命令 (CO)，将圆以图 5-108 所示距离进行复制。

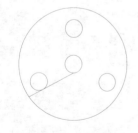

图 5-107 绘制线段

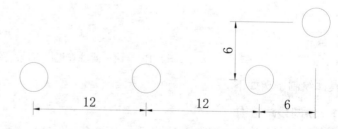

图 5-108 绘制圆

步骤 08 执行 "移动" 命令 (M)，将上一步绘制好的两个图形移动到如图 5-109 所示位置。

图 5-109　移动结果

2. 绘制电气元件

1) 绘制噪声滤清器

步骤 01 执行"圆"命令（C），绘制半径为 10mm 的圆，如图 5-110 所示。

步骤 02 执行"直线"命令（L），以圆心为起点向上绘制一条长度为 20mm 的垂直线段，如图 5-111 所示。

步骤 03 执行"偏移"命令（O），将上一步骤绘制的垂直线段分别向左和向右偏移 5mm。结果如图 5-112 所示。

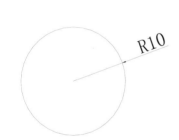

图 5-110　绘制圆

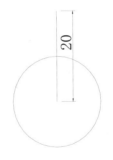

图 5-111　绘制线段

图 5-112　偏移线段

步骤 04 执行"旋转"命令（RO），将左边线段以上端点为基点旋转-30°、右边线段以上端点为基点旋转 30°；再通过执行"删除"命令（E）将中间线段删除。结果如图 5-113 所示。

步骤 05 执行"镜像"命令（MI），将旋转后的两条线段进行垂直镜像。结果如图 5-114 所示。

图 5-113　旋转线段

图 5-114　镜像线段

2）绘制同步电动机

步骤 01 执行"插入"命令（I），将"案例\03"文件夹下面的"压缩电动机"插入图形中，如图 5-115 所示。

步骤 02 双击圆内多行文字，将第一行内的 M 修改成 MS。结果如图 5-116 所示。

图 5-115　压缩电动机

图 5-116　修改文字

步骤 03 执行"写块"命令（W），将绘制好的同步电动机图形保存为外部块文件，且保存到电气元件符号的章节"案例\03"文件夹里面。

3）插入电气元件符号

执行"插入"命令（I），将"案例\03"文件夹内的以下电气元件插入图形中，如图 5-117 所示。

(a) 灯　　　　　　　　　(b) 压缩机电动机　　　　　　(c) 选择开关

(d) 电容　　　　　　　　(e) 单极开关　　　　　　(f) 动断（常闭）触点

图 5-117　插入元件

3. 组合图形

步骤 01 执行"移动"命令（M）、"复制"命令（CO）和"旋转"命令（RO），将各元件符号移动至线路相应位置；再执行"修剪"命令（TR），将多余的线条修剪掉，如图 5-118 所示。

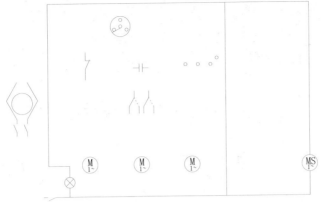

图 5-118　放置元件

步骤 02 执行 "圆" 命令（C）和 "复制" 命令（CO），绘制半径为 1.5mm 的圆，然后将其复制 9 个放置到如图 5-119 所示位置。

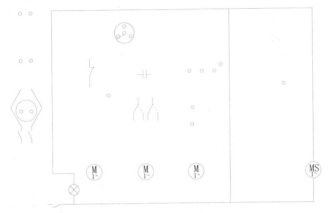

图 5-119　绘制圆

步骤 03 执行 "直线" 命令（L），绘制连接导线，再执行 "修剪" 命令（TR），将图形多余线条删除。效果如图 5-120 所示。

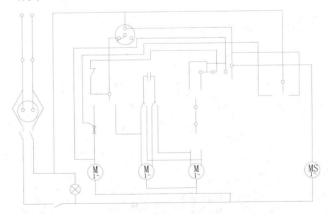

图 5-120　连接导线

步骤 04 执行 "图案填充" 命令（H），填充图案为 SOLID，对下图内的小圆进行填充。效果如图 5-121 所示。

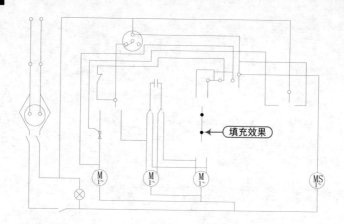

图 5-121 填充图形

步骤 05 执行"矩形"命令（REC），在图形相应位置绘制三个虚线矩形，如图 5-122 所示。

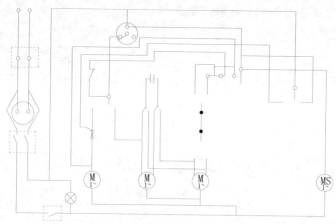

图 5-122 绘制矩形

步骤 06 执行"单行文字"命令（DT），设置文字高度为 5mm，在图形位置进行文字注释。效果如图 5-123 所示。

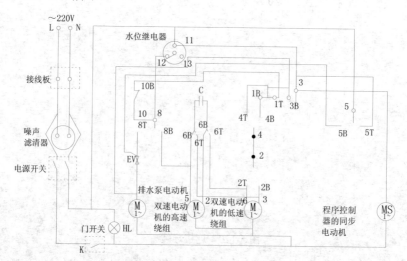

图 5-123 标注文字

步骤 07 至此，滚筒式洗衣机电气线路图已经绘制完成，按 Ctrl+S 组合键进行保存。

技巧：130　自动排风扇线路图

视频：技巧130-自动排风扇线路图.avi
案例：自动排风扇线路图.dwg

技巧概述：图 5-124 所示为卫生间自动排风扇电气线路。该线路主要由电源变换、时基振荡电路和排风扇三部分组成，它适用于卫生间做间歇排风工作。

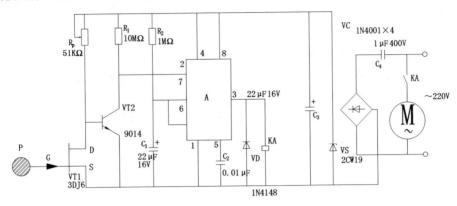

图 5-124　自动排风扇电气线路图

具体绘制步骤如下。

1．绘制线路结构

步骤 01 正常启动 AutoCAD 2014 软件，系统自动创建一个空白文件，在快速访问工具栏上单击"保存"按钮 ，将其保存为"案例\05\自动排风扇线路图.dwg"文件。

步骤 02 执行"矩形"命令（REC），绘制 260mm×150mm 的矩形；再执行"分解"命令（X）将矩形打散操作，如图 5-125 所示。

步骤 03 执行"偏移"命令（O），将打散操作后的矩形按如图 5-126 所示尺寸进行偏移。

图 5-125　绘制矩形

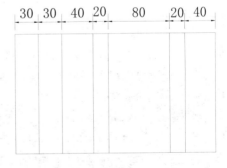

图 5-126　偏移线段

步骤 04 执行"矩形"命令（REC）和"移动"命令（M），绘制矩形，然后将两个矩形按如图 5-127 所示距离进行放置。

步骤 05 执行"旋转"命令（RO）和"修剪"命令（TR），将矩形旋转 45°；然后将多余线段删除，如图 5-128 所示。

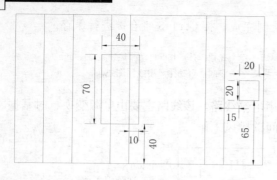

图 5-127　绘制矩形　　　　　　　　　　图 5-128　整理图形

步骤 06 执行"直线"命令（L），绘制连接导线；并执行"修剪"命令（TR），修剪多余线条。结果如图 5-129 所示。

步骤 07 执行"圆"命令（C），绘制半径为 2mm 的圆。结果如图 5-130 所示。

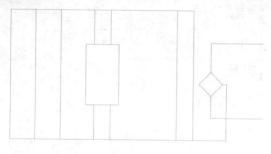
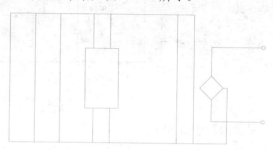

图 5-129　绘制导线　　　　　　　　　　图 5-130　绘制圆

2. 绘制电气元件

1）绘制 N 型沟道结型场效应半导体管

步骤 01 执行"多段线"命令（PL），根据以下命令提示绘制多段线。效果如图 5-131 所示。

命令: PLINE	\\启动命令
指定起点:	\\空白处指定起点
当前线宽为 0.0000	
指定下一个点或 [圆弧(A)/半宽(H)/长度(L)/放弃(U)/宽度(W)]:	\\向右水平绘制 15mm
指定下一点或 [圆弧(A)/闭合(C)/半宽(H)/长度(L)/放弃(U)/宽度(W)]:	\\选择"宽度（W）"选项
指定起点宽度 <0.0000>:	\\输入起点宽度为 5
指定端点宽度 <5.0000>:	\\输入端点宽度为 0
指定下一点或 [圆弧(A)/闭合(C)/半宽(H)/长度(L)/放弃(U)/宽度(W)]:	\\输入箭头长度为 10
指定下一点或 [圆弧(A)/闭合(C)/半宽(H)/长度(L)/放弃(U)/宽度(W)]:	\\选择"宽度（W）"选项
指定起点宽度 <0.0000>:	\\输入起点宽度为 0
指定端点宽度 <5.0000>:	\\输入端点宽度为 0
指定下一点或 [圆弧(A)/闭合(C)/半宽(H)/长度(L)/放弃(U)/宽度(W)]:	\\向右水平绘制 10mm
指定下一点或 [圆弧(A)/闭合(C)/半宽(H)/长度(L)/放弃(U)/宽度(W)]:	\\按 Enter 键结束多线的绘制

步骤 02 执行"直线"命令（L），根据如图 5-132 所示的尺寸绘制直线。

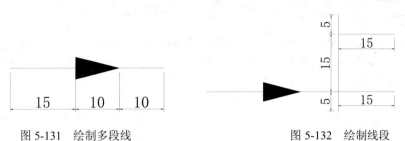

图 5-131　绘制多段线　　　　　　　　　　图 5-132　绘制线段

2）绘制电动机

步骤 01　执行"插入"命令（I），将"案例\03"文件夹下面的"压缩电动机"插入图形中，如图 5-133 所示。

步骤 02　双击圆内多行文字，将第二行内的 1 删除。结果如图 5-134 所示。

图 5-133　压缩电动机　　　　　　　　　　图 5-134　修改文字

3）插入电气元件符号

执行"插入"命令（I），将"案例\03"文件夹下面的相应电气元件插入图形中，如图 5-135 所示。

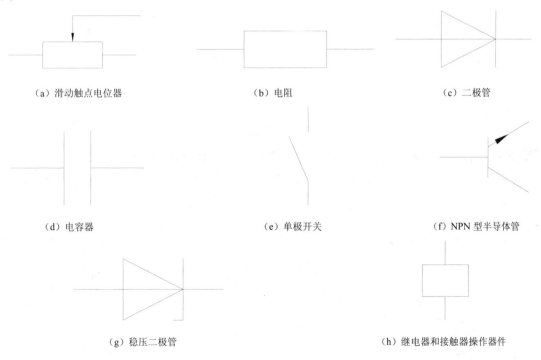

图 5-135　插入元件

3. 组合图形

步骤 01 执行"移动"命令（M）、"复制"命令（CO）和"旋转"命令（RO），将各元件符号移动至线路相应位置；再执行"修剪"命令（TR），将多余的线条修剪掉，如图5-136所示。

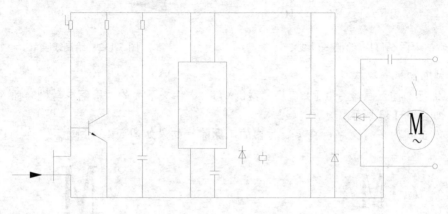

图 5-136 放置元件

步骤 02 执行"直线"命令（L）和"修剪"命令（TR），绘制连接导线并将多余线条删除。效果如图5-137所示。

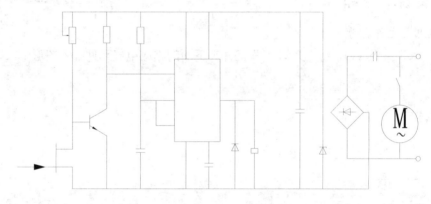

图 5-137 连接导线

步骤 03 执行"圆"命令（C），绘制半径为8mm的圆，如图5-138所示。

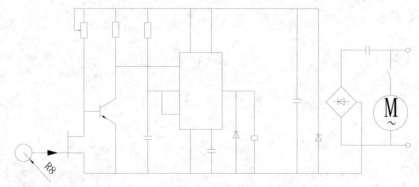

图 5-138 绘制圆

步骤 04 执行"图案填充"命令（H），填充图案为STEEL，比例为0.75。效果如图5-139所示。

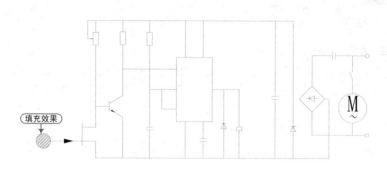

图 5-139　图案填充

步骤 05 执行"单行文字"命令（DT），设置文字高度为 5mm，在图形位置进行文字注释。效果如图 5-140 所示。

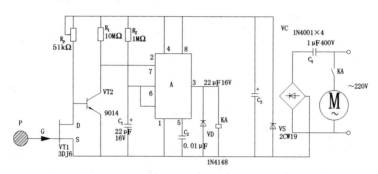

图 5-140　标注文字

步骤 06 至此，自动排风扇电气线路图已经绘制完成，按 Ctrl+S 组合键进行保存。

技巧：131　自动抽油烟机线路图

视频：技巧131-自动抽油烟机线路图.avi
案例：自动抽油烟机线路图.dwg

技巧概述：图 5-141 所示为自动抽油烟机电气线路图。该线路采用 QM-N5 型半导体气敏元件作传感器，它平时在清洁空气中电阻值较高。而一旦接触到油压，其 A、B 两端的阻值迅速降低，致使 R1 两端的电压随之上升。此电压经 A1 比较器，比较结果使输出端 1 由低电平转为高电平，以驱动 VT1 导通并使继电器 K 吸合，接通抽油烟机电动机 M 的电源，将油烟排出窗外。

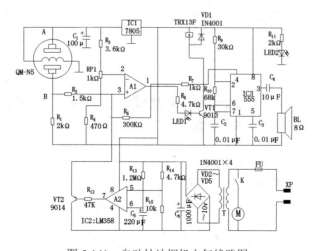

图 5-141　自动抽油烟机电气线路图

具体绘制步骤如下。

1. 绘制线路结构

步骤 01 正常启动 AutoCAD 2014 软件，系统自动创建一个空白文件，在快速访问工具栏上单击"保存"按钮 ，将其保存为"案例\05\自动抽油烟机线路图.dwg"文件。

步骤 02 执行"矩形"命令（REC），绘制 270mm×120mm 的矩形；再执行"分解"命令（X）将矩形打散操作，如图 5-142 所示。

步骤 03 执行"偏移"命令（O），将打散操作后的矩形按如图 5-143 所示尺寸进行偏移。

图 5-142　绘制矩形

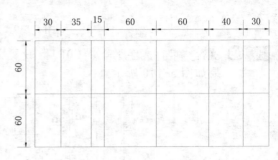

图 5-143　偏移线段

步骤 04 执行"矩形"命令（REC），再如下图位置绘制 215mm×70mm 的矩形；再执行"分解"命令（X）将矩形打散操作，如图 5-144 所示。

步骤 05 执行"偏移"命令（O），将打散操作后的矩形左边线从左至右偏移 50mm、25mm、20mm、20mm、5mm、15mm、10mm、10mm、10mm、10mm。效果如图 5-145 所示。

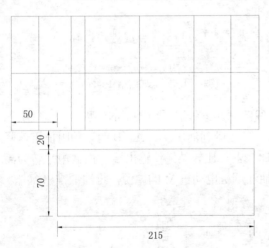

图 5-144　绘制矩形

图 5-145　偏移线段

步骤 06 执行"圆"命令（C），绘制半径为 20mm 的圆，如图 5-146 所示。

步骤 07 执行"插入块"命令（I），将"案例\03"文件夹下的"电感"插入图中。结果如图 5-147 所示。

步骤 08 执行"分解"命令（X），将电感器图形打散操作，再执行"删除"命令（E）将圆弧删除一个。结果如图 5-148 所示。

图 5-146　绘制圆　　　　　　　图 5-147　电感　　　　　　　图 5-148　修改图形

步骤 09 执行 "缩放" 命令（SC），将上一步绘制好的图形放大 2 倍；再执行 "移动" 命令（M），将图形移动到如图 5-149 所示位置。

步骤 10 执行 "矩形" 命令（REC），在图内绘制两个大小分别为 17mm×4mm、7mm×4mm 的矩形，放置在如图 5-150 所示位置。

步骤 11 执行 "镜像" 命令（MI），对上一步绘制的两个矩形进行水平镜像，如图 5-151 所示。

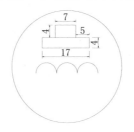

图 5-149　整理图形　　　　　　图 5-150　绘制矩形　　　　　　图 5-151　镜像图形

步骤 12 执行 "移动" 命令（M），将上一步绘制好的图形移动到如图 5-152 所示位置，并执行 "修剪" 命令（TR），将多余线段删除。

步骤 13 执行 "多边形" 命令（POL），根据如下命令提示绘制两个三角形移动到如图 5-153 所示位置，并执行 "修剪" 命令（TR），将多余线段删除。

命令:POLYGON	\\启动命令
输入侧面数 <3>:	\\输入边数 3
指定正多边形的中心点或 [边(E)]:	\\在上图内指定多边形中心点
输入选项 [内接于圆(I)/外切于圆(C)] <I>:	\\选择 "内接于圆（I）" 选项
指定圆的半径:	\\输入多边形半径 15mm

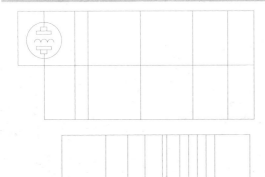
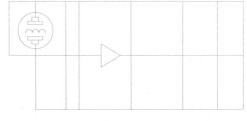

图 5-152　整理图形　　　　　　　　　　图 5-153　绘制三角形

步骤 14 执行 "矩形" 命令（REC），在如图 5-154 所示位置绘制两个矩形，并执行 "修剪" 命令（TR），将多余线段删除。

步骤 15 执行 "多边形" 命令（POL），根据如下命令提示绘制多边形并移动到如图 5-155 所示位置，并执行"修剪"命令（TR），将多余线段删除。

命令:POLYGON	\\启动命令
输入侧面数 <3>:	\\输入边数 4
指定正多边形的中心点或 [边(E)]:	\\在上图内指定多边形中心点
输入选项 [内接于圆(I)/外切于圆(C)] <I>:	\\选择"内接于圆（I）"选项
指定圆的半径:	\\输入多边形半径 13mm

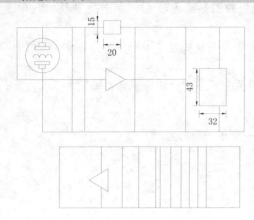

图 5-154　绘制矩形

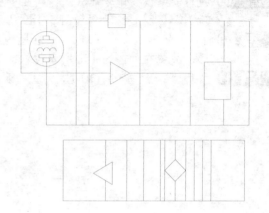

图 5-155　绘制多边形

步骤 16 执行"矩形"命令（REC），绘制 7mm×3.5mm 的矩形；再执行"填充"命令（H），选择样例为 SOLID，对矩形进行填充操作。

步骤 17 执行"移动"命令（M）和"复制"命令（CO），将填充的矩形放置到前面图形相应位置，如图 5-156 所示。

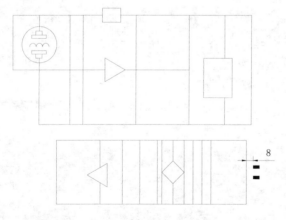

图 5-156　整理图形

2．绘制电气元件

1）绘制抽油烟机

步骤 01 执行"矩形"命令（REC），绘制 8mm×20mm 的矩形，如图 5-157 所示。

步骤 02 执行"直线"命令（L），捕捉矩形右上角端点以其为基点向右绘制一条长度为 10mm 的水平直线，如图 5-158 所示。

步骤 03 执行"旋转"命令（RO），将直线旋转 45°。结果如图 5-159 所示。

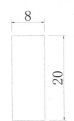

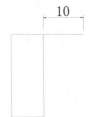

图 5-157　绘制矩形　　　　　　　图 5-158　绘制线段　　　　　　　图 5-159　旋转线段

步骤 04 执行"镜像"命令（MI），将上一步旋转后的线段水平镜像。结果如图 5-160 所示。

步骤 05 执行"直线"命令（L），捕捉两条斜线右边端点进行连接。结果如图 5-161 所示。

图 5-160　镜像线段　　　　　　　　　图 5-161　绘制线段

2）绘制电动机串励绕组

步骤 01 执行"插入"命令（I），将"案例\03"文件夹下面的"电感"插入图形中，如图 5-162 所示。

步骤 02 执行"缩放"命令（SC），指定图形中点为缩放基点，输入比例因子为 2，将图形放大处理，再执行"删除"命令（E）和"分解"命令（X）将图形打散操作后删除一个圆弧。结果如图 5-163 所示。

图 5-162　电感　　　　　　　　　　　图 5-163　整理图形

3）绘制一般电动机

步骤 01 执行"插入"命令（I），将"案例\03"文件夹下面的"压缩电动机"插入图形中，如图 5-164 所示。

步骤 02 双击圆内多行文字，将第二行内的文字删除。结果如图 5-165 所示。

图 5-164　压缩电动机　　　　　　　　图 5-165　修改文字

步骤 03 执行"写块"命令（W），将绘制好的一般电动机图形保存为外部块文件，且保存到电气元件符号的章节"案例\03"文件夹里面。

4）插入电气元件符号

执行"插入"命令（I），将"案例\03"文件夹内以下电气元件插入图形中，如图 5-166 所示。

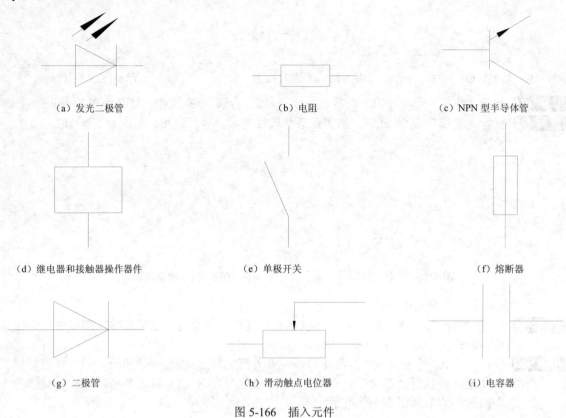

（a）发光二极管　　　　　　　　（b）电阻　　　　　　　　（c）NPN 型半导体管

（d）继电器和接触器操作器件　　　　（e）单极开关　　　　　　　　（f）熔断器

（g）二极管　　　　　　　　（h）滑动触点电位器　　　　　　　　（i）电容器

图 5-166　插入元件

3. 组合图形

步骤 01 执行"移动"命令（M）、"复制"命令（CO）和"旋转"命令（RO），将各元件符号移动至线路相应位置；再执行"修剪"命令（TR），将多余的线条修剪掉，如图 5-167 所示。

步骤 02 执行"直线"命令（L），绘制连接导线，再执行"修剪"命令（TR），将多余线条删除。效果如图 5-168 所示。

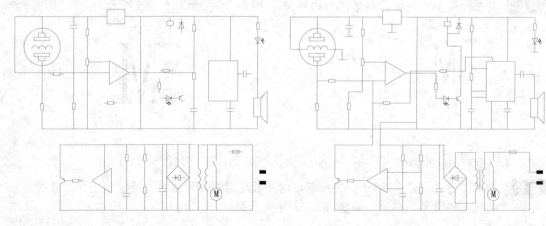

图 5-167　放置元件　　　　　　　　　　　图 5-168　连接导线

步骤 03 执行"单行文字"命令（DT），设置文字高度为 5mm，在图形位置进行文字注释。效果如图 5-169 所示。

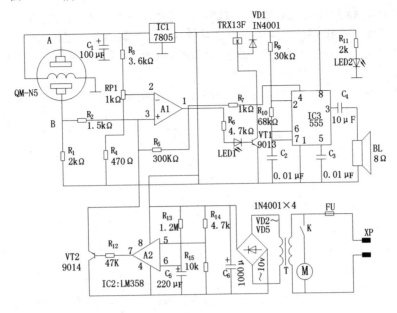

图 5-169　标注文字

步骤 04 至此，自动抽油烟机电气线路图已经绘制完成，按 Ctrl+S 组合键进行保存。

技巧：132 电动剃须刀线路图

视频：技巧132-电动剃须刀线路图.avi
案例：电动剃须刀线路图.dwg

技巧概述：图 5-170 所示为日本松下电动剃须刀电气线路图。该线路采用低频振荡电路产生的振荡电压，经整流滤波后对电池组充电。工作时，一般均用主电池 G1。电源插头 XP 与开关 S 联动，即充电时自动切断电池 G1、G2 对电动机 M 的供电，从而保证充电时不能剃须，以确保人身安全。

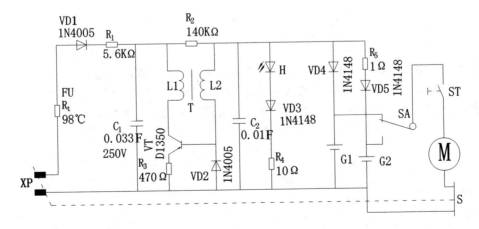

图 5-170　电动剃须刀电气线路图

具体绘制步骤如下。

1. 绘制线路结构

步骤 01 正常启动 AutoCAD 2014 软件，系统自动创建一个空白文件，在快速访问工具栏上单击"保存"按钮 ，将其保存为"案例\05\电动剃须刀线路图.dwg"文件。

步骤 02 执行"矩形"命令（REC），绘制 195mm×90mm 的矩形；再执行"分解"命令（X）将矩形打散操作，如图 5-171 所示。

步骤 03 执行"偏移"命令（O），将打散操作后的矩形按如图 5-172 所示尺寸进行偏移。

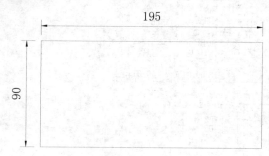

图 5-171 绘制矩形

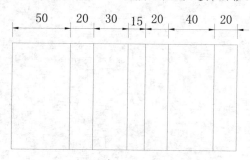

图 5-172 偏移线段

步骤 04 执行"矩形"命令（REC），绘制 7mm×3.5mm 的矩形；再执行"填充"命令（H），选择样例为 SOLID，对矩形进行填充操作。

步骤 05 执行"移动"命令（M）和"复制"命令（CO），将填充的矩形放置到前面图形相应位置，如图 5-173 所示。

步骤 06 执行"直线"命令（L），绘制连接导线；并执行"修剪"命令（TR），修剪多余线条。结果如图 5-174 所示。

图 5-173 绘制矩形

图 5-174 绘制连接导线

步骤 07 执行"偏移"命令（O），将上图右边垂直线向右依次偏移 30mm、20mm，再执行"移动"命令（M）将偏移后的线段垂直向下移动 15mm。结果如图 5-175 所示。

步骤 08 执行"直线"命令（L），绘制连接导线。结果如图 5-176 所示。

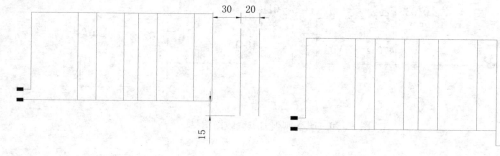

图 5-175 绘制直线

图 5-176 绘制连接导线

步骤 09 执行"直线"命令（L），捕捉右边下方端点向右绘制水平直线，再执行"复制"命令（CO），垂直向上复制水平直线，如图 5-177 所示。

步骤 10 执行"直线"命令（L），连接上一步绘制的水平直线，并分别向上和向下绘制长为 3mm 的垂直线，如图 5-178 所示。

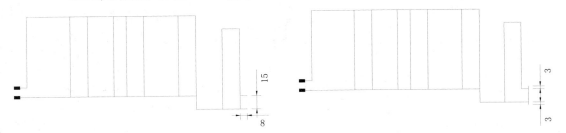

图 5-177　绘制直线　　　　　　　　　　　图 5-178　绘制直线

步骤 11 执行"偏移"命令（O），如图 5-179 所示，将下图直线向下偏移 8mm，并改其线型为虚线；再执行"延伸"命令（EX）将虚线延长至最右边。

步骤 12 执行"直线"命令（L），捕捉虚线左端点为基点垂直向上绘制一长为 25mm 的线段；再执行"旋转"命令（RO），将其旋转 25°，如图 5-180 所示。

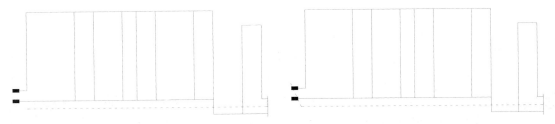

图 5-179　绘制线段　　　　　　　　　　　图 5-180　旋转线段

2. 绘制电气元件

1）绘制蓄电池组

步骤 01 执行"直线"命令（L），绘制两条水平线段，如图 5-181 所示。

步骤 02 执行"直线"命令（L），捕捉上面水平线中点垂直向上绘制一条垂直线段，如图 5-182 所示。

步骤 03 执行"直线"命令（L），捕捉下面水平线中点垂直向下绘制一条垂直线段，结果如图 5-183 所示。

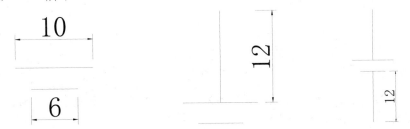

图 5-181　绘制线段　　　　　图 5-182　绘制线段　　　　图 5-183　绘制线段

步骤 04 执行"写块"命令（W），将绘制好的蓄电池组图形保存为外部块文件，且保存到电气元件符号的章节"案例\03"文件夹里面。

2）插入电气元件符号

执行"插入"命令（I），将"案例\03"文件夹下面的电气元件插入图形中，如图 5-184 所示。

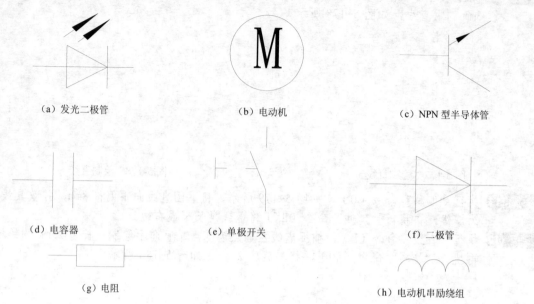

（a）发光二极管　　　　　　（b）电动机　　　　　　（c）NPN 型半导体管

（d）电容器　　　　　　（e）单极开关　　　　　　（f）二极管

（g）电阻　　　　　　　　　　　　　　（h）电动机串励绕组

图 5-184　插入元件

3. 组合图形

步骤 01 执行"移动"命令（M）、"复制"命令（CO）和"旋转"命令（RO），将各元件符号移动至线路相应位置；再执行"修剪"命令（TR），将多余的线条修剪掉，如图 5-185 所示。

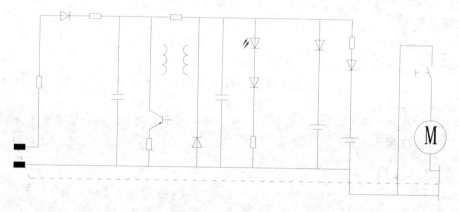

图 5-185　放置元件

步骤 02 执行"圆"命令（C）和"修剪"命令（TR），在图内绘制半径为 2mm 的圆并将多余线条删除。效果如图 5-186 所示。

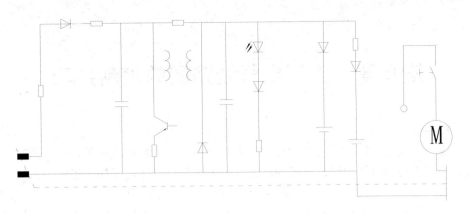

图 5-186　绘制圆

步骤 03 执行"直线"命令（L），绘制连接导线；再执行"修剪"命令（TR）将多余线条删除。效果如图 5-187 所示。

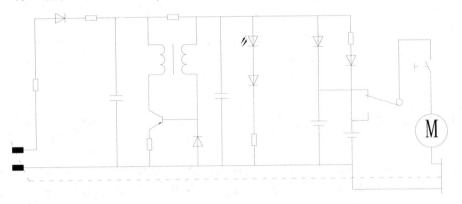

图 5-187　连接导线

步骤 04 执行"单行文字"命令（DT），设置文字高度为 5mm，在图形位置进行文字注释。效果如图 5-188 所示。

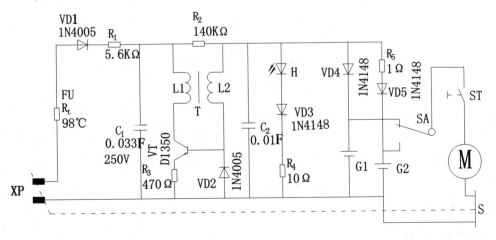

图 5-188　标注文字

步骤 05 至此，电动剃须刀电气线路图已经绘制完成，按 Ctrl+S 组合键进行保存。

第6章 工厂电气线路图的绘制技巧

● **本章导读**

电能是现代工业生产的主要能源和动力。电能既易于由其他形式的能量转换而来，又易于转换为其他形式的能量以供使用；电能的输送的分配既简单经济，又便于控制、调节和测量，有利于实现生产过程自动化。因此，电能在现代工业生产及整个国民经济生活中使用极为广泛。

在本章中，通过 AutoCAD 2014 软件，来绘制一些典型的工厂电气线路图，包括电动机控制线路图、发电机电路图、自动短接线路图、三相四线发电机线路图等。

● **本章内容**

电动机点动控制线路图	汽车发电机稳压电路图	三相四线发电机电气线路图
电动机可逆运行控制线路图	发电机异步启动电气线路图	发电机并列法电气线路图
炭阻调压控制屏线路图	电动机改作发电机的线路图	并励励磁发电机电气线路图
发电机控制箱电气线路图	电抗降压启动自动短接线路图	

技巧：133 **电动机点动控制线路图** 视频：技巧133-电动机点动控制线路图.avi
案例：电动机点动控制线路图.dwg

技巧概述： 电动机点动控制线路常用于电动葫芦和车床拖板的快速短暂移动，如图 6-1 所示为点动控制线路。该线路由隔离开关 QS、熔断器 FU1 和交流接触器 KM 组成，熔断器 FU2、按钮 SB 及接触器线圈组成控制线路。电动机工作时，首先接通开关 QS，按下按钮 SB，这时接触器线圈 KM 得电动作，KM 的主触点闭合，电动机通电运转。停止时，松开 SB、KM 线圈断电，KM 主触点断开，电动机断电停止运转。

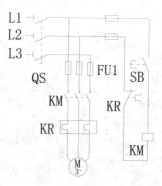

图 6-1　电动机点动控制线路

具体绘制步骤如下。

1. 绘制电气元件

1）绘制隔离开关

步骤 01 正常启动 AutoCAD 2014 软件，系统自动创建一个空白文件，在快速访问工具栏上单击"保存"按钮 ▣ ，将其保存为"案例\06\电动机点动控制线路图.dwg"文件。

步骤 02 执行 "插入" 命令 （I），将 "案例\03" 文件夹下面的 "多极开关" 插入图形中，如图 6-2 所示。

步骤 03 执行 "直线" 命令 （L），分别在图形中相应位置绘制长均为 3mm 的水平线段，如图 6-3 所示。

图 6-2 插入的图形   图 6-3 绘制直线

步骤 04 执行 "写块" 命令 （W），将绘制好的隔离开关图形保存为外部块文件，且保存到电气元件符号的章节 "案例\03" 文件夹里面。

2）绘制二极热断电器的驱动元件

步骤 01 执行 "矩形" 命令 （REC），绘制 3mm × 3mm 的矩形，如图 6-4 所示。

步骤 02 执行 "分解" 命令 （X），将矩形打散操作，再执行 "删除" 命令 （E），将图形多余线段删除，如图 6-5 所示。

步骤 03 执行 "复制" 命令 （CO），将图形水平向右复制一个，如图 6-6 所示。

图 6-4 绘制矩形   图 6-5 删除线段   图 6-6 复制图形

步骤 04 执行 "偏移" 命令 （O），将图形按照如图 6-7 所示尺寸进行偏移。

步骤 05 执行 "倒角" 命令 （CHA）和 "延伸" 命令，对偏移出来的线段进行倒角和延伸。最终效果如图 6-8 所示。

图 6-7 偏移图形   图 6-8 倒角、延伸

步骤 06 执行 "直线" 命令 （L），在如图 6-9 所示的位置分别绘制 10mm 的垂直线段。

步骤 07 执行 "直线" 命令 （L），捕捉图形上下水平线段中点以其为基点分别向上和向下绘制 8mm 的垂直线段，然后将两条垂直线段连接，如图 6-10 所示。

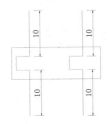
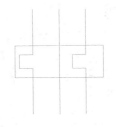

图 6-9 绘制直线   图 6-10 绘制直线

步骤 **08** 执行"写块"命令（W），将绘制好的二极热断电器的驱动元件图形保存为外部块文件，且保存到电气元件符号的章节"案例\03"文件夹里面。

3）绘制接触器

步骤 **01** 执行"插入"命令（I），将"案例\03"文件夹下面的"多极开关"插入图形中，如图 6-11 所示。

步骤 **02** 执行"圆弧"命令（A），在图形中相应位置绘制圆弧，再执行"复制"命令（CO），将圆弧复制两个，放置在如图 6-12 所示的位置。

图 6-11 插入图形   图 6-12 绘制圆弧

步骤 **03** 执行"写块"命令（W），将绘制好的三极接触器图形保存为外部块文件，且保存到电气元件符号的章节"案例\03"文件夹里面。

4）插入电气元件

执行"插入"命令（I），将"案例\03"文件夹内以下电气元件插入图形中，如图 6-13 所示。

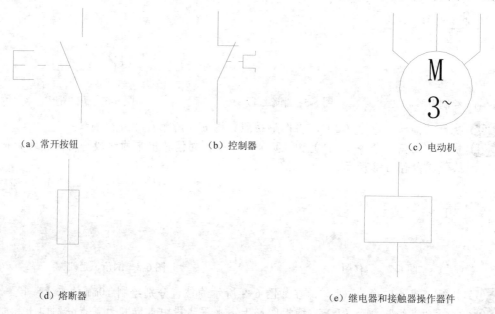

（a）常开按钮   （b）控制器   （c）电动机

（d）熔断器   （e）继电器和接触器操作器件

图 6-13 插入元件

2. 组合图形

步骤 **01** 通过执行移动、复制、旋转、缩放、镜像等命令将各元件符号放置相应位置，并以直线将图形进行连接。结果如图 6-14 所示。

步骤 **02** 执行"单行文字"命令（DT），设置文字高度为 2.5mm，在图形位置进行文字注释。结果如图 6-15 所示。

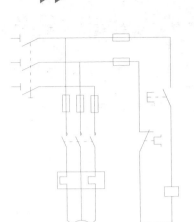

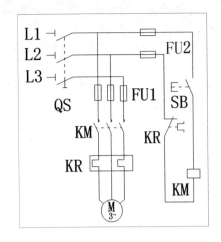

图 6-14　连接图形　　　　　　　　　　　图 6-15　标注文字

步骤 03 至此，电动机点动控制线路图已经绘制完成，按 Ctrl+S 组合键进行保存。

技巧：134　电动机可逆运行控制线路图

视频：技巧 134-电动机可逆运行控制线路图.avi
案例：电动机可逆运行控制线路图.dwg

技巧概述： 在实际生产中很多生产机械和设备的电动机都要求具有正、反转，例如机床工作台的前进、后退，起重机的上升、下降等。要达到这个要求很容易，只需将电源或电动机的相序任意调换两相即可。在控制线路中两根相线的交换是由两个交流接触器来完成的。所以，可逆运行控制线路实质上是两个方向相反的单向运行的电路。但为了避免误操作而引起的相间短路，在这两个方向相反的单向运行电路中加设了锁住对方的联锁，提高了控制线路的安全性、可靠性。图 6-16 所示为电动机可逆运行控制线路。

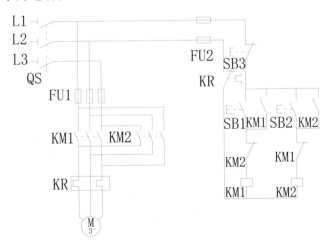

图 6-16　电动机可逆运行控制线路

具体绘制步骤如下。

1．绘制电气元件

1）绘制动断常闭按钮

步骤 01 正常启动 AutoCAD 2014 软件，系统自动创建一个空白文件，在快速访问工具栏上单击"保存"按钮，将其保存为"案例\06\电动机可逆运行控制线路图.dwg"文件。

步骤 **02** 执行"插入"命令（I），将"案例\03"文件夹下面的"动断常闭触点"插入图形中，如图 6-17 所示。

步骤 **03** 执行"直线"命令（L），捕捉斜线中点水平向左绘制一条长为 10mm 的线段并将其改为虚线，如图 6-18 所示。

步骤 **04** 执行"直线"命令（L），按照如图 6-19 所示的尺寸绘制线段。

图 6-17　插入的图形　　　　　图 6-18　绘制虚线　　　　　图 6-19　绘制直线

步骤 **05** 执行"写块"命令（W），将绘制好的动断常闭按钮图形保存为外部块文件，且保存到电气元件符号的章节"案例\03"文件夹里面。

2）插入电气元件

执行"插入"命令（I），将"案例\03"文件夹内以下电气元件插入图形中，如图 6-20 所示。

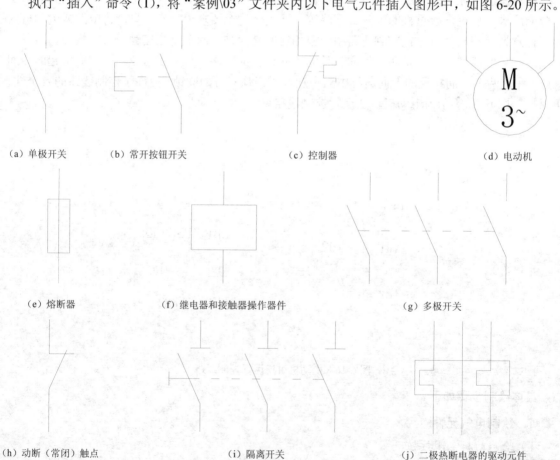

（a）单极开关　　　（b）常开按钮开关　　　　　（c）控制器　　　　　　（d）电动机

（e）熔断器　　　　（f）继电器和接触器操作器件　　　　　（g）多极开关

（h）动断（常闭）触点　　　　（i）隔离开关　　　　（j）二极热断电器的驱动元件

图 6-20　插入图形

2．组合图形

步骤 01 通过执行移动、复制、旋转、缩放、镜像等命令将各元件符号放置相应位置，并以直线将图形进行连接。结果如图 6-21 所示。

步骤 02 执行"单行文字"命令（DT），设置文字高度为 2.5mm，在图形位置进行文字注释。结果如图 6-22 所示。

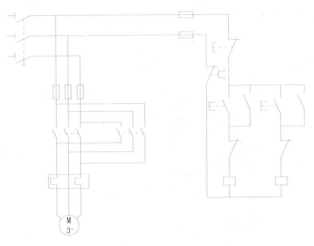

图 6-21　连接图形

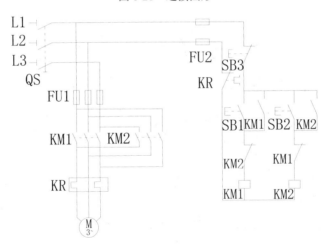

图 6-22　标注文字

步骤 03 至此，电动机可逆运行控制线路已经绘制完成，按 Ctrl+S 组合键进行保存。

技巧：135 炭阻调压控制屏线路图

视频：技巧 135-炭阻调压控制屏线路图.avi
案例：炭阻调压控制屏线路图.dwg

技巧概述： 图 6-23 所示为炭阻调压控制屏电气线路。该线路中配置了炭阻自动电压调节器来自动调节发电机端电压，当同步发电机在运行中因负载增加或负载功率因数下降时，其输出的端电压即会随之降低；而当发电机的负载减小或负载功率因数提高时，则发电机端电压便会升高。这时炭阻自动电压调压器将自动控制炭片柱电阻值的减小或增加。从而使直流励磁机的励磁电流增大或减小，以达到控制同步发电机端电压的增减，确保发电机输出电压的质量。

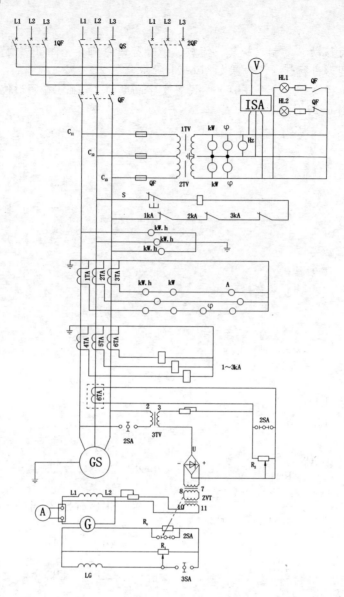

图 6-23　炭阻调压控制屏电气线路

具体绘制步骤如下。

1．绘制线路结构

1）设置绘图环境

步骤 01 正常启动 AutoCAD 2014 软件，系统自动创建一个空白文件，在快速访问工具栏上单击"保存"按钮 🖫 ，将其保存为"案例\06\炭阻调压控制屏线路图.dwg"文件。

步骤 02 执行"图层管理器"命令（LA），在文件中新建"主回路层"、"指示回路层"、"电压测量回路层"、"电流测量回路层"、"启动回路层"和"文字说明层"6 个图层，并将"主回路层"置为当前层，各图层属性设置如图 6-24 所示。

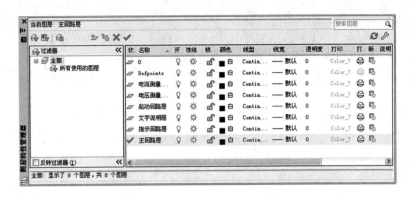

图 6-24　设置图层

2）绘制主回路

步骤 01 将"主回路层"置为当前层，执行"插入"命令（I），将"案例\03"文件夹下面的"隔离开关"、"三相断路器"、"接地"和"炭阻机"插入图形中，如图 6-25 所示。

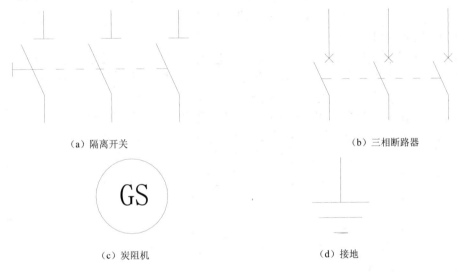

（a）隔离开关　　　　　　　　　　　　　　（b）三相断路器

（c）炭阻机　　　　　　　　　　　　　　（d）接地

图 6-25　插入图形

步骤 02 通过移动、旋转、直线命令，将元件放置在相应位置，如图 6-26 所示。

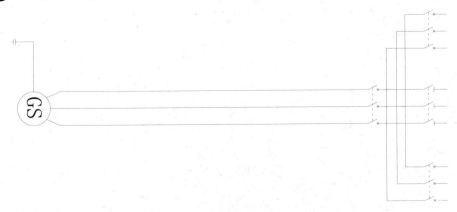

图 6-26　放置元件

提示： 由于页面篇幅原因，此图为旋转-90°的效果。

步骤 03 执行"圆"命令（C），绘制半径为 1mm 的圆，再执行"图案填充"命令（H），填充图案为 SOLID，对圆进行填充。结果如图 6-27 所示。

图 6-27　主回路

提示： 由于页面篇幅原因，此图为旋转-90°的效果。

3）绘制照明指示回路

步骤 01 将"照明回路层"置为当前层，执行"圆弧"命令（A），绘制直径为 2mm 的半圆弧；再执行"复制"命令（CO），将圆弧垂直向上复制 2 份，再执行"镜像"命令（MI），选择此 3 个圆弧，进行左、右镜像。结果如图 6-28 所示。

步骤 02 执行"复制"命令（CO），将两组圆弧向下复制，如图 6-29 所示。

步骤 03 执行"直线"命令（L），在相应端点处绘制线段，如图 6-30 所示。

图 6-28　绘制圆弧　　　　　　　　图 6-29　镜像图形　　　　　　　　图 6-30　变压器

步骤 04 执行"插入"命令（I），将"案例\03"文件夹下面的"熔断器"、"灯"、"电阻"、"电压表"、"接地"、"单极开关"和"动断（常闭）触点"插入图形中，如图 6-31 所示。

（a）电压表　　　　　　　　　　（b）灯　　　　　　　　　　（c）电阻

图 6-31　插入图形

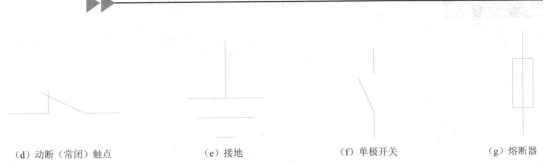

(d) 动断（常闭）触点　　　　　（e) 接地　　　　　（f) 单极开关　　　　　（g) 熔断器

图 6-31　插入图形（续）

步骤 05 执行"矩形"命令（REC），绘制 20mm×10mm 的矩形，如图 6-32 所示。

步骤 06 执行"直线"命令（L），根据如图 6-33 所示绘制线段。

步骤 07 执行"移动"命令（M），将前面插入的电压表与图形组合，再执行"修剪"命令（TR）将多余线段删除，如图 6-34 所示。

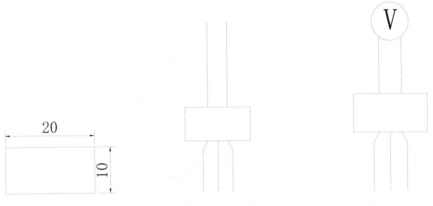

图 6-32　绘制矩形　　　　　图 6-33　绘制线段　　　　　图 6-34　电压互感器

步骤 08 执行"直线"命令（L）和"偏移"命令（O），绘制如图 6-35 所示的三条长度均为 85mm 的水平线段。

步骤 09 执行"直线"命令（L），以水平线段的右边端点为基点绘制一条垂直线段，再将垂直中线按照图 6-36 所示尺寸进行偏移，并拉长相应线段。

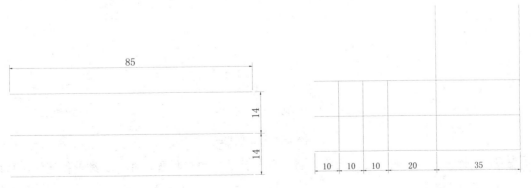

图 6-35　绘制线段　　　　　图 6-36　偏移线段

步骤 10 通过圆、复制、修剪等命令，绘制半径为 3mm 的圆，并复制到相应位置，再将多余线段进行修剪，如图 6-37 所示。

步骤 11 执行"圆"命令（C），绘制半径为 1mm 的圆；再执行"图案填充"命令（H），填充图案为 SOLID，对圆进行填充，如图 6-38 所示。

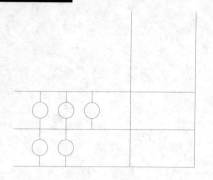

图 6-37　绘制圆

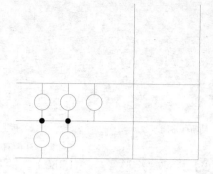

图 6-38　填充圆

步骤 ⑫ 通过旋转、复制、缩放、直线、修剪命令将图形进行组合，结果如图 6-39 所示。

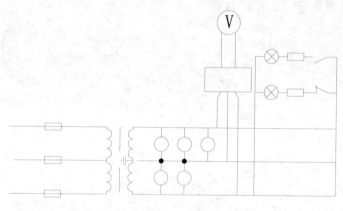

图 6-39　组合图形

4）绘制控制回路

步骤 ① 将"控制回路层"置为当前层，执行"插入"命令（I），将"案例\03"文件下面的"继电器"、"动断（常闭）触点"和"常闭按钮开关"插入图形中，如图 6-40 所示。

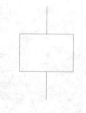

（a）继电器

（b）动断（常闭）触点

（c）常闭按钮开关

图 6-40　插入图形

步骤 ② 通过移动、复制、直线命令，将电气元件放置相应位置，并以直线进行连接，如图 6-41 所示。

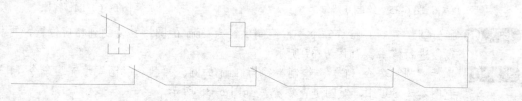

图 6-41　组合图形

5）绘制电流测量回路

 01 将"电流测量回路层"置为当前层，执行"直线"命令（L）和"偏移"命令（O），绘制长为 120mm 的水平线段，且将其向如下尺寸偏移。结果如图 6-42 所示。

 02 执行"圆"命令（C），绘制半径为 2mm 的圆，放置到线段相应位置。结果如图 6-43 所示。

图 6-42　绘制线段

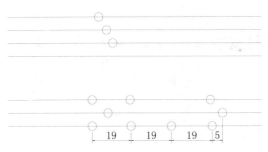

图 6-43　绘制圆

 03 执行"插入"命令（I），将"案例\03"文件夹下面的"电流互感器"和"接地"插入图形中，如图 6-44 所示。

（a）电流互感器

（b）接地

图 6-44　插入图形

 04 通过旋转、缩放、复制、直线、修剪等命令，将此回路图形进行组合，如图 6-45 所示。

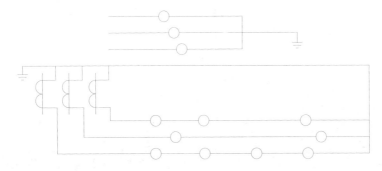

图 6-45　组合图形

6）绘制继电保护回路

继电保护回路中的元件前面回路中已经有了，只需复制到此回路中即可调用。

 01 执行"复制"命令（CO），将电流测量回路中的"电流互感器"、"接地"组合复制出 1 份，如图 6-46 所示。

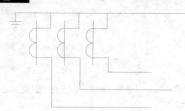

图 6-46　复制图形

步骤 02 执行"复制"命令（CO），将前面控制回路中的继电器复制到此回路中，并以直线与上一步图形进行连接，如图 6-47 所示，最后将连接后的所有图形转换为"继电保护回路层"，完成此回路的绘制。

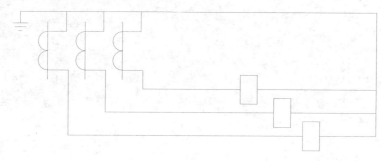

图 6-47　组合图形

1．绘制启动回路

步骤 01 执行"直线"命令（L），绘制一条长为 140mm 的水平线，再执行"偏移"命令（O），将线段按照如下尺寸进行偏移，如图 6-48 所示。

步骤 02 执行"直线"命令（L），绘制一条垂直线段，再执行"偏移"命令（O），将线段按照如下尺寸进行偏移，如图 6-49 所示。

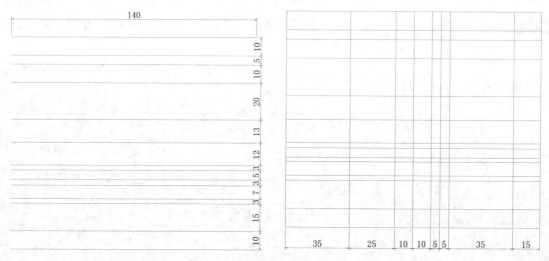

图 6-48　绘制线段　　　　　　　　　　图 6-49　绘制线段

步骤 03 执行"修剪"命令（TR）和"直线"命令（L），对上图进行修剪与整理。结果如图 6-50 所示。

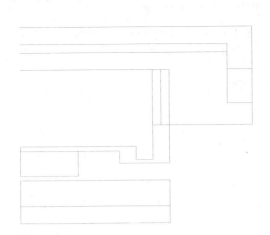

图 6-50　修剪线段

步骤 04 执行"插入"命令（I），将"案例\03"文件夹下面的"发电机"插入图形中，如图 6-51 所示。

步骤 05 双击圆内单行文字，把 GS 修改为 G，如图 6-52 所示。

图 6-51　插入元件

图 6-52　旋转发电机

步骤 06 执行"圆"命令（C），绘制半径为 1mm 的圆，将圆以图 6-53 所示距离进行复制。

步骤 07 执行"直线"命令（L），按照如下图形尺寸绘制线段，如图 6-54 所示。

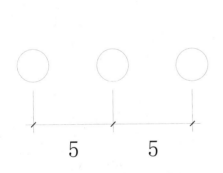

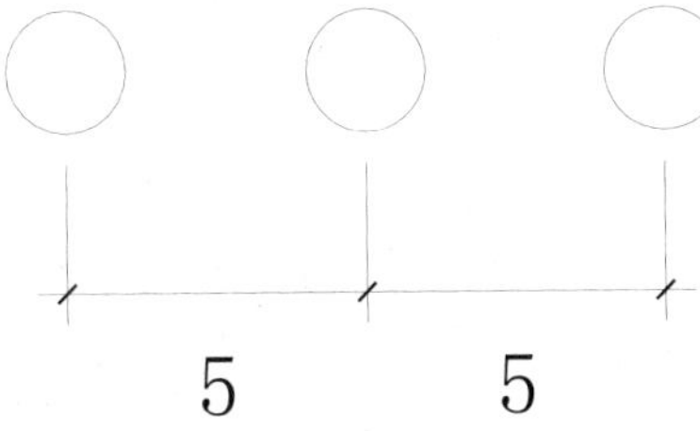

图 6-53　绘制圆

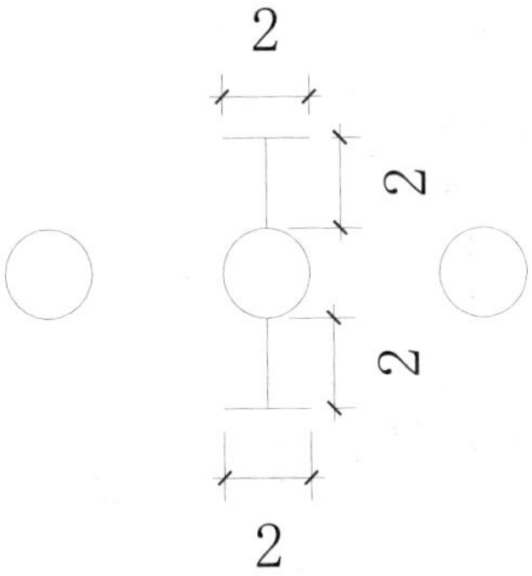

图 6-54　绘制线段

步骤 08 执行"复制"命令（CO），将上一步图复制一份，如图 6-55 所示。

步骤 09 执行"旋转"命令（RO），选择中间部分旋转 90°，如图 6-56 所示。

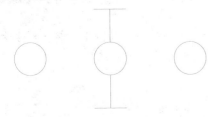

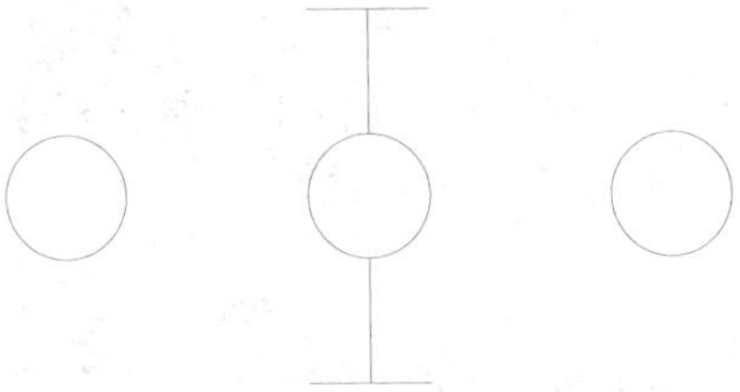

图 6-55　复制图形

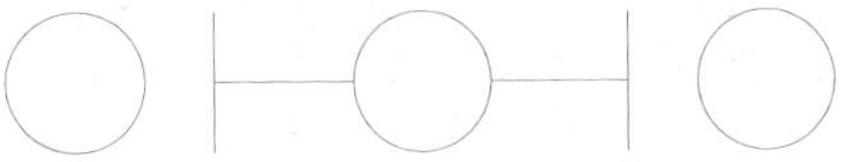

图 6-56　旋转图形

步骤 ⑩ 执行"移动"命令（M），将上一步绘制好的两个图形移动到如图 6-57 所示位置，再执行"修剪"命令（TR）将多余线段删除。

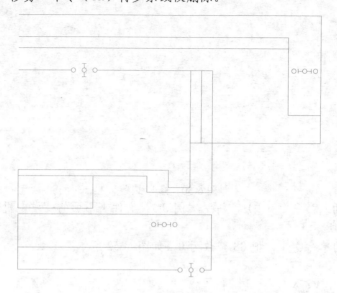

图 6-57　移动结果

步骤 ⑪ 执行"插入"命令（I），将"案例\03"文件夹下面的以下电气元件插入图形中，如图 6-58 所示。

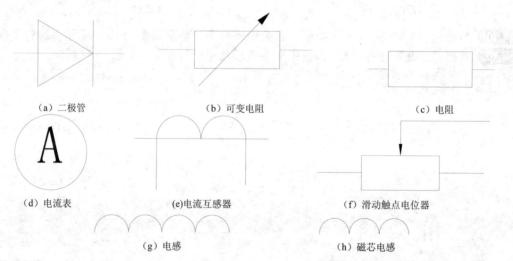

（a）二极管　　　　　　（b）可变电阻　　　　　　（c）电阻

（d）电流表　　　　（e)电流互感器　　　　（f）滑动触点电位器

（g）电感　　　　　　　（h）磁芯电感

图 6-58　插入的各元件

步骤 ⑫ 执行"移动"命令（M）、"复制"命令（CO）和"旋转"命令（RO），将各元件符号移动至线路相应位置；再执行"修剪"命令（TR），将多余的线条修剪掉，如图 6-59 所示。

步骤 ⑬ 执行"直线"命令（L），绘制连接导线，再执行"修剪"命令（TR），将图形多余线条删除，如图 6-60 所示。

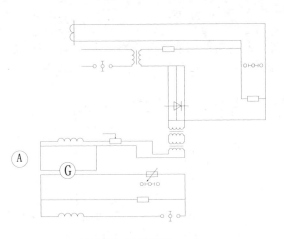

图 6-59　放置元件

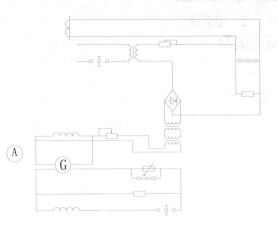

图 6-60　连接导线

步骤⑭ 分别执行"矩形"命令（REC）、"圆"命令（C）、"直线"命令（L）、"修剪"命令（TR），在如图 6-61 所示的位置绘制 5mm×11mm 的矩形、半径为 1mm 的圆、直线，最后将多余线段删除。

步骤⑮ 执行"多段线"命令（PL），选择"宽度（W）"选项，设置起点宽度为 1，端点宽度为 0，绘制箭头。效果如图 6-62 所示。

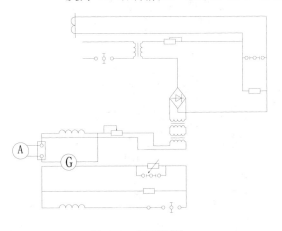

图 6-61　整理图形

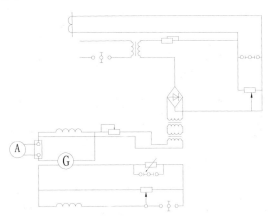

图 6-62　绘制多线

步骤⑯ 执行"直线"命令（L），在如图 6-63 所示的位置绘制直线并将其改为虚线。

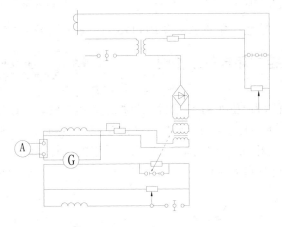

图 6-63　绘制虚线

2. 组合线路

步骤 01 应用移动、直线、修剪工具，将前面所绘制的回路图各部分组合起来，再执行"矩形"命令（REC），在图形相应位置绘制矩形并将其线型改为虚线。效果如图 6-64 所示。

步骤 02 执行"单行文字"命令（DT），设置文字高度为 3.5mm，在图形位置进行文字注释，如图 6-65 所示。

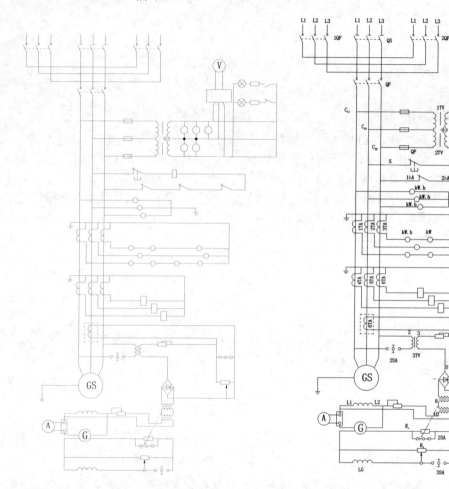

图 6-64　组合图形　　　　　　　　　　图 6-65　文字注释

步骤 03 至此，此线路图已经绘制完成，按 Ctrl+S 组合键进行保存。

技巧：136 发电机控制箱电气线路图

视频：技巧 136-发电机控制箱电气线路图.avi
案例：发电机控制箱电气线路图.dwg

技巧概述： 图 6-66 所示为 HF-4-81-C 型发电机控制箱电气线路。该型控制箱是专为上海柴油厂生产的 135 系列柴油机、上海革新电机厂生产的 T2XV 系列小型三相同步发电机所用的配套产品。T2XV 系列小型三相同步发电机的励磁系统采用的是相复励调压励磁方式，该线路能对同步发电机 GS 的励磁进行自动调压。

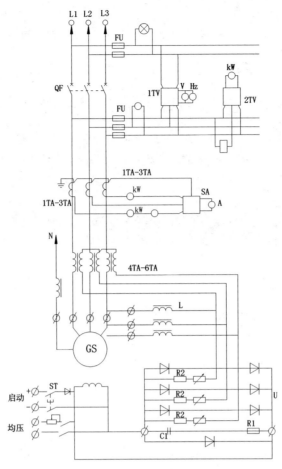

图 6-66　发电机控制箱电气线路

具体绘制步骤如下。

1．绘制线路结构

1）设置绘图环境

步骤 01 正常启动 AutoCAD 2014 软件，系统自动创建一个空白文件，在快速访问工具栏上单击"保存"按钮，将其保存为"案例\06\发电机控制箱电气线路图.dwg"文件。

步骤 02 执行"图层管理器"命令（LA），在文件中新建"主回路层"、"指示回路层"、"电压测量回路层"、"电流测量回路层"、"启动回路层"和"文字说明层"6 个图层，并将"主回路层"置为当前层，各图层属性设置。如图 6-67 所示。

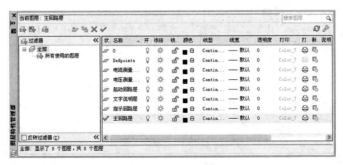

图 6-67　设置图层

2）绘制主回路

步骤 01 绘制三线电压，执行"多段线"命令（PL），根据如下命令提示绘制多段线。最终结果如图 6-68 所示。

命令: PLINE	\\启动命令
指定起点:	\\在屏幕上指定起点
当前线宽为 0.0000	
指定下一个点或 [圆弧(A)/半宽(H)/长度(L)/放弃(U)/宽度(W)]:	\\向上垂直绘制 15mm 直线
指定下一点或 [圆弧(A)/闭合(C)/半宽(H)/长度(L)/放弃(U)/宽度(W)]:	\\选择"宽度（W）"选项
指定起点宽度 <0.0000>:	\\输入起点宽度为 1.5
指定端点宽度 <5.0000>:	\\输入端点宽度为 0
指定下一点或 [圆弧(A)/闭合(C)/半宽(H)/长度(L)/放弃(U)/宽度(W)]:	\\输入箭头长度为 5
指定下一点或 [圆弧(A)/闭合(C)/半宽(H)/长度(L)/放弃(U)/宽度(W)]:	\\按 Enter 键结束多线的绘制

步骤 02 执行"复制"命令（CO），将上一步绘制好的箭头水平复制 2 份，如图 6-69 所示。

步骤 03 绘制连接插头。执行"圆"命令（C），绘制半径为 2mm 的圆；再执行"构造线"命令（XL），选择"角度（A）"，绘制 60° 的构造线放置到圆心处，并调整构造线的长度。绘制结果如图 6-70 所示。

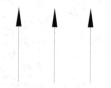

图 6-68　绘制多线　　　　图 6-69　三线电压　　　　图 6-70　绘制连接插头

步骤 04 执行"插入"命令（I），将"案例\03"文件夹下面的"频率表"插入图形中，如图 6-71 所示。

步骤 05 双击圆内多行文字，将圆内文字 Hz 修改成 GS。结果如图 6-72 所示。

图 6-71　插入元件　　　　图 6-72　发电机

步骤 06 执行"写块"命令（W），将绘制好的发电机图形保存为外部块文件，且保存到电气元件符号的章节"案例\03"文件夹里面。

步骤 07 执行"插入"命令（I），将"案例\03"文件夹下面的"多极开关"插入图形中，如图 6-73 所示。

步骤 08 执行"直线"命令（L），打开正交绘制两条相交的直线，然后捕捉到中点再执行"旋转"命令（RO），将其旋转 45°。结果如图 6-74 所示。

步骤 09 执行"复制"命令（CO），将上一步绘制的图形复制两个并放置在如图 6-75 所示的位置。

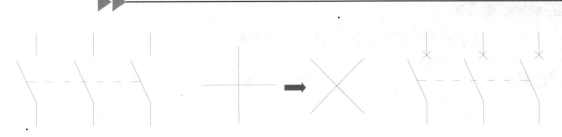

图 6-73　插入图形　　　　　　　图 6-74　绘制线段　　　　　　图 6-75　三相断路器

步骤 ⑩ 执行"写块"命令（W），将绘制好的三相断路器图形保存为外部块文件，且保存到电气元件符号的章节"案例\03"文件夹里面。

步骤 ⑪ 执行"插入"命令（I），将"案例\03"文件夹下面的"电感器"插入图形中，如图 6-76 所示。

步骤 ⑫ 执行"分解"命令（X），将插入的电感器打散操作；再执行"删除"命令（E），将圆弧删除一个。结果如图 6-77 所示。

步骤 ⑬ 执行"直线"命令（L），在上一步图形上方绘制一条水平直线，如图 6-78 所示。

图 6-76　插入图形　　　　　　　图 6-77　分解、删除　　　　　　图 6-78　磁芯电感

步骤 ⑭ 执行"写块"命令（W），将绘制好的磁芯电感图形保存为外部块文件，且保存到电气元件符号的章节"案例\03"文件夹里面。

步骤 ⑮ 通过移动、旋转、缩放、直线、修剪等命令，将元件放置在相应位置，如图 6-79 所示。

图 6-79　放置元件

提示：由于页面篇幅原因，此图为旋转-90°的效果。

步骤 ⑯ 执行"圆"命令（C），绘制半径为 1.5mm 的圆。结果如图 6-80 所示。

图 6-80　绘制圆

提示：由于页面篇幅原因，此图为旋转-90°的效果。

步骤 ⑰ 执行"多段线"命令（PL），设置起点宽度为 1.5，终点宽度为 0，绘制长度为 5mm 的箭头图形。结果如图 6-81 所示。

图 6-81　主回路

提示： 由于页面篇幅原因，此图为旋转-90°的效果。

3）绘制照明指示回路

步骤 01 执行"插入"命令（I），将"案例\03"文件夹下面的"熔断器"和"灯"插入图形中，如图 6-82 所示。

（a）熔断器　　　　　　　　　　　　（b）灯

图 6-82　插入图形

步骤 02 通过旋转、复制、缩放、直线、修剪命令将图形进行组合，结果如图 6-83 所示。

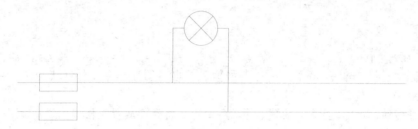

图 6-83　组合图形

4）绘制电压测量回路

步骤 01 绘制电压互感器 1。执行"矩形"命令（REC），绘制 10mm×10mm 的矩形，如图 6-84 所示。

步骤 02 执行"直线"命令（L），在矩形上方绘制 2mm 的垂直线段并执行"旋转"命令（RO），将线段旋转 30°。结果如图 6-85 所示。

步骤 03 执行"直线"命令（L），捕捉斜线上方端点以其为基点垂直向上绘制一条长度为 15mm 的线段。结果如图 6-86 所示。

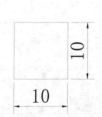

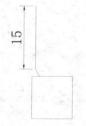

图 6-84　绘制矩形　　　　图 6-85　绘制斜线　　　　图 6-86　绘制线段

步骤 04 执行"镜像"命令（MI），将上一步绘制的两个线段首先进行垂直镜像，然后将线段水平镜像。效果如图 6-87 所示。

步骤 05 执行"直线"命令（L），捕捉矩形中点垂直向下绘制一条线段，如图 6-88 所示。

步骤 06 执行"矩形"命令（REC），绘制 7mm×7mm 的矩形，与左边矩形对齐，如图 6-89 所示。

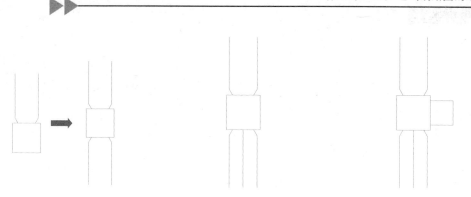

图 6-87　镜像图形　　　　　　　图 6-88　绘制线段　　　　　　　图 6-89　绘制矩形

步骤 07 执行 "圆" 命令（C），在右边矩形水平中点处绘制半径为 2mm 的圆，并将多余线段进行修剪。结果如图 6-90 所示。

步骤 08 执行 "复制" 命令（CO），将右边矩形和圆再向右复制一个，如图 6-91 所示。

图 6-90　绘制圆　　　　　　　　　　　　图 6-91　复制图形

步骤 09 绘制电压互感器 2。执行 "矩形" 命令（REC），绘制 10mm×10mm 和 7mm×7mm 的两个对齐的矩形，如图 6-92 所示。

步骤 10 执行 "圆" 命令（C），在上矩形水平中点处绘制半径为 2mm 的圆，并将多余线段进行修剪。结果如图 6-93 所示。

步骤 11 执行 "直线" 命令（L），按照电压互感器 1 的方法在矩形下侧绘制线段。结果如图 6-94 所示。

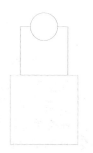
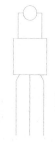

图 6-92　绘制矩形　　　　　　图 6-93　绘制圆　　　　　　图 6-94　电压互感器 2

步骤 12 执行 "插入" 命令（I），将 "案例\03" 文件夹下面的 "继电器"、"熔断器" 插入图形中，如图 6-95 所示。

(a) 继电器　　　　　　　　　　　　　　　　(b) 熔断器

图 6-95　插入图形

步骤 ⑬ 通过旋转、复制、缩放、直线、修剪命令将图形进行组合，结果如图 6-96 所示。

步骤 ⑭ 执行"直线"命令（L）、"修剪"命令（TR）和"圆"命令（C），绘制半径为 2mm 的圆和直线。结果如图 6-97 所示。

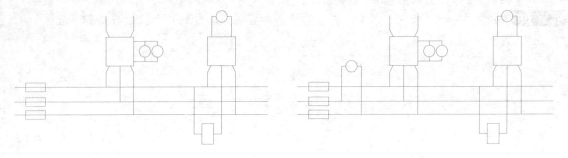

图 6-96　组合图形　　　　　　　　　　图 6-97　电压测量回路

5) 绘制电流测量回路

步骤 ① 执行"复制"命令（CO），将前面电压测量回路中的电压互感器 2 复制过来；再将图形旋转-90°，如图 6-98 所示。

步骤 ② 执行"插入"命令（I），将"案例\03"文件夹下面的"电感器"插入图形中，如图 6-99 所示。

步骤 ③ 执行"分解"命令（X），将插入的电感器打散操作；再执行"删除"命令（E），将圆弧删除两个。结果如图 6-100 所示。

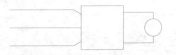　　　　

图 6-98　旋转图形　　　　图 6-99　插入图形　　　　图 6-100　分解、删除

步骤 ④ 执行"直线"命令（L），捕捉图形两边端点分别向下绘制垂直线段，如图 6-101 所示。

步骤 ⑤ 执行"直线"命令（L），绘制水平线段，如图 6-102 所示。

步骤 ⑥ 执行"写块"命令（W），将绘制好的电流互感器图形保存为外部块文件，且保存到电气元件符号的章节"案例\03"文件夹里面。

步骤 ⑦ 执行"插入"命令（I），将"案例\03"文件夹下面的"接地"插入图形中，如图 6-103 所示。

图 6-101　绘制线段

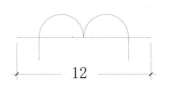

图 6-102　电流互感器

图 6-103　接地

步骤 08 通过复制、旋转、缩放、直线、修剪等命令，将各元件进行组合。结果如图 6-104 所示。

图 6-104　组合图形

步骤 09 执行"圆"命令（C），绘制半径为 2mm 的圆；再执行"修剪"命令（TR）将多余线段删除。结果如图 6-105 所示。

图 6-105　电流测量回路

6）绘制启动回路

技巧提示　　　　　　　　　　　　　　　　　　　　　　　　　★★★☆☆

在绘制启动回路时，前面图形中已经绘制好了相应的元件符号，直接复制过来，再通过插入命令，将需要的元件符号插入进来，并进行组合。

步骤 01 执行"插入"命令（I），将"案例\03"文件夹下面的"二极管"、"电阻"、"可变电阻"、"电容"、"动合常开按钮"、"滑动触点电位器"和"单极开关"插入图形中，如图 6-106 所示。

（a）二极管

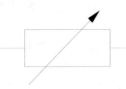

（b）可变电阻

（c）电阻

图 6-106　插入的各元件

（d）动合常开按钮　　　　（e）电容　　　　（f）单极开关　　　　（g）滑动触点电位器

图 6-106　插入的各元件（续）

步骤 02 执行"复制"命令（CO），将前面回路中的"磁芯电感"、"连接插头"复制过来，如图 6-107 和图 6-108 所示。

图 6-107　连接插头　　　　　　　　图 6-108　磁芯电感

步骤 03 通过复制、旋转、缩放、移动、修剪、延伸、直线、圆等命令，将各元件进行组合。效果如图 6-109 所示。

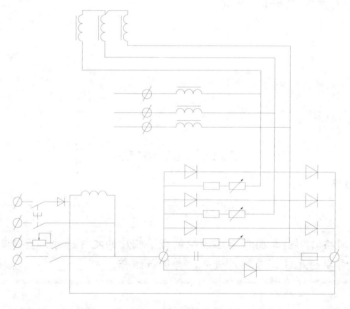

图 6-109　组合图形

2. 组合线路

步骤 01 应用移动、直线、修剪工具，将前面所绘制的回路图各部分组合起来。效果如图 6-110 所示。

步骤 02 执行"单行文字"命令（DT），设置文字高度为 3.5mm，在图形位置进行文字注释，如图 6-111 所示。

步骤 03 至此，此线路图已经绘制完成，按 Ctrl+S 组合键进行保存。

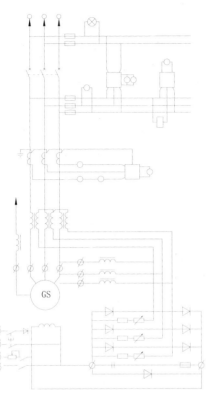

图 6-110　组合图形

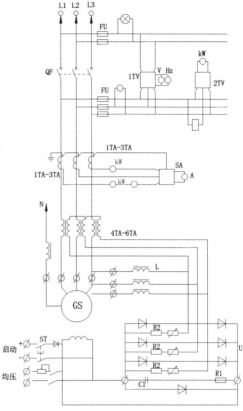

图 6-111　文字注释

技巧：137 汽油发电机稳压电路图

视频：技巧137-汽油发电机稳压电路图.avi
案例：汽油发电机稳压电路图.dwg

技巧概述：图 6-112 所示为汽油发电机稳压电路。该线路是采用 UC3842 脉宽调制芯片制成的自动稳压电路。图中，L1 为同步发电机 G 的主绕组，其输出端外接负载，L2 则为自励电流绕组，经二极管整流通过 RP1 向励磁绕组 L3 提供电流，RP1 为人工调压电阻器。

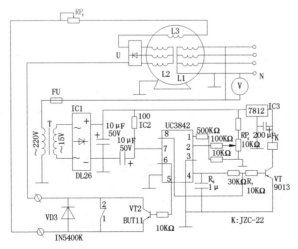

图 6-112　汽油发电机稳压电路

具体绘制步骤如下。

1. 绘制电气元件

1）绘制汽油发电机

步骤 01 正常启动 AutoCAD 2014 软件，系统自动创建一个空白文件，在快速访问工具栏上单击"保存"按钮 🔲，将其保存为"案例\06\汽油发电机稳压电路图.dwg"文件。

步骤 02 执行"圆弧"命令（A），绘制半径为 2mm 的半圆弧；再执行"复制"命令（CO），将圆弧水平复制 2 份，如图 6-113 所示。

步骤 03 执行"直线"命令（L），分别在圆弧左、右端点向外绘制长为 4mm 的水平线段，如图 6-114 所示。

图 6-113　绘制圆弧

图 6-114　绘制直线

步骤 04 执行"圆"命令（C），绘制半径为 22mm 的圆，再执行"移动"命令（M），将上一步绘制的图形移动到圆内如图 6-115 所示的位置。

步骤 05 执行"复制"命令（CO），将绕组向上、下以 6mm 的距离进行复制，如图 6-116 所示。

步骤 06 执行"镜像"命令（MI），将圆内图形垂直镜像。效果如图 6-117 所示。

图 6-115　绘制圆

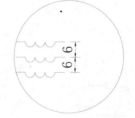

图 6-116　复制图形

图 6-117　镜像图形

步骤 07 执行"复制"命令（CO），将圆弧绕组复制一份在圆内上方。效果如图 6-118 所示。

步骤 08 执行"直线"命令（L），按照如图 6-119 所示的效果绘制直线。

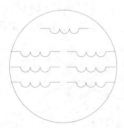

图 6-118　复制图形

图 6-119　绘制直线

2）绘制接地板

步骤 01 执行"直线"命令（L），绘制一条长度为 10mm 的水平线段，如图 6-120 所示。

步骤 02 执行"直线"命令（L），捕捉水平线段中点以其为基点垂直向上绘制一条长度为 10mm 的垂直线段，如图 6-121 所示。

图 6-120　绘制直线　　　　　　　　　　　　图 6-121　接地板

步骤 03 执行"写块"命令（W），将绘制好的接地板图形保存为外部块文件，且保存到电气
元件符号的章节"案例\03"文件夹里面。

3）绘制连接插头

步骤 01 执行"圆"命令（C），绘制半径为 2mm 的圆，如图 6-122 所示。

步骤 02 执行"构造线"命令（XL），选择"角度（A）"，绘制-60°的构造线放置到圆心处，
并调整构造线的长度。绘制结果如图 6-123 所示。

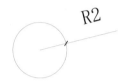

图 6-122　绘制圆　　　　　　　　　　　　图 6-123　连接插头

4）插入电气元件

执行"插入"命令（I），将"案例\03"文件夹内以下电气元件插入图形中，如图 6-124 所
示。

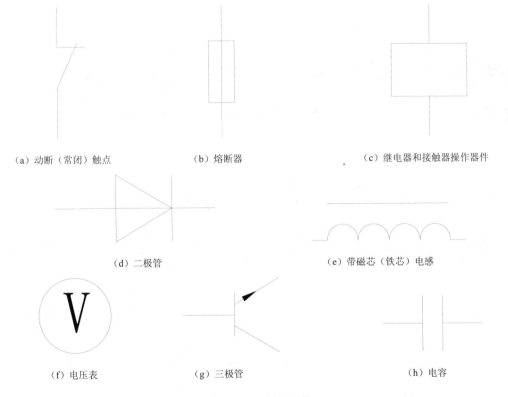

（a）动断（常闭）触点　　　　　（b）熔断器　　　　　（c）继电器和接触器操作器件

（d）二极管　　　　　　　　　　　（e）带磁芯（铁芯）电感

（f）电压表　　　　　（g）三极管　　　　　（h）电容

图 6-124　插入元件

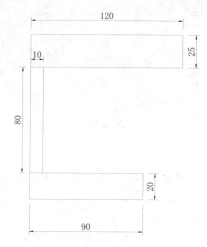

（i）滑动触点电位器　　　　　　　　　　　　　（j）电阻

图 6-124　插入元件（续）

2. 组合图形

步骤 01 执行"矩形"命令（REC），绘制 120mm×25mm、80mm×10mm 和 90mm×20mm 的三个矩形，以如图 6-125 所示的位置放置。

步骤 02 执行"修剪"命令（TR），将相交部分线条修剪，如图 6-126 所示。

图 6-125　绘制矩形　　　　　　　　　图 6-126　修剪图形

步骤 03 执行移动、镜像、旋转、缩放、修剪、矩形、直线等命令将其他的元件放置到矩形相应位置。结果如图 6-127 所示。

步骤 04 执行"直线"命令（L）、"圆"命令（C）绘制线段与半径为 1mm 的圆，如图 6-128 所示。

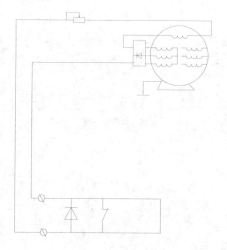

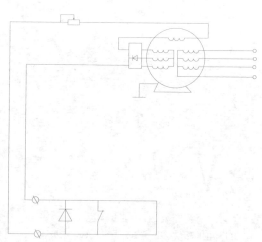

图 6-127　组合图形　　　　　　　　　图 6-128　绘制连接导线

步骤 05 执行移动、镜像、旋转、缩放、修剪、矩形、直线等命令将其他的元件放置到图形相应位置。结果如图 6-129 所示。

步骤 06 执行"多段线"命令（PL），捕捉电阻右侧中点为起点，设置起点宽度为 0，终点宽度为 0，向右拖动线段 5mm，再选择"宽度（W）"选项继续设置起点宽度为 1.5，终点宽度为 0，绘制箭头，如图 6-130 所示。

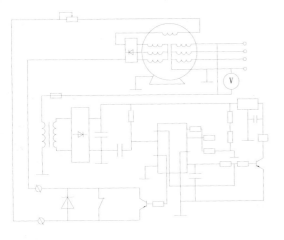

图 6-129　组合图形

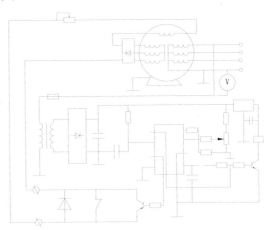

图 6-130　绘制箭头

步骤 07 执行"直线"命令（L），绘制"＋"和"－"符号，表明图形的正负极，如图 6-131 所示。

步骤 08 执行"单行文字"命令（DT），设置文字高度为 2.5mm，在图形位置进行文字注释。结果如图 6-132 所示。

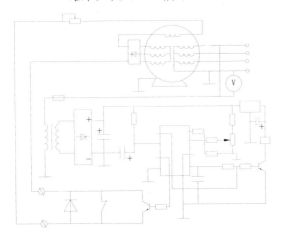

图 6-131　组合图形

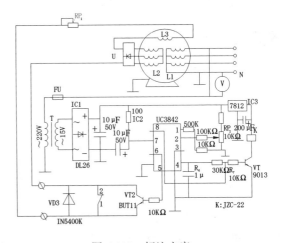

图 6-132　标注文字

步骤 09 至此，汽油发电机稳压电路图已经绘制完成，按 Ctrl+S 组合键进行保存。

技巧：138　**发电机异步启动电气线路图**

视频：技巧 138-发电机异步启动电气线路图.avi
案例：发电机异步启动电气线路图.dwg

　技巧概述： 图 6-133 所示为同步发电机异步启动调相运行的电气线路。该线路可按照电网要求、服从统一调度，及时向电网发送无功功率，做到就地调相、就地补偿。

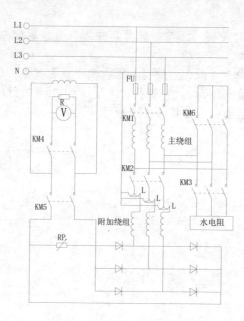

图 6-133　发电机异步启动电气线路

其具体绘制步骤如下。

1. 绘制电气元件

1）绘制接触器

步骤 01 正常启动 AutoCAD 2014 软件，系统自动创建一个空白文件，在快速访问工具栏上单击【保存】按钮，将其保存为"案例\06\发电机异步启动电气线路图.dwg"文件。

步骤 02 执行"插入块"命令（I），将"案例\03"文件夹内单极开关电气元件插入图形中，如图 6-134 所示。

步骤 03 执行"圆弧"命令（A），在图形相应位置绘制圆弧，如图 6-135 所示。

图 6-134　插入图形　　　　　　　　　　图 6-135　绘制圆弧

2）绘制功率互感器

步骤 01 执行"圆弧"命令（A），绘制半径为 2mm 的半圆弧，再执行"复制"命令（CO），将半圆弧水平复制一份，如图 6-136 所示。

步骤 02 执行"直线"命令（L），打开正交在圆弧下方绘制一条长度为 10mm 的水平线段，如图 6-137 所示。

图 6-136　绘制圆弧

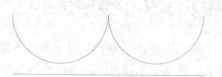

图 6-137　绘制线段

3）插入电气元件

执行"插入"命令（I），将"案例\03"文件夹内以下电气元件插入图形中，如图 6-138 所示。

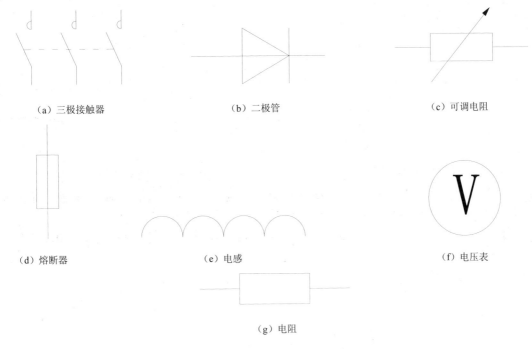

（a）三极接触器　　　　　　　　　（b）二极管　　　　　　　　　　　（c）可调电阻

（d）熔断器　　　　　　　　　　　（e）电感　　　　　　　　　　　　（f）电压表

（g）电阻

图 6-138　插入元件

2. 组合图形

步骤 01 执行"圆"命令（C），绘制半径为 2mm 的圆；再捕捉右象限点向右绘制长为 135mm 的水平线段，如图 6-139 所示。

图 6-139　绘制圆、直线

步骤 02 执行"复制"命令（CO），将圆和线段按如图 6-140 所示图形进行复制操作。

图 6-140　复制图形

步骤 03 通过执行移动、复制、缩放、旋转命令将各元件符号放置在相应位置，并以直线将图形进行连接，如图 6-141 所示。

步骤 04 执行"矩形"命令（REC），在图形相应位置绘制 29mm × 9mm 的矩形，如图 6-142 所示。

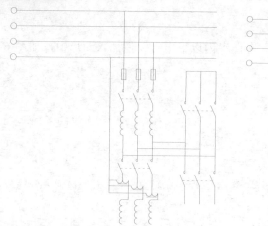

图 6-141　组合图形　　　　　　　　　　图 6-142　绘制矩形

步骤 05 执行"矩形"命令（REC），绘制 8mm×130mm 和 137mm×45mm 的两个矩形，并以下端平齐，如图 6-143 所示。

步骤 06 执行"分解"命令（X），将下方矩形打散操作，再执行"偏移"命令（O）将图形按如图 6-144 所示进行偏移。

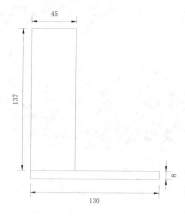

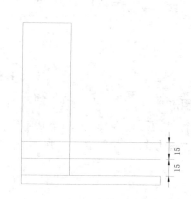

图 6-143　组合图形　　　　　　　　　　图 6-144　偏移图形

步骤 07 执行"修剪"命令（TR），将图形多余线段删除并将线段拉伸，如图 6-145 所示。

步骤 08 执行直线、移动、旋转、缩放、修剪等命令将其他的元件放置到矩形相应位置，结果如图 6-146 所示。

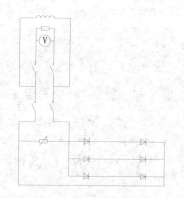

图 6-145　修剪图形　　　　　　　　　　图 6-146　组合图形

步骤 09 执行"直线"命令（L），在图形相应位置绘制线段并将其改为虚线，如图 6-147 所示。

步骤 10 执行"移动"命令（M）和"直线"命令（L），将两组图形组合在一起。结果如图 6-148 所示。

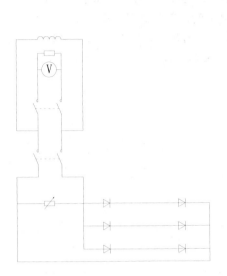

图 6-147　绘制虚线　　　　　　　　图 6-148　组合图形

步骤 11 执行"单行文字"命令（DT），设置文字高度为 3mm，在图形位置进行文字注释。结果如图 6-149 所示。

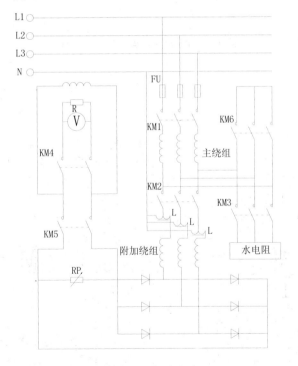

图 6-149　标注文字

步骤 12 至此，同步发电机异步启动调相运行电气线路已经绘制完成，按 Ctrl+S 组合键进行保存。

视频：技巧 139-发动机改作发电机的线路图.avi
案例：发动机改作发电机的线路图.dwg

技巧：139 电动机改作发电机的线路图

技巧概述： 图 6-150 所示为三相异步电动机改作发电机的配电电气线路。图中，C_1 为主电容器，是专用于异步电动机改作发电机时建立空载电压的，它固定连接在电动机定子引出线上。C_2、C_3 为辅助电容器，它们是为了不使发电机输出电压变动太大而设置的。当辅助电容器工作后，发电机的励磁电流增大，定子输出电压也就随之增高，这样就能平衡发电机的输出电压。

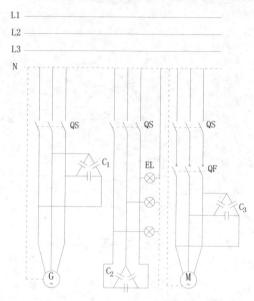

图 6-150　电动机改作发电机的线路图

具体绘制步骤如下。

1. 绘制电气元件

1）绘制电动机

步骤 01 正常启动 AutoCAD 2014 软件，系统自动创建一个空白文件，在快速访问工具栏上单击"保存"按钮■，将其保存为"案例\06\电动机改作发电机的线路图.dwg"文件。

步骤 02 执行"插入块"命令（I），将"案例\03"文件夹内压缩电动机电气元件插入图形中，如图 6-151 所示。

步骤 03 双击圆内多行文字，把第二行"1~"修改为"~"，如图 6-152 所示。

图 6-151　插入图形　　　　　　　　　　　　　　图 6-152　修改文字

2）绘制发电机

步骤 01 执行"复制"命令（CO），将上一步绘制的电动机图形复制一份，如图 6-153 所示。

步骤 02 双击圆内多行文字，把第一行 M 修改为 G，如图 6-154 所示。

图 6-153　插入图形　　　　　　　　　　　图 6-154　修改文字

3）插入电气元件

执行"插入"命令（I），将"案例\03"文件夹内以下电气元件插入图形中，如图 6-155 所示。

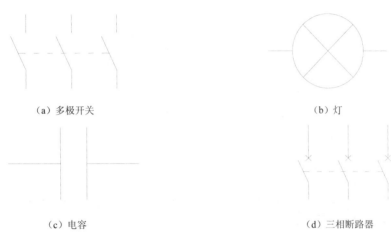

（a）多极开关　　　　　　　　　　　　　　（b）灯

（c）电容　　　　　　　　　　　　　　　（d）三相断路器

图 6-155　插入元件

2. 组合图形

步骤 **01** 执行"直线"命令（L），绘制一条长度为 120mm 的水平线段，再执行"偏移"命令（O）将线段如图 6-156 所示进行偏移。

步骤 **02** 选择底下一条线段将其线型改为虚线，效果如图 6-157 所示。

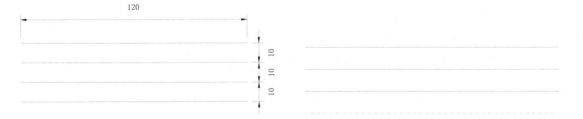

图 6-156　绘制直线　　　　　　　　　　　图 6-157　修改线型

步骤 **03** 执行"直线"命令（L），在下图所示位置绘制垂直线段并按照如图 6-158 所示的尺寸进行偏移。

步骤 **04** 通过执行移动、复制、缩放、旋转命令将各元件符号放置相应位置，并以直线将图形进行连接，再执行修剪命令将多余线段删除，如图 6-159 所示。

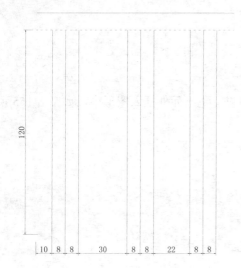

图 6-158 绘制线段

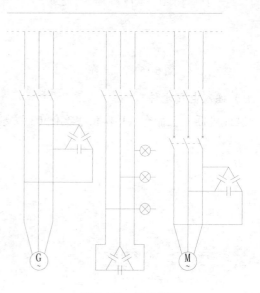

图 6-159 组合图形

步骤 05 执行"直线"命令（L），根据如图 6-160 所示位置绘制线段，并将线段改为虚线。

步骤 06 执行"单行文字"命令（DT），设置文字高度为 3mm，在图形位置进行文字注释。结果如图 6-161 所示。

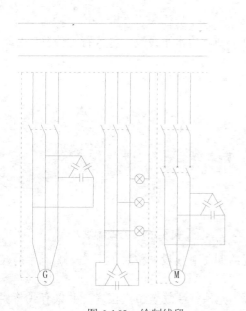

图 6-160 绘制线段

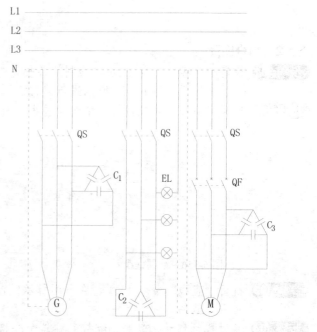

图 6-161 标注文字

步骤 07 至此，三相异步电动机改作发电机的配电电气线路已经绘制完成，按 Ctrl+S 组合键进行保存。

视频：技巧 140-电抗降压启动自动短接线路图.avi
案例：电抗降压启动自动短接线路图.dwg

技巧：140　电抗降压启动自动短接线路图

技巧概述：图 6-162 所示为高压笼型异步电动机电抗降压启动自动短接线路。该线路中的时间继电器 KT 经延时后控制交流接触器 KM2，自动短接启动电抗器 LS 后，电动机进入正常运行，SL 为控制柜按钮，以保操作安全。

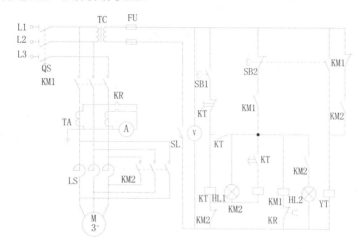

图 6-162　电抗降压启动自动短接线路

具体绘制步骤如下。

1．绘制电气元件

1）绘制延时闭合的动合触点

步骤 01 正常启动 AutoCAD 2014 软件，系统自动创建一个空白文件，在快速访问工具栏上单击"保存"按钮，将其保存为"案例\06\电抗降压启动自动短接线路图.dwg"文件。

步骤 02 执行"插入块"命令（I），将"案例\03"文件夹内单极开关电气元件插入图形中，如图 6-163 所示。

步骤 03 执行"直线"命令（L），绘制一条长度为 5mm 的水平线段并将其向下偏移 2mm 拉抻至右侧，如图 6-164 所示。

步骤 04 执行"圆弧"命令（A），在图形相应位置绘制半径为 3mm 的圆弧，如图 6-165 所示。

图 6-163　插入图形　　　　　图 6-164　绘制线段　　　　　图 6-165　绘制圆弧

步骤 05 执行"写块"命令（W），将绘制好的延时闭合的动合触点图形保存为外部块文件，且保存到电气元件符号的章节"案例\03"文件夹里面。

2) 绘制延时闭合的动断触点

步骤 01 执行"插入块"命令（I），将"案例\03"文件夹内动断（常闭）触点电气元件插入图形中，如图 6-166 所示。

步骤 02 执行"直线"命令（L），在下图所示位置绘制一条长度为 7mm 的水平线段并将其向下偏移 2mm，然后将长出线段删除，如图 6-167 所示。

步骤 03 执行"圆弧"命令（A），在图形相应位置绘制半径为 3mm 的圆弧，如图 6-168 所示。

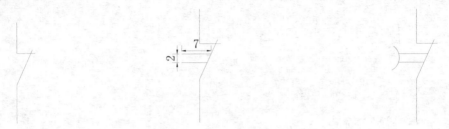

图 6-166 插入图形　　　　　　图 6-167 绘制线段　　　　　　图 6-168 绘制圆弧

步骤 04 执行"写块"命令（W），将绘制好的延时闭合的动断触点图形保存为外部块文件，且保存到电气元件符号的章节"案例\03"文件夹里面。

3) 电抗器

步骤 01 执行"圆弧"命令（A），任意指定一点，向右水平拖动鼠标，再根据命令提示选择"圆心（C）"项，输入 4 确定圆弧半径，输入角度为 270，确定圆弧的绘制，如图 6-169 所示。

步骤 02 执行"直线"命令（L），捕捉点绘制线段，如图 6-170 所示。

图 6-169 绘制圆弧　　　　　　　　图 6-170 绘制线段

步骤 03 执行"写块"命令（W），将绘制好的电抗器图形保存为外部块文件，且保存到电气元件符号的章节"案例\03"文件夹里面。

4) 限制开关

步骤 01 执行"插入块"命令（I），将"案例\03"文件夹内单极开关电气元件插入图形中，如图 6-171 所示。

步骤 02 执行"直线"命令（L），捕捉点根据如下尺寸所示绘制线段，如图 6-172 所示。

步骤 03 执行"写块"命令（W），将绘制好的限制开关图形保存为外部块文件，且保存到电气元件符号的章节"案例\03"文件夹里面。

图 6-171　插入图形　　　　　　　　　　　图 6-172　绘制线段

5）插入电气元件

执行"插入"命令（I），将"案例\03"文件夹内以下电气元件插入图形中，如图 6-173 所示。

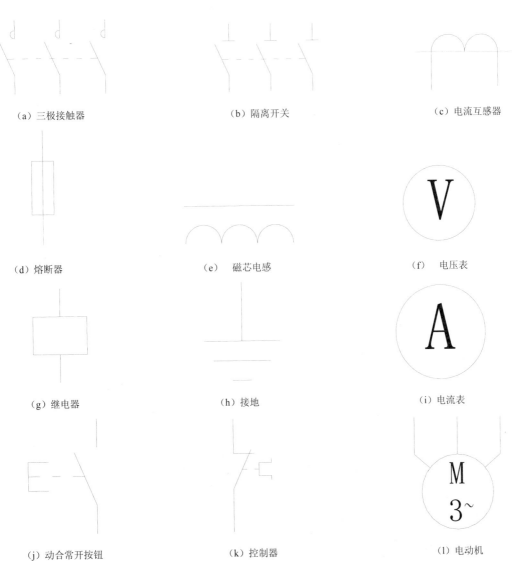

（a）三极接触器　　　　　　　　（b）隔离开关　　　　　　　　（c）电流互感器

（d）熔断器　　　　　　　　　　（e）磁芯电感　　　　　　　　（f）电压表

（g）继电器　　　　　　　　　　（h）接地　　　　　　　　　　（i）电流表

（j）动合常开按钮　　　　　　　（k）控制器　　　　　　　　　（l）电动机

图 6-173　插入元件

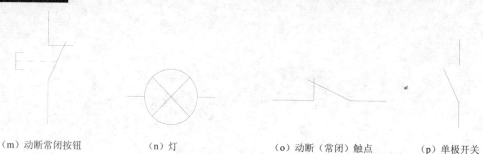

（m）动断常闭按钮　　　　（n）灯　　　　（o）动断（常闭）触点　　　（p）单极开关

图 6-173　插入元件（续）

2. 组合图形

步骤 01 通过执行移动、复制、旋转、缩放、镜像等命令将各元件符号放置在相应位置，并以直线将图形进行连接，如图 6-174 所示。

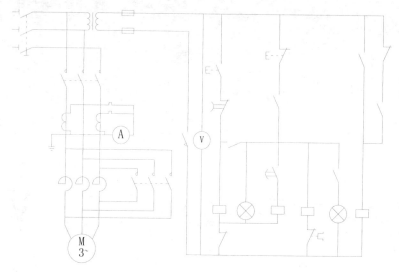

图 6-174　组合图形

步骤 02 执行"圆"命令（C），绘制半径为 1mm 的圆，再执行"复制"命令（CO），将圆复制两个放置在如图 6-175 所示位置。

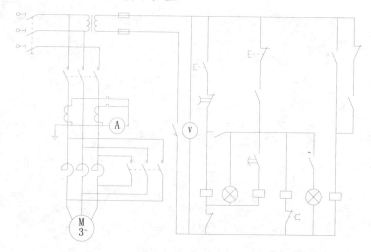

图 6-175　绘制圆

步骤 03 执行"直线"命令（L），在下图相应位置绘制虚线，再执行"圆"命令（C），绘制半径为 1mm 的圆并对其进行填充，填充图案为 SOLID，如图 6-176 所示。

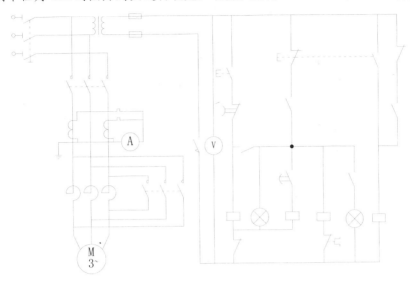

图 6-176　整理图形

步骤 04 执行"单行文字"命令（DT），设置文字高度为 3mm，在图形位置进行文字注释。结果如图 6-177 所示。

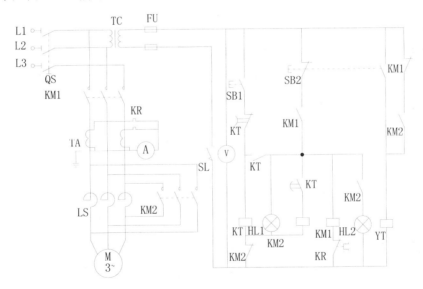

图 6-177　标注文字

步骤 05 至此，电抗降压启动自动短接控制线路图已经绘制完成，按 Ctrl+S 组合键进行保存。

技巧：141　三相四线发电机电气线路图

视频：技巧 141-三相四线发电机电气线路图.avi
案例：三相四线发电机电气线路图.dwg

技巧概述： 图 6-178 所示为三相四线制异步发电机 Y 接、电容△接的电气线路。该线路中的异步发电机是在三相笼型电动机上并接一组三相电容器而成，电容器是用来供给励磁的无功功率，因此省去了励磁机。

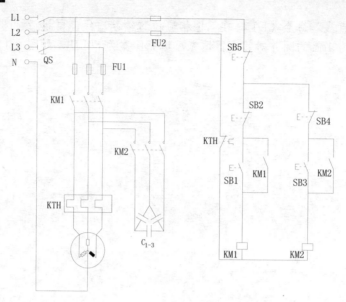

图 6-178　三相四线发电机电气线路

具体绘制步骤如下。

1. 绘制电气元件

1）绘制电动机

步骤 01 正常启动 AutoCAD 2014 软件，系统自动创建一个空白文件，在快速访问工具栏上单击"保存"按钮 🖫，将其保存为"案例\06\三相四线发电机电气线路图.dwg"文件。

步骤 02 执行"圆"命令（C），绘制半径为 12mm 的圆，如图 6-179 所示。

步骤 03 执行"直线"命令（L），以圆心绘制如图 6-180 所示角度的 3 条线段。

图 6-179　绘制圆

图 6-180　绘制线段

步骤 04 执行"偏移"命令（O），将圆内垂直线段向两边各偏移 6mm。结果如图 6-181 所示。

步骤 05 通过执行延伸、修剪命令，将线段延长和修剪。结果如图 6-182 所示。

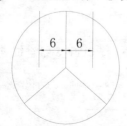

图 6-181　偏移线段

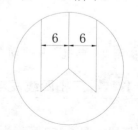

图 6-182　整理图形

步骤 06 执行"矩形"命令（REC），绘制 2mm × 4mm 的矩形，再通过复制、旋转、移动命令，将矩形放置在如图 6-183 所示位置。

步骤 07 执行"修剪"命令（TR），将三个矩形中间的线段修剪掉。结果如图 6-184 所示。

图 6-183　绘制矩形

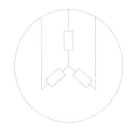

图 6-184　修剪图形

步骤 08 执行"填充"命令（H），设置样例为 SOLID，对右下矩形进行填充操作结果，如图 6-185 所示。

步骤 09 执行"填充"命令（H），设置样例为 JIS-WOOD，角度为 120°，比例为 2 对左下矩形进行填充操作。结果如图 6-186 所示。

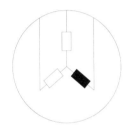

图 6-185　填充图形

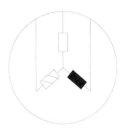

图 6-186　填充图形

2）绘制三极热继电器

步骤 01 执行"插入块"命令（I），将"案例\03"文件夹内二极热继电器电气元件插入图形中，如图 6-187 所示。

步骤 02 执行"直线"命令（L），打开正交在下图所示位置绘制线段并将多余线段删除。结果如图 6-188 所示。

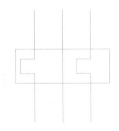

图 6-187　插入图形

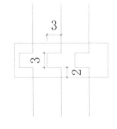

图 6-188　绘制线段

步骤 03 执行"写块"命令（W），将绘制好的三极热继电器图形保存为外部块文件，且保存到电气元件符号的章节"案例\03"文件夹里面。

3）绘制其他电气元件

执行"插入"命令（I），将"案例\03"文件夹内以下电气元件插入图形中，如图 6-189 所示。

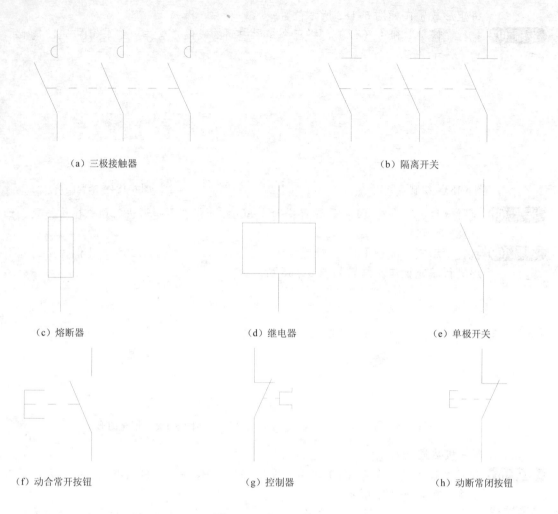

（a）三极接触器　　　　　　　　　　　　　　　（b）隔离开关

（c）熔断器　　　　　　　　（d）继电器　　　　　　　　（e）单极开关

（f）动合常开按钮　　　　　　　（g）控制器　　　　　　（h）动断常闭按钮

图 6-189　插入元件

2. 组合图形

步骤 01 执行"直线"命令（L），绘制长为 150mm 的水平直线，再执行"偏移"命令（O），将直线垂直向下依次偏移 10mm、10mm、10mm。结果如图 6-190 所示。

步骤 02 执行"圆"命令（C），绘制四个半径为 1.5mm 的圆，放置在如图 6-191 所示位置。

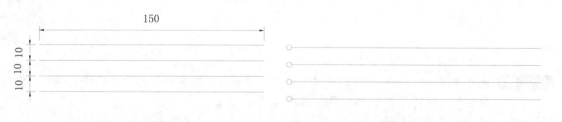

图 6-190　绘制直线　　　　　　　　　　　　图 6-191　绘制圆

步骤 03 通过执行移动、复制、缩放、旋转命令将各元件符号放置在相应位置，并以直线将图形进行连接，如图 6-192 所示。

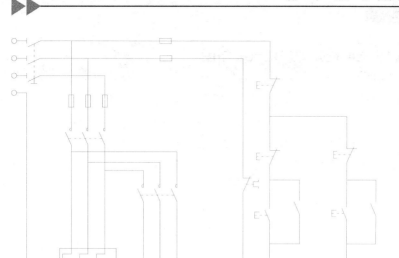

图 6-192　组合图形

步骤 04 执行"单行文字"命令（DT），设置文字高度为 3mm，在图形位置进行文字注释。结果如图 6-193 所示。

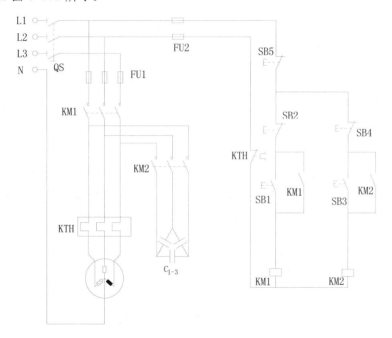

图 6-193　标注文字

步骤 05 至此，三相四线发电机电气线路图已经绘制完成，按 Ctrl+S 组合键进行保存。

视频：技巧142-发电机并列法电气线路图.avi
案例：发电机并列法电气线路图.dwg

技巧：142 发电机并列法电气线路图

技巧概述： 图 6-194 所示为发电机同期同步指示表并列法电气线路。该并列法就是利用装于控制屏上的同步指示表来进行并列操作。当待并发电机电压和频率变动时，同步表的指针将会转动，即发电机转速高时指针指向快的一边；发电机转速低时指针则指向慢的一边。当待并发电机被调整到与运行发电机频率一致，且指针将指向中间线（红或黑线）时，即可进行并列操作。

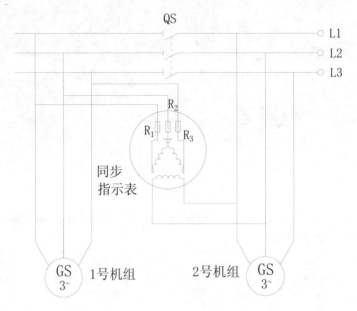

图 6-194　发电机并列法电气线路

具体绘制步骤如下。

1. 绘制电气元件

1）绘制同步指示表

步骤 01 正常启动 AutoCAD 2014 软件，系统自动创建一个空白文件，在快速访问工具栏上单击"保存"按钮，将其保存为"案例\06\发电机并列法电气线路图.dwg"文件。

步骤 02 执行"矩形"命令（REC），绘制 4mm×0.5mm、1.5mm×1.5mm 的两个中心对齐的矩形，如图 6-195 所示。

步骤 03 执行"修剪"命令（TR），将多余线段删除，如图 6-196 所示。

图 6-195　绘制矩形

图 6-196　绘制线段

步骤 04 执行"插入块"命令（I），将"案例\03"文件夹内电感、电阻电气元件插入图形中，如图 6-197 所示。

（a）电感　　　　　　　　　　　　　　　（b）电阻

图6-197　插入电气元件

步骤 05 执行"圆"命令（C），绘制半径为20mm的圆，如图6-198所示。

步骤 06 通过执行移动、复制、缩放、旋转命令将上几步绘制的图形与各元件符号放置在圆内相应位置，并以直线将图形进行连接。结果如图6-199所示。

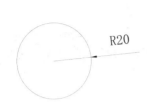

图6-198　绘制圆

图6-199　组合图形

2）绘制同步发电机

步骤 01 执行"圆"命令（C），绘制半径为10mm的圆，如图6-200所示。

步骤 02 执行"直线"命令（L），捕捉圆象限点向上绘制长度为10mm的垂直线段。结果如图6-201所示。

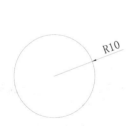

图6-200　绘制圆

图6-201　绘制线段

步骤 03 执行"偏移"命令（O），将垂直线段分别向左和向右偏移8mm，然后再执行拉伸命令将偏移后的线段拉伸，如图6-202所示。

步骤 04 执行"旋转"命令（RO），将左边线段旋转30°、右边线段旋转-30°。结果如图6-203所示。

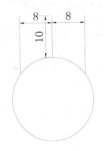

图6-202　偏移、拉伸

图6-203　旋转线段

步骤 05 执行"直线"命令（L），在下图相应位置绘制直线并将中间线段拉伸。结果如图 6-204 所示。

步骤 06 执行"多行文字"命令（T），设置文字高度为 5mm，在圆内输入文字。结果如图 6-205 所示。

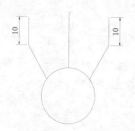

图 6-204　绘制直线

图 6-205　标注文字

步骤 07 执行"写块"命令（W），将绘制好的同步发电机图形保存为外部块文件，且保存到电气元件符号的章节"案例\03"文件夹里面。

3）绘制其他电气元件

执行"插入"命令（I），将"案例\03"文件夹内隔离开关电气元件插入图形中，如图 6-206 所示。

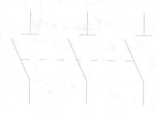

图 6-206　插入元件

2. 组合图形

步骤 01 执行"直线"命令（L），绘制长为 160mm 的水平直线，再执行"偏移"命令（O），将直线垂直向下依次偏移 10mm、10mm。结果如图 6-207 所示。

步骤 02 执行"圆"命令（C），绘制三个半径为 1.5mm 的圆，放置在如图 6-208 所示位置。

图 6-207　绘制直线

图 6-208　绘制圆

步骤 03 通过执行移动、复制、缩放、旋转命令将各元件符号放置在相应位置，并以直线将图形进行连接，如图 6-209 所示。

步骤 04 执行"单行文字"命令（DT），设置文字高度为 5mm，在图形位置进行文字注释。结果如图 6-210 所示。

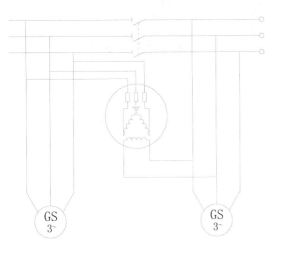

图 6-209　组合图形

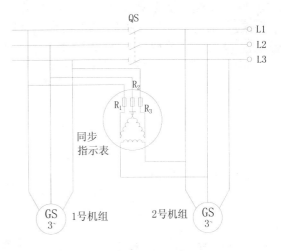

图 6-210　标注文字

 步骤 05 至此，发电机并列法电气线路图已经绘制完成，按 Ctrl+S 组合键进行保存。

技巧：143　并励励磁发电机电气线路图

视频：技巧 143-并励励磁发电机电气线路图.avi
案例：并励励磁发电机电气线路图.dwg

技巧概述： 图 6-211 所示为 TKL-1Q 型自并励励磁发电机电气线路。该线路多用于小型低压发电机中，为简化线路、降低造价，其自并励系统的励磁电源一般均直接引自发电机出线端，而不另行设置励磁变压器。为此，设计的励磁电压必须与发电机定子电压相匹配，并应使励磁系统的峰值电压满足笼型电动机直接启动的需要。

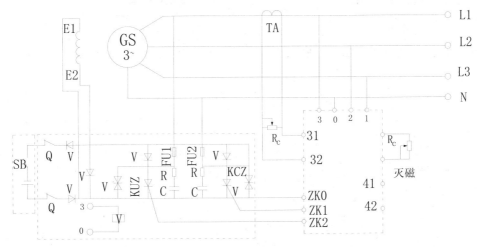

图 6-211　并励励磁发电机电气线路图

具体绘制步骤如下。

1. 绘制电气元件

1）绘制同步发电机

步骤 01 正常启动 AutoCAD 2014 软件，系统自动创建一个空白文件，在快速访问工具栏上单击"保存"按钮 💾，将其保存为"案例\06\并励励磁发电机电气线路图.dwg"文件。

步骤 02 执行"插入"命令（I），将"案例\03"文件夹下面的"同步发电机"插入图形中，如图 6-212 所示。

步骤 03 执行"分解"命令（X），将图形分解打散操作。

步骤 04 执行"旋转"命令（RO），选择圆上侧的所有线段，以圆心为旋转基点，将线段旋转-90°。结果如图 6-213 所示。

图 6-212 插入图形

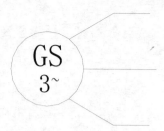

图 6-213 旋转图形

2）绘制双向稳压二极管

步骤 01 执行"插入"命令（I），将"案例\03"文件夹内二极管电气元件插入图形中，如图 6-214 所示。

步骤 02 执行"镜像"命令（MI），垂直镜像图形，在命令行"要删除源对象吗？[是（Y）/否（N）]"选择"否（N）"选项。结果如图 6-215 所示。

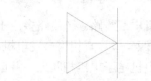

图 6-214 插入图形

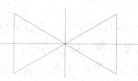

图 6-215 镜像图形

3）绘制其他电气元件

执行"插入"命令（I），将"案例\03"文件夹内以下电气元件插入图形中，如图 6-216 所示。

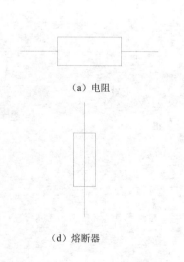

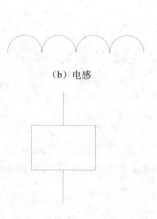

（a）电阻　　　　　　　（b）电感　　　　　　　（c）电流互感器

（d）熔断器　　　　　　（e）继电器　　　　　　（f）单极开关

图 6-216 插入元件

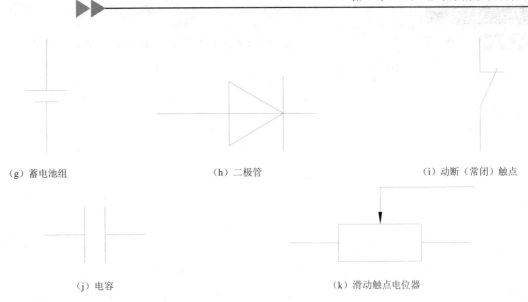

（g）蓄电池组　　　　　　　　（h）二极管　　　　　　　　（i）动断（常闭）触点

（j）电容　　　　　　　　　　　（k）滑动触点电位器

图 6-216　插入元件（续）

2. 组合图形

步骤 01 执行"直线"命令（L），绘制长为 130mm 的水平直线，再执行"偏移"命令（O），将直线垂直向下依次偏移 15mm、15mm、10mm。结果如图 6-217 所示。

步骤 02 执行"圆"命令（C），绘制四个半径为 1.5mm 的圆，放置在如图 6-218 所示位置。

图 6-217　绘制直线　　　　　　　　　　　　　　图 6-218　绘制圆

步骤 03 通过执行移动、复制、缩放、旋转命令将各元件符号放置在相应位置，并以直线将图形进行连接，如图 6-219 所示。

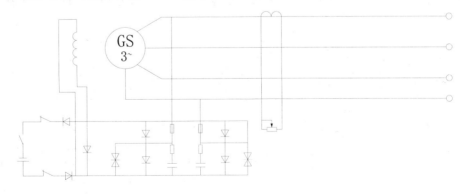

图 6-219　组合图形

步骤 04 执行"矩形"命令（REC），绘制 40mm×60mm 的矩形并将其线型改为虚线，如图 6-220 所示。

步骤 05 执行 "圆" 命令（C），在矩形相应位置绘制半径为 1mm 的圆，如图 6-221 所示。

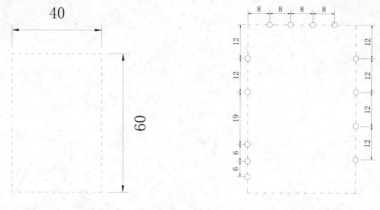

图 6-220　绘制矩形　　　　　　　　　　　　图 6-221　绘制圆

步骤 06 通过执行移动、复制、缩放、旋转命令将各元件符号放置在相应位置，并以直线将图形进行连接，如图 6-222 所示。

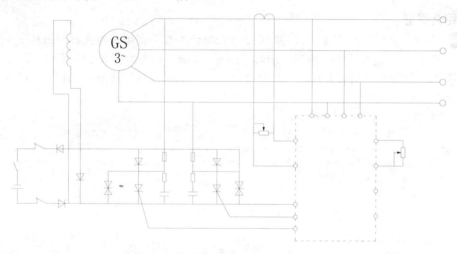

图 6-222　组合图形

步骤 07 执行 "矩形" 命令（REC），在相应位置绘制两个虚线矩形，如图 6-223 所示。

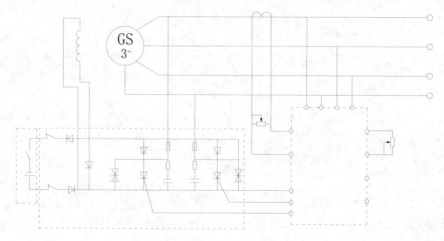

图 6-223　绘制矩形

步骤 08 通过执行移动、复制命令将继电器元件符号放置在相应位置，并以直线绘制连接导线，再执行"圆"命令（C），绘制半径为 1.5mm 的圆，如图 6-224 所示。

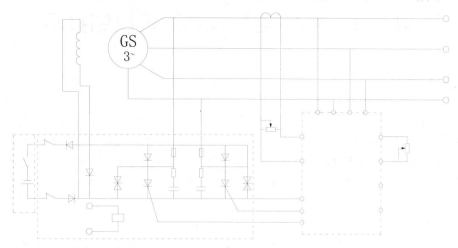

图 6-224　组合图形

步骤 09 执行"单行文字"命令（DT），设置文字高度为 3mm，在图形位置进行文字注释。结果如图 6-225 所示。

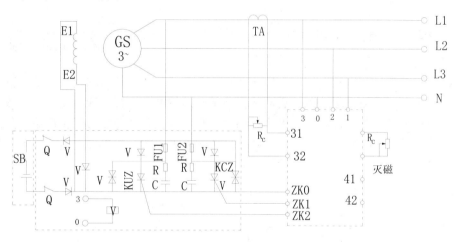

图 6-225　标注文字

步骤 10 至此，并励励磁发电机电气线路图已经绘制完成，按 Ctrl+S 组合键进行保存。

第7章 机械电气线路图的绘制技巧

● **本章导读**

通用机械应用广泛，如空压机、油压机、锅炉辅机、双速风机及电动门等。一般而言，这些机械的顺序控制线路都不太复杂，自控程度也不是很高，因而熟悉和掌握它们也较为容易。

在本章中，通过 AutoCAD 2014 软件，来绘制一些典型的机械电气线路图，包括皮带运输机顺序控制线路图、自动控制电气线路图、小型空压机电气线路图、锅炉引风机电气线路图、水泵自动控制电气线路图等，从而让用户掌握相同类型机械电气线路图的绘制技巧和方法。

● **本章内容**

皮带运输机顺序控制线路图	混凝土搅拌机电气线路图	锅炉引风机电气线路图
工地卷扬机电气线路图	自动混凝土振捣器线路图	输料堵斗自停控制线路图
自动称控制电气线路图	小型空压机电气线路图	水泵自动控制电气线路图
		立式磨机电气线路图

技巧：144 皮带运输机顺序控制线路图

视频：技巧 144-皮带运输机顺序控制线路图.avi
案例：皮带运输机顺序控制线路图.dwg

技巧概述：皮带运输机顺序控制电气线路是由两台电动机分别带动两条皮带运输机。为防止物料在皮带上堵塞，皮带运输机的启动和停止都必须按顺序执行，即启动时，应该在第一条皮带启动后再启动第二条皮带；而在停止运动时，则只有在第二条皮带停止后第一条皮带才可以停止。本线路就是根据两条皮带运输机顺序的要求而设计的，并采取交流接触器辅助触点联锁。皮带运输机顺序控制电气线路图如图 7-1 所示。

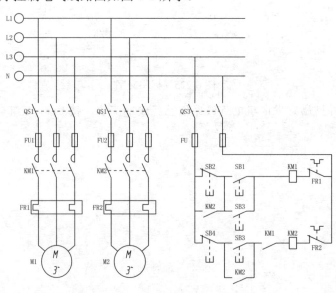

图 7-1　皮带运输机顺序控制电气线路图

具体绘制步骤如下。

1. 绘制主线

步骤 01 正常启动 AutoCAD 2014 软件，系统自动创建一个空白文件，在快速访问工具栏上单击"保存"按钮，将其保存为"案例\07\皮带运输机顺序控制电气线路图.dwg"文件。

步骤 02 执行"直线"命令（L），按 F8 键打开正交模式，在屏幕上指定一点为直线起点，再拖动鼠标到右方，输入长度 120，绘制一条直线段。

步骤 03 执行"圆"命令（C），以左端的直线端点为圆心，绘制一个直径为 5mm 的圆。所绘制的图形如图 7-2 所示。

图 7-2　绘制直线和圆

步骤 04 执行"移动"命令（M），选择刚才所绘制的圆，将其竖直向左进行移动操作，移动距离为 2.5mm。所移动的图形如图 7-3 所示。

图 7-3　移动圆

步骤 05 执行"复制"命令（CO），选择刚才所绘制的水平直线段和圆，将它们竖直向下进行复制操作，复制间距为 10mm，复制 3 组。所复制的图形如图 7-4 所示。

图 7-4　复制操作

2. 绘制进线

步骤 01 执行"直线"命令（L），在图形的左下方指定一点为直线的起点，绘制一条竖直的直线段，如图 7-5 所示。

图 7-5　绘制竖直直线段

步骤 02 执行"复制"命令（CO），将刚才绘制的竖直直线段向右进行复制操作，复制尺寸如图所示，复制 7 条，如图 7-6 所示。

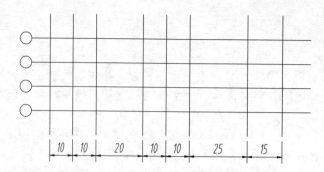

图 7-6 复制操作

步骤 **03** 执行"修剪"命令（TR），将图形按照如图所示的形状进行修建操作，修建后的图形如图 7-7 所示。

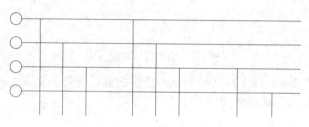

图 7-7 修剪操作

3. 插入电气元件

执行"插入"命令（I），将"案例\03"文件夹内以下电气元件插入图形中，如图 7-8 所示。

（a）二极热断电器   （b）多极开关   （c）熔断器   （d）动合常开触点

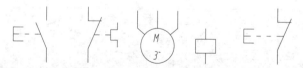

（e）动合常开按钮 （f）控制器 （g）电动机 （h）接触器 （i）动断常闭按钮

图 7-8 插入电气图块

4. 修改电气元件

步骤 **01** 执行"复制"命令（CO），将前面插入的"多极开关"图块图形向外面复制一份。

步骤 **02** 执行"圆弧"命令（A），在刚才复制的"多极开关"图形上面的竖直线段处绘制一段如图 7-9 所示的圆弧图形。

步骤 **03** 执行"复制"命令（CO），将前面绘制的圆弧进行复制操作，分别复制到多极开关上面的竖直线段上。复制后的图形如图 7-10 所示。

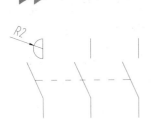

图 7-9　绘制圆弧

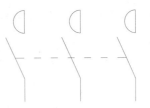

图 7-10　复制圆弧

5．组合图形

步骤 01　通过执行移动、复制、旋转、缩放、镜像等命令将各元件符号放置在相应位置，并以直线将图形进行连接。结果如图 7-11 所示。

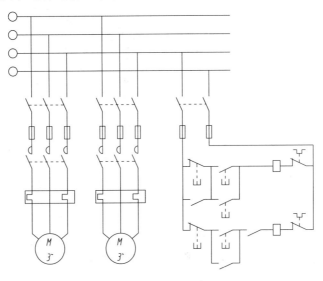

图 7-11　连接图形

步骤 02　执行"单行文字"命令（DT），设置文字高度为 2.5mm，在图形位置进行文字注释。结果如图 7-12 所示。

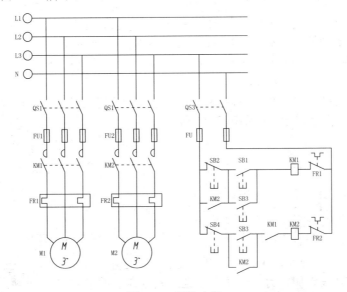

图 7-12　标注文字

步骤 **03** 至此,皮带运输机顺序控制电气线路已经绘制完成,按 **Ctrl+S** 组合键进行保存。

技巧:145 **工地卷扬机电气线路图**

视频:技巧145-工地卷扬机电气线路图.avi
案例:工地卷扬机电气线路图.dwg

技巧概述: 在建筑工地上,广泛地使用着卷扬机,主要是用来向楼层高处运输材料。工地卷扬机电气线路是由机架、三相笼型异步电动机 M、电磁制动器 YA、减速器、卷筒、交流接触器 KMF 和 KMR 和按钮等部件组成。工地卷扬机电气线路图如图 7-13 所示。

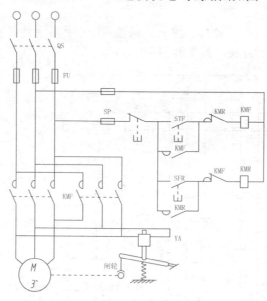

图 7-13 工地卷扬机电气线路图

具体绘制步骤如下。

1. 绘制进线

步骤 **01** 正常启动 AutoCAD 2014 软件,系统自动创建一个空白文件,在快速访问工具栏上单击“保存”按钮 █,将其保存为“案例\07\工地卷扬机电气线路图.dwg”文件。

步骤 **02** 执行“直线”命令(L),按 F8 键打开正交模式,在屏幕上指定一点为直线起点,再拖动鼠标到下方,输入长度 5,绘制一条竖直的直线段。

步骤 **03** 执行“圆”命令(C),以直线的上端点为圆心,绘制一个直径为 4mm 的圆。所绘制的图形如图 7-14 所示。

步骤 **04** 执行“移动”命令(M),选择刚才所绘制的圆,将其竖直向上进行移动操作,移动距离为 2。所移动的图形如图 7-15 所示。

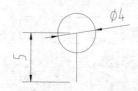

图 7-14 绘制直线和圆

图 7-15 移动圆

步骤 **05** 执行“复制”命令(CO),选择刚才所绘制的竖直直线段和圆,将它们水平向右进行复制操作,复制间距为 10,复制 2 组。所绘制的图形如图 7-16 所示。

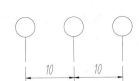

图 7-16 复制操作

2. 插入电气元件

执行"插入"命令（I），将"案例\03"文件夹内以下电气元件插入图形中，如图 7-17 所示。

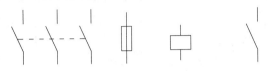

（a）多极开关　（b）熔断器（c）接触器　（d）动合常开触点

（e）动合常开按钮　（f）动断触点　（g）电动机　（h）动断常闭按钮

图 7-17 插入电气图块

3. 修改电气元件

步骤 01 执行"复制"命令（CO），将前面插入的"多极开关"图块图形向外面复制一份。

步骤 02 执行"圆弧"命令（A），在刚才复制的"多极开关"图形上面的竖直线段处绘制一段如图 7-18 所示的圆弧图形。

步骤 03 执行"复制"命令（CO），将前面绘制的圆弧进行复制操作，分别复制到多极开关上面的竖直线段上。复制后的图形如图 7-19 所示。

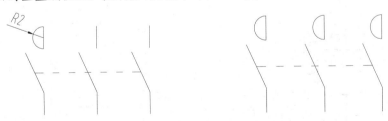

图 7-18 绘制圆弧　　　　　　　　　　　　　图 7-19 复制圆弧

步骤 04 同样方式，对前面插入的"动合常开触点"和"动断触点"也进行绘制圆弧操作。修改后的图形如图 7-20 所示。

（a）动断触点　　　　（b）动合常开触点

图 7-20 绘制圆弧

4. 组合图形

通过执行移动、复制、旋转、缩放、镜像等命令将各元件符号放置在相应位置，并以直线将图形进行连接。结果如图 7-21 所示。

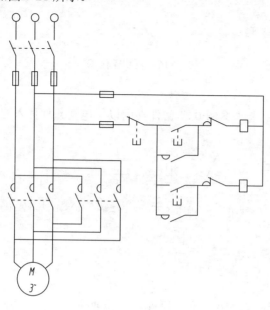

图 7-21　连接图形

5. 绘制电磁制动器

步骤 01 执行"矩形"命令（REC），绘制几个矩形，尺寸分别为 2mm×2mm、6mm×6mm、2mm×6mm、24mm×24mm；再执行"移动"命令（M），将这几个矩形图形按照如图 7-22 所示的位置进行移动操作。

步骤 02 执行"旋转"命令（RO），将尺寸为 24mm×2mm 的矩形绕如图所示的点进行旋转操作，旋转角度为−10°，如图 7-23 所示。

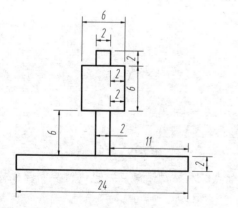

图 7-22　绘制矩形

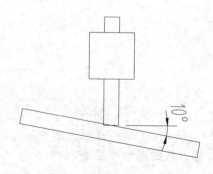

图 7-23　旋转矩形

步骤 03 执行"圆"命令（C），以几条矩形边的中点绘制几个圆图形，直径为 2mm；然后再在左下边绘制两个同心圆，直径分别为 3mm 和 5mm，如图 7-24 所示。

步骤 04 执行"修剪"命令（TR），对刚才绘制的几个圆进行修剪操作。修剪后的图形如图 7-25 所示。

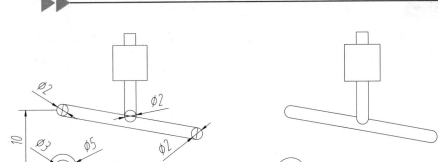

图 7-24　绘制圆　　　　　　　　　图 7-25　修剪图形

步骤 05　执行"直线"命令（L），按照如图 7-26 所示的位置与形状绘制几条直线段，用以表示地面和链接杆。

步骤 06　执行"样条曲线"命令（SPL），绘制一条样条曲线，用以表示弹簧连接，如图 7-27 所示。

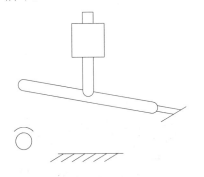 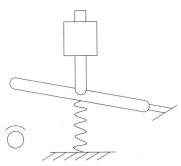

图 7-26　绘制直线　　　　　　　　　图 7-27　绘制样条曲线

步骤 07　执行"移动"命令（M），将刚才绘制的电磁制动器移动到电路图中如图 7-28 所示的位置上；并执行"直线"命令（L），绘制直线段和虚线段来连接相关的部分。

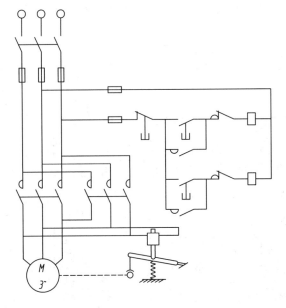

图 7-28　移动图形

步骤 08 执行"单行文字"命令（DT），设置文字高度为 2.5mm，在图形位置进行文字注释。结果如图 7-29 所示。

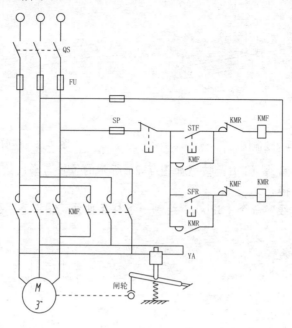

图 7-29　标注文字

步骤 09 至此，工地卷扬机电气线路图已经绘制完成，按 Ctrl+S 组合键进行保存。

技巧：146　自动控制电气线路图

> 视频：技巧146-自动称电气线路图.avi
> 案例：散装水泥自动称电气线路图.dwg

技巧概述： 散装水泥自动控制电气线路图主要由螺旋运输机驱动电动机 M1、振动给料器电动机 M2、接触器 KM1 和 KM2、继电器 KA 等组成。它主要用于散装水泥以取料、给料、称量和计数的全套工作。散装水泥自动电气线路图如图 7-30 所示。

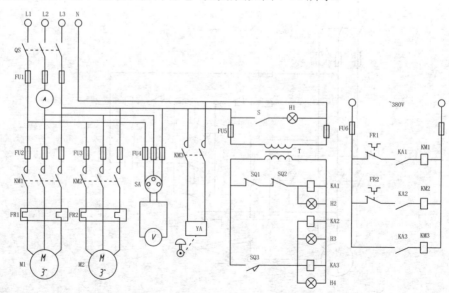

图 7-30　散装水泥自动控制电气线路图

具体绘制步骤如下。

1. 绘制进线

步骤 01 正常启动 AutoCAD 2014 软件，系统自动创建一个空白文件，在快速访问工具栏上单击"保存"按钮，将其保存为"案例\07\散装水泥自动称电气线路图.dwg"文件。

步骤 02 执行"直线"命令（L），按 F8 键打开正交模式，在屏幕上指定一点为直线起点，再拖动鼠标到下方，输入长度 5，绘制一条竖直的直线段。

步骤 03 执行"圆"命令（C），以直线的上端点为圆心，绘制一个直径为 4mm 的圆。所绘制的图形如图 7-31 所示。

步骤 04 执行"移动"命令（M），选择刚才所绘制的圆，将其竖直向上进行移动操作，移动距离为 2mm。所移动的图形如图 7-32 所示。

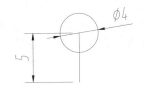
图 7-31　绘制直线和圆

图 7-32　移动圆

步骤 05 执行"复制"命令（CO），选择刚才所绘制的竖直直线段和圆，将它们水平向右进行复制操作，复制间距为 10mm，复制 2 组。所复制的图形如图 7-33 所示。

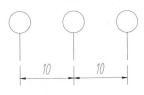
图 7-33　复制操作

2. 绘制切换开关

步骤 01 执行"圆"命令（C），在屏幕上指定一点为圆心，绘制两个同心圆，直径为 2mm 和 10mm，如图 7-34 所示。

步骤 02 执行"复制"命令（CO），将里面直径为 2mm 的小圆向左右和上方进行复制操作，复制距离为 3mm，如图 7-35 所示。

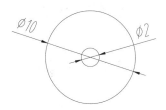
图 7-34　绘制竖直直线段

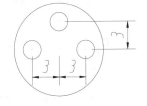
图 7-35　复制操作

步骤 03 执行"写块"命令（W），将绘制好的切换开关图形保存为外部块文件，且保存到电气元件符号的章节"案例\03"文件夹里面。

3. 绘制电磁制动器

步骤 01 执行"矩形"命令（REC），在屏幕任意一处绘制一个尺寸为 12mm×8mm 的矩形，如图 7-36 所示。

步骤 02 执行"圆"命令（C），在矩形的左下方绘制如图所示的几个圆，如图 7-37 所示。

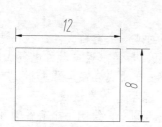

图 7-36 绘制矩形

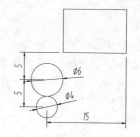

图 7-37 绘制圆

步骤 03 执行"圆环"命令（DO），在直径为 4mm 的圆的圆心处绘制一个内径为 0、外径为 1mm 的圆环，如图 7-38 所示。

步骤 04 执行"直线"命令（L），绘制一条实线段和一条虚线段，如图 7-39 所示。

步骤 05 执行"修剪"命令（TR）和"删除"命令（E），对图形按照如图所示的形状进行修剪删除操作。修剪后的图形如图 7-40 所示。

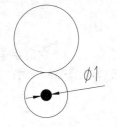

图 7-38 绘制圆环

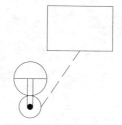

图 7-39 绘制直线

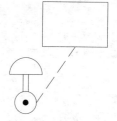

图 7-40 修剪图形

4. 插入电气元件

执行"插入"命令（I），将"案例\03"文件夹内以下电气元件插入图形中，如图 7-41 所示。

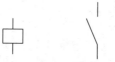

（a）接触器　（b）动合常开触点　（c）切换开关　（d）电流表　（e）熔断器

（f）动断常闭按钮　（g）电压表　（h）灯　（i）电感　（j）电动机

（k）二极热断电器　（l）多极开关　（m）控制器　（n）动合常开按钮（o）动断触点

图 7-41 插入电气图块

5. 修改电气元件

步骤 01 执行"复制"命令（CO），将前面插入的"多极开关"图块图形向外面复制一份。

步骤 02 执行"圆弧"命令（A），在刚才复制的"多极开关"图形上面的竖直线段处绘制一段如图 7-42 所示的圆弧图形。

步骤 03 执行"复制"命令（CO），将前面绘制的圆弧进行复制操作，分别复制到多极开关上面的竖直线段上复制后的图形如图 7-43 所示。

步骤 04 执行"复制"命令（CO），将"动合常开触点"复制一份出来；再执行"直线"命令（L），绘制一个如图 7-44 所示的三角形，用以表示限位开关。

图 7-42 绘制圆弧

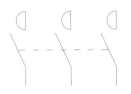

图 7-43 复制圆弧

图 7-44 绘制三角形

6. 组合电路图一

通过执行移动、复制、旋转、缩放、镜像等命令将各元件符号放置在相应位置，并以直线将图形进行连接。结果如图 7-45 所示。

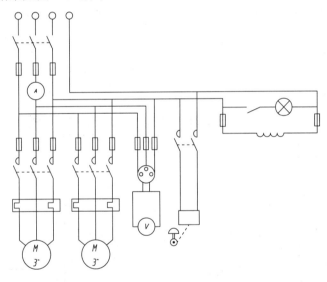

图 7-45 连接图形

7. 组合电路图二

步骤 01 执行"直线"命令（L），在图中电感的下面绘制一条水平的直线段，如图 7-46 所示。

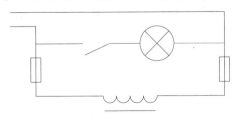

图 7-46 绘制直线段

步骤 02 执行移动、复制、旋转、缩放、镜像等命令将各元件符号放置在相应位置，并以直线将图形进行连接，组成电路图二，结果如图7-47所示。

8. 组合电路图三

步骤 01 同样的方法，执行移动、复制、旋转、缩放、镜像等命令将各元件符号放置在相应位置，并以直线将图形进行连接，组成电路图三，如图7-48所示。几组电路图组合起来如图7-49所示。

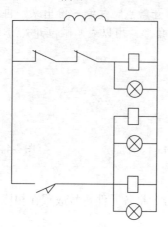

图 7-47　连接图形二

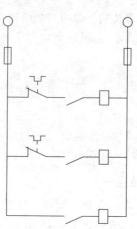

图 7-48　连接图形三

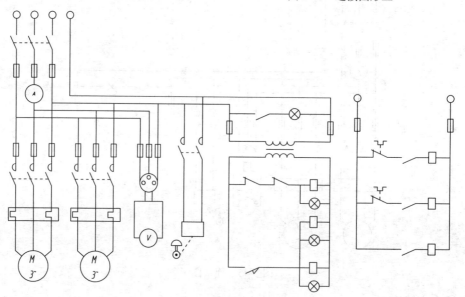

图 7-49　所有电路图

步骤 02 执行"单行文字"命令（DT），设置文字高度为2.5mm，在图形位置进行文字注释，结果如图7-50所示。

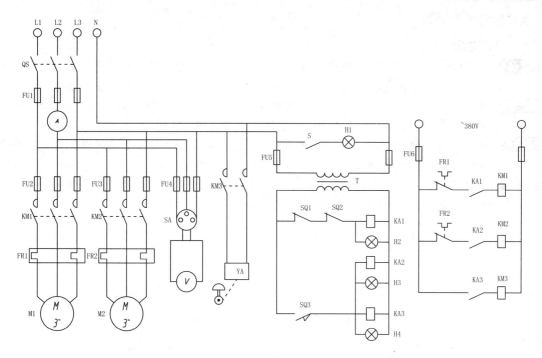

图 7-50　标注文字

步骤 03 至此，散装水泥自动控制电气线路图已经绘制完成，按 Ctrl+S 组合键进行保存。

技巧：147　混凝土搅拌机电气线路图

视频：技巧147-混凝土搅拌机电气线路图.avi
案例：混凝土搅拌机电气线路图.dwg

技巧概述：混凝土搅拌机的作用是按照顺序完成水泥的进料、搅拌、出料的全过程，它的电气线路主要由搅拌机滚筒电动机 M1、料斗电动机 M2、电磁抱闸 YB、给水磁阀 YV、接触器 KM、限位开关 SQ1 和 SQ2 等组成。混凝土搅拌机电气线路图如图 7-51 所示。

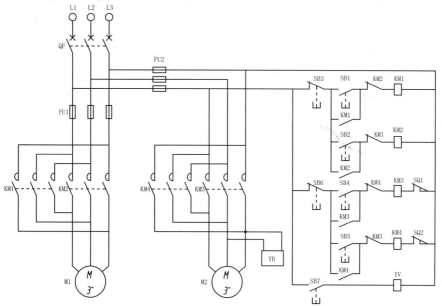

图 7-51　混凝土搅拌机电气线路图

具体绘制步骤如下。

1. 绘制进线

步骤 01 正常启动 AutoCAD 2014 软件，系统自动创建一个空白文件，在快速访问工具栏上单击"保存"按钮 ，将其保存为"案例\07\混凝土搅拌机电气线路图.dwg"文件。

步骤 02 执行"直线"命令（L），按 F8 键打开正交模式，在屏幕上指定一点为直线起点，再拖动鼠标到下方，输入长度 5，绘制一条竖直的直线段。

步骤 03 执行"圆"命令（C），以直线的上端点为圆心，绘制一个直径为 4mm 的圆。所绘制的图形如图 7-52 所示。

步骤 04 执行"移动"命令（M），选择刚才所绘制的圆，将其竖直向上进行移动操作，移动距离为 2mm。所移动的图形如图 7-53 所示。

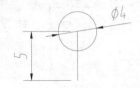

图 7-52 绘制直线和圆

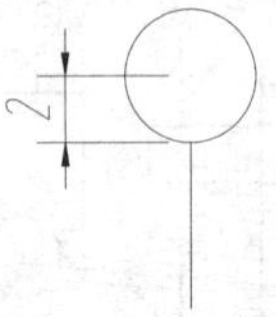

图 7-53 移动圆

步骤 05 执行"复制"命令（CO），选择刚才所绘制的竖直直线段和圆，将它们水平向右进行复制操作，复制间距为 10mm，复制 2 组。所复制的图形如图 7-54 所示。

2. 绘制电磁抱闸

执行"矩形"命令（REC），绘制一个尺寸为 12mm×8mm 的矩形，用以表示电磁抱闸，如图 7-55 所示。

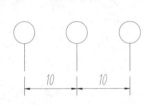

图 7-54 复制操作

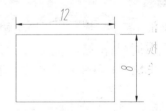

图 7-55 绘制矩形

3. 插入电气元件

执行"插入"命令（I），将"案例\03"文件夹内以下电气元件插入图形中，如图 7-56 所示。

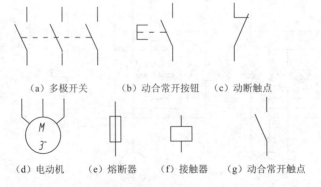

（a）多极开关　　（b）动合常开按钮　　（c）动断触点

（d）电动机　　（e）熔断器　　（f）接触器　　（g）动合常开触点

图 7-56 插入电气图块

4. 修改电气元件

步骤 01 执行"复制"命令（CO），将前面插入的"多极开关"图块图形向外面复制一份。

步骤 02 执行"圆弧"命令（A），在刚才复制的"多极开关"图形上面的竖直线段处绘制一段如图 7-57 所示的圆弧图形。

步骤 03 执行"复制"命令（CO），将前面绘制的圆弧进行复制操作，分别复制到多极开关上面的竖直线段上。复制后的图形如图 7-58 所示。

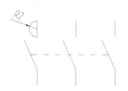

图 7-57　绘制圆弧

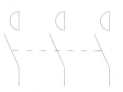

图 7-58　复制圆弧

步骤 04 执行"复制"命令（CO），将"多极开关"图块图形再向外面复制一份。

步骤 05 执行"直线"命令（L），在刚才复制的"多极开关"图形上面的竖直线段处绘制两条角度为 45° 和-45° 的直线段，如图 7-59 所示。

步骤 06 执行"复制"命令（CO），将前面绘制的交叉线段进行复制操作，分别复制到多极开关上面的竖直线段上，复制后的图形如图 7-60 所示。该符号用以表示断路器

步骤 07 执行"复制"命令（CO），将"动合常开触点"复制一份出来；再执行"直线"命令（L），绘制一个如图 7-61 所示的三角形，用以表示行程开关。

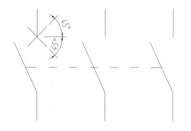

图 7-59　绘制直线段

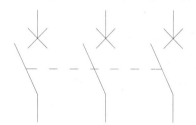

图 7-60　复制直线段

图 7-61　行程开关

5. 组合电路图

步骤 01 通过执行移动、复制、旋转、缩放、镜像等命令将各元件符号放置在相应位置，并以直线将图形进行连接。结果如图 7-62 所示。

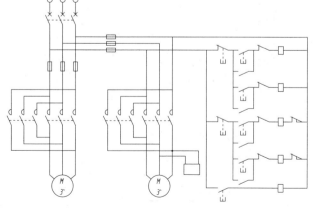

图 7-62　连接图形

步骤 **02** 执行"单行文字"命令（DT），设置文字高度为 2.5mm，在图形位置进行文字注释。结果如图 7-63 所示。

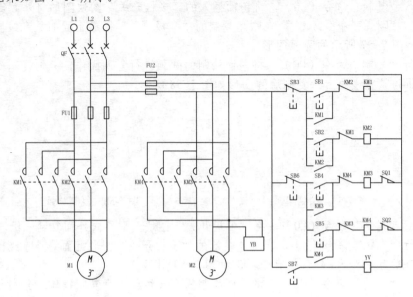

图 7-63　标注文字

步骤 **03** 至此，混凝土搅拌机电气线路图已经绘制完成，按 Ctr1+S 组合键进行保存。

技巧：148　自动混凝土振捣器线路图

视频：技巧148-自动混凝土振捣器线路图.avi
案例：自动混凝土振捣器线路图.dwg

技巧概述： 自动混凝土振捣器的线路中 M 为三相笼型异步电动机，G 为三相绕线式异步电动机，M1 为振捣器电动机，YA 则为电磁铁。自动混凝土振捣器启动时按下开关 P，电磁铁 YA、开关 S、接触器 KM1 等均得电吸合，电动机 M 即启动运转，同时时间继电器 KT 得电后延时闭合，致使接触器 KM2 得电吸合而接通振捣器电动机 M1 进行工作；如果要停止运行，则按下开关 P 即可。所绘制的自动混凝土振捣器线路图如图 7-64 所示。

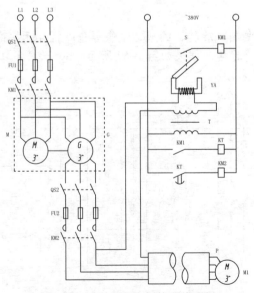

图 7-64　自动混凝土振捣器线路图

具体绘制步骤如下。

1. 绘制进线

步骤 01 正常启动 AutoCAD 2014 软件，系统自动创建一个空白文件，在快速访问工具栏上单击"保存"按钮 ，将其保存为"案例\07\自动混凝土振捣器线路图.dwg"文件。

步骤 02 执行"直线"命令（L），按 F8 键打开正交模式，在屏幕上指定一点为直线起点，再拖动鼠标到下方，输入长度 5，绘制一条竖直的直线段。

步骤 03 执行"圆"命令（C），以直线的上端点为圆心，绘制一个直径为 4mm 的圆。所绘制的图形如图 7-65 所示。

步骤 04 执行"移动"命令（M），选择刚才所绘制的圆，将其竖直向上进行移动操作，移动距离为 2mm。所移动的图形如图 7-66 所示。

步骤 05 执行"复制"命令（CO），选择刚才所绘制的竖直直线段和圆，将它们水平向右进行复制操作，复制间距为 10mm，复制 2 组。所复制的图形如图 7-67 所示。

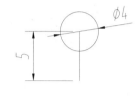

图 7-65　绘制直线和圆

图 7-66　移动圆

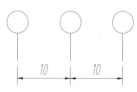

图 7-67　复制操作

2. 绘制电磁铁

步骤 01 执行"矩形"命令（REC），绘制几个矩形，尺寸分别为 3mm×20mm、20mm×10mm、14mm×7mm 的矩形；再执行"移动"命令（M），将这几个矩形按照如图所示的形状进行移动操作，如图 7-68 所示。

步骤 02 执行"旋转"命令（RO），将 3mm×20mm 的矩形绕下方水平线段的中点进行旋转，旋转角度为-50°，如图 7-69 所示。

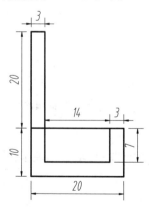

图 7-68　绘制矩形

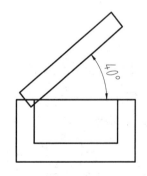

图 7-69　旋转操作

步骤 03 执行"修剪"命令（TR），将图形的形状进行修剪操作。修剪后的图形如图 7-70 所示。

步骤 04 执行"样条曲线"命令（SPL），绕下方的两条水平线段绘制一段如图 7-71 所示的样条曲线，用以表示线圈。

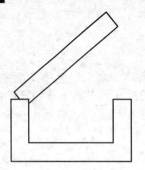

图 7-70　修剪图形

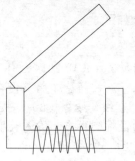

图 7-71　绘制样条曲线

3. 绘制开关

步骤 01 执行"矩形"命令（REC），绘制一个尺寸为 40mm×20mm 的矩形，如图 7-72 所示。

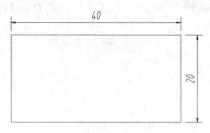

图 7-72　绘制矩形

步骤 02 执行"样条曲线"命令（SPL），在矩形中间绘制两段如图所示的样条曲线，如图 7-73 所示。

步骤 03 执行"修剪"命令（TR），将图形按照如图所示的形状进行修剪操作。修剪后的图形如图 7-74 所示。

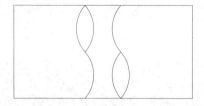

图 7-73　绘制样条曲线

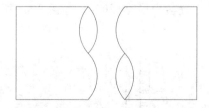

图 7-74　修剪图形

4. 插入电气元件

执行"插入"命令（I），将"案例\03"文件夹内以下电气元件插入图形中，如图 7-75 所示。

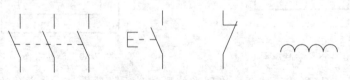

　　（a）多极开关　　（b）动合常开按钮　　（c）动断触点　　（d）电感

图 7-75　插入电气图块

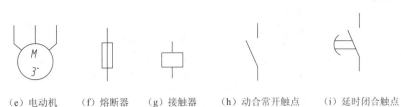

（e）电动机　　（f）熔断器　　（g）接触器　　（h）动合常开触点　　（i）延时闭合触点

图 7-75　插入电气图块（续）

5. 修改电气元件

步骤 01 执行"复制"命令（CO），将前面插入的"多极开关"图块图形向外面复制一份。

步骤 02 执行"圆弧"命令（A），在刚才复制的"多极开关"图形上面的竖直线段处绘制一段如图 7-76 所示的圆弧图形。

步骤 03 执行"复制"命令（CO），将前面绘制的圆弧进行复制操作，分别复制到多极开关上面的竖直线段上。复制后的图形如图 7-77 所示。

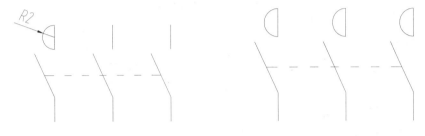

图 7-76　绘制圆弧　　　　　　　　　　图 7-77　复制圆弧

步骤 04 执行"复制"命令（CO），将前面插入的"电动机"图块图形向外面复制一份。

步骤 05 执行"分解"命令（X），将复制后的"电动机"图块进行分解操作。

步骤 06 双击文字，将 M 改成 G，完成图块修改操作。修改后的图形如图 7-78 所示。

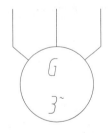

图 7-78　修改文字

6. 组合电路图

步骤 01 通过执行移动、复制、旋转、缩放、镜像等命令将各元件符号放置在相应位置，并以直线将图形进行连接。结果如图 7-79 所示。

步骤 02 执行"直线"命令（L），在电磁铁位置绘制如图 7-80 所示的两条直线段，并将相关的线段转换成虚线。

步骤 03 执行"矩形"命令（REC），在左边的两个电动机处绘制一个矩形，并将其转换成虚线，如图 7-81 所示。

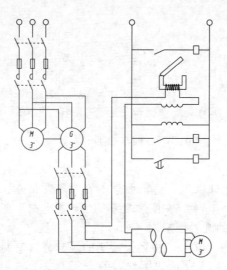

图 7-79　连接图形

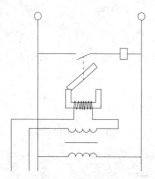

图 7-80　绘制直线段

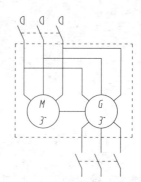

图 7-81　绘制矩形框

步骤 04 执行"单行文字"命令（DT），设置文字高度为 2.5mm，在图形位置进行文字注释。结果如图 7-82 所示。

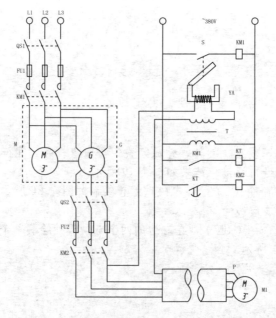

图 7-82　标注文字

步骤 05 至此,自动混凝土振捣器线路图已经绘制完成,按 Ctrl+S 组合键进行保存。

技巧：149 小型空压机电气线路图

视频：技巧149-小型空压机电气线路图.avi
案例：小型空压机电气线路图.dwg

技巧概述： 小型空压机的电气线路图由三相异步电动机 M、压力传感器 SP、中间继电器 KA、交流接触器 KM 及控制按钮 SB1、SB2 等组成。它通过安装在储气罐上的压力传感器 P 指示压力,然后自动控制电动机启动和停止,以保证空压机始终保持额定提供气压力。小型空压机电气线路图如图 7-83 所示。

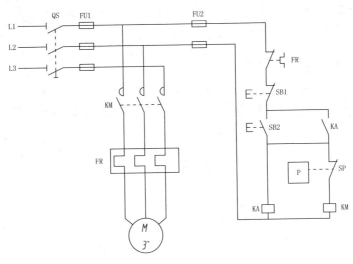

图 7-83　小型空压机电气线路图

具体绘制步骤如下。

1. 绘制压力指示表

步骤 01 正常启动 AutoCAD 2014 软件,系统自动创建一个空白文件,在快速访问工具栏上单击"保存"按钮 ，将其保存为 "案例\07\小型空压机电气线路图.dwg" 文件。

步骤 02 执行 "矩形" 命令（REC）,绘制一个尺寸为 10mm×10mm 的矩形,如图 7-84 所示。

步骤 03 执行 "单行文字" 命令,在矩形中间输入一个 P 字母,如图 7-85 所示.

图 7-84　绘制矩形

图 7-85　输入字母

2. 插入电气元件

执行 "插入" 命令（I）,将 "案例\03" 文件夹内以下电气元件插入图形中,如图 7-86 所示。

(a) 多极开关　(b) 动合常开按钮　(c) 控制器　(d) 动断常闭按钮　(e) 隔断开关

(f) 电动机　(g) 熔断器　(h) 接触器　(i) 动合常开触点　(j) 动断触点　(k) 三极热断电器

图 7-86　插入电气图块

3. 修改电气元件

步骤 01 执行"复制"命令（CO），将前面插入的"多极开关"图块图形向外面复制一份。

步骤 02 执行"圆弧"命令（A），在刚才复制的"多极开关"图形上面的竖直线段处绘制一段如图 7-87 所示的圆弧图形。

步骤 03 执行"复制"命令（CO），将前面绘制的圆弧进行复制操作，分别复制到多极开关上面的竖直线段上。复制后的图形如图 7-88 所示。

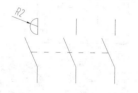

图 7-87　绘制圆弧

图 7-88　复制圆弧

4. 组合电路图

步骤 01 通过执行移动、复制、旋转、缩放、镜像等命令将各元件符号放置在相应位置，并以直线将图形进行连接，结果如图 7-89 所示。

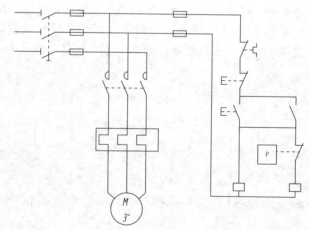

图 7-89　连接图形

步骤 02 执行"单行文字"命令（DT），设置文字高度为 2.5mm，在图形位置进行文字注释。结果如图 7-90 所示。

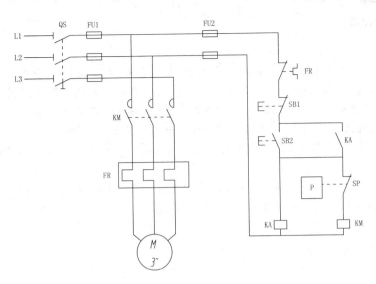

图 7-90　标注文字

步骤 03　至此,小型空压机电气线路图已经绘制完成,按 Ctrl+S 组合键进行保存。

技巧：150　锅炉引风机电气线路图

视频：技巧150-锅炉引风机电气线路图.avi
案例：锅炉引风机电气线路图.dwg

技巧概述：锅炉引风机的电动机多采用 Y-△接法的降压启动电路,因为这种启动方式既能满足引风机离心负载性质的要求,还可以减小电动机启动电流对电源的冲击。本例中的电气线路采用时间继电器 KT 对电动机进行 Y-△接法的定时切换。锅炉引风机电气线路图如图 7-91 所示。

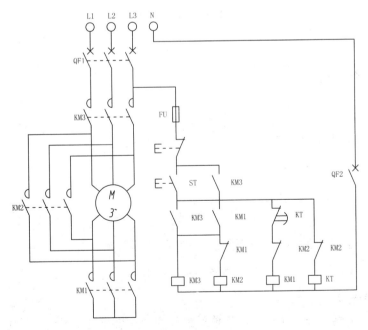

图 7-91　锅炉引风机电气线路图

具体绘制步骤如下。

1. 绘制进线

步骤 01 正常启动 AutoCAD 2014 软件，系统自动创建一个空白文件，在快速访问工具栏上单击"保存"按钮 🖫，将其保存为"案例\07\锅炉引风机电气线路图.dwg"文件。

步骤 02 执行"直线"命令（L），按 F8 键打开正交模式，在屏幕上指定一点为直线起点，再拖动鼠标到下方，输入长度 5，绘制一条竖直的直线段。

步骤 03 执行"圆"命令（C），以直线的上端点为圆心，绘制一个直径为 4mm 的圆。所绘制的图形如图 7-92 所示。

步骤 04 执行"移动"命令（M），选择刚才所绘制的圆，将其竖直向上进行移动操作，移动距离为 2mm。所移动的图形如图 7-93 所示。

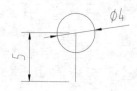

图 7-92　绘制直线和圆

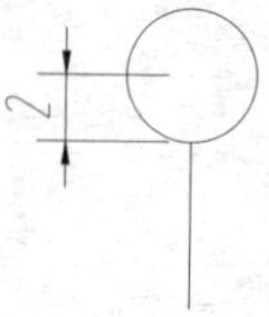

图 7-93　移动圆

步骤 05 执行"复制"命令（CO），选择刚才所绘制的竖直直线段和圆，将它们水平向右进行复制操作，复制间距为 10mm，复制 3 组。所复制的图形如图 7-94 所示。

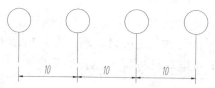

图 7-94　复制操作

2. 插入电气元件

执行"插入"命令（I），将"案例\03"文件夹内以下电气元件插入图形中，如图 7-95 所示。

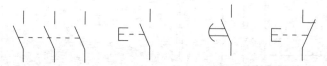

（a）多极开关　（b）动合常开按钮　（c）延时闭合触点（d）动断常闭按钮

（e）电动机　（f）熔断器　（g）接触器　（h）动合常开触点　（i）动断触点

图 7-95　插入电气图块

3. 修改电气元件

步骤 01 执行"复制"命令（CO），将前面插入的"多极开关"图块图形向外面复制一份。

步骤 02 执行"圆弧"命令（A），在刚才复制的"多极开关"图形上面的竖直线段处绘制一段如图所示的圆弧图形，如图 7-96 所示。

步骤 03 执行"复制"命令（CO），将前面绘制的圆弧进行复制操作，分别复制到多极开关上面的竖直线段上。复制后的图形如图 7-97 所示。

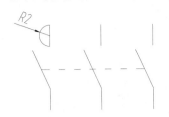

图 7-96 绘制圆弧

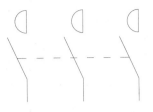

图 7-97 复制圆弧

步骤 04 执行"复制"命令（CO），将"多极开关"图块图形再向外面复制一份。

步骤 05 执行"直线"命令（L），在刚才复制的"多极开关"图形上面的竖直线段处绘制两条角度为 45°和-45°的直线段，如图 7-98 所示。

步骤 06 执行"复制"命令（CO），将前面绘制的交叉线段进行复制操作，分别复制到多极开关上面的竖直线段上，复制后的图形如图 7-99 所示。该符号用以表示断路器。

步骤 07 同样方法，对"动合常开触点"图块进行复制操作；再参照上面的步骤绘制一个十字叉，如图 7-100 所示。

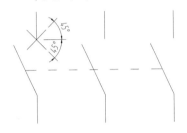

图 7-98 绘制直线段

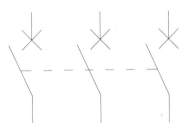

图 7-99 复制直线段

图 7-100 绘制十字叉

步骤 08 执行"复制"命令（CO），将"延时闭合触点"图块复制一份。

步骤 09 执行"分解"命令（X），将复制后的"延时闭合触点"图块进行分解操作；再执行"镜像"命令（MI），将左边的圆弧、两条水平线段和斜线段镜像到右边，如图 7-101 所示。

步骤 10 执行"删除"命令（E），将左边刚才镜像的源对象删除掉，如图 7-102 所示。

步骤 11 执行"直线"命令（L），绘制一条水平直线段，如图 7-103 所示。

图 7-101 镜像操作

图 7-102 修剪操作

图 7-103 绘制直线段

4. 组合电路图

步骤 01 通过执行移动、复制、旋转、缩放、镜像等命令将各元件符号放置在相应位置，并以直线将图形进行连接。结果如图 7-104 所示。

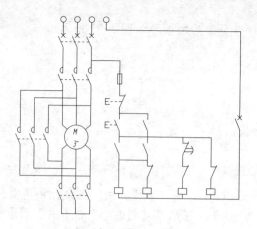

图 7-104 连接图形

步骤 02 执行"单行文字"命令（DT），设置文字高度为 2.5mm，在图形位置进行文字注释。结果如图 7-105 所示。

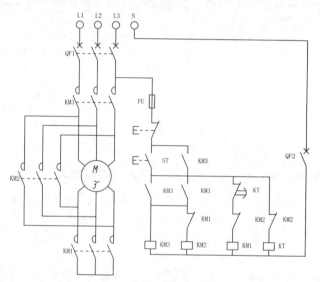

图 7-105 标注文字

步骤 03 至此，锅炉引风机电气线路图已经绘制完成，按 Ctrl+S 组合键进行保存。

技巧：151 输料堵斗自停控制线路图

视频：技巧151-输料堵斗自停控制线路图.avi
案例：输料堵斗自停控制电气线路图.dwg

技巧概述：输料堵斗自停控制电气线路是由三相异步电动机 M、交流接触器 KM、高灵敏度继电器 K、干簧管 KD、磁钢 Y、变压器 T 以及控制按钮 ST、STP 等组成。它工作的原理是：启动前，先按下开关 S，然后再按下启动按钮 ST、接触器 KM，电动机即进入运行；若料斗被堵住，则在干簧管 KD 和磁钢的动作下，使接触器 KM 失电而致使电动机 M 停止运转；当被堵料斗疏通后，因磁钢 Y 离开干簧管 KD，致使 KD 内触点恢复常开状态，高灵敏度继电器失电，再按下 ST 即可开机运行。输料堵斗自停控制电气线路图如图 7-106 所示。

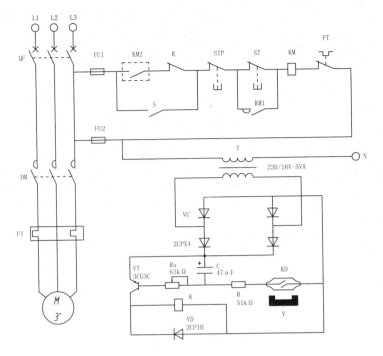

图 7-106　输料堵斗自停控制电气线路图

具体绘制步骤如下。

1. 绘制进线

步骤 01 正常启动 AutoCAD 2014 软件，系统自动创建一个空白文件，在快速访问工具栏上单击"保存"按钮 ，将其保存为"案例\07\输料堵斗自停控制电气线路图.dwg"文件。

步骤 02 执行"直线"命令（L），按 F8 键打开正交模式，在屏幕上指定一点为直线起点，再拖动鼠标到下方，输入长度 5，绘制一条竖直的直线段。

步骤 03 执行"圆"命令（C），以直线的上端点为圆心，绘制一个直径为 4mm 的圆。所绘制的图形如图 7-107 所示。

步骤 04 执行"移动"命令（M），选择刚才所绘制的圆，将其竖直向上进行移动操作，移动距离为 2mm。所移动的图形如图 7-108 所示。

步骤 05 执行"复制"命令（CO），选择刚才所绘制的竖直直线段和圆，将它们水平向右进行复制操作，复制间距为 10mm，复制 2 组。所复制的图形如图 7-109 所示。

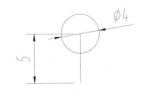

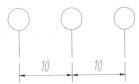

图 7-107　绘制直线和圆　　　　图 7-108　移动圆　　　　图 7-109　复制操作

2. 绘制干簧管

步骤 01 执行"矩形"命令（REC），绘制一个尺寸为 10mm×6mm 的矩形，如图 7-110 所示。

步骤 02 执行"圆"命令（C），在矩形的左右两边绘制两个圆，直径为 2mm；再执行"复制"命令（CO），将所绘制的圆移动到如图所示的位置，如图 7-111 所示。

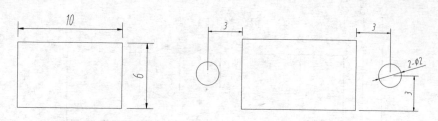

图 7-110　绘制矩形　　　　　图 7-111　绘制圆

步骤 03 执行"圆弧"命令（A），选择"起点、端点、半径"模式，分别捕捉矩形的右上角的角点，再捕捉右边圆的上象限点，输入半径值 6，绘制一段如图 7-112 所示的圆弧。

图 7-112　绘制圆弧

步骤 04 执行"镜像"命令（MI），将刚才绘制的圆弧分别镜像到下方和左边，如图 7-113 所示。

步骤 05 执行"修剪"命令（TR），将图形按照如图所示的形状进行修剪操作。修剪后的图形如图 7-114 所示。

图 7-113　镜像操作　　　　　图 7-114　修剪操作

步骤 06 执行"直线"命令（L），在图形内部绘制几条直线段，如图 7-115 所示。

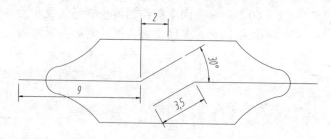

图 7-115　绘制直线

3．绘制磁钢

步骤 01 执行"矩形"命令（REC），绘制几个矩形，尺寸分别为 3mm × 2mm 和 15mm × 3mm，如图 7-116 所示。

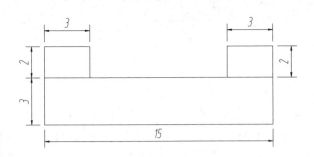

图 7-116　绘制矩形

步骤 02 执行"修剪"命令（TR），将图形按照如图所示的形状进行修剪操作。修剪后的图形如图 7-117 所示。

步骤 03 执行"图案填充"命令（BH），选择修剪后的区域为填充区域，再选择填充图案为SOLID，对图形进行填充操作，如图 7-118 所示。

图 7-117　修剪图形

图 7-118　图案填充

4.插入电气元件

执行"插入"命令（I），将"案例\03"文件夹内以下电气元件插入图形中，如图 7-119 所示。

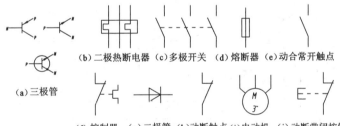

图 7-119　插入电气图块

5. 修改电气元件

步骤 01 执行"复制"命令（CO），将前面插入的"多极开关"图块图形向外面复制一份。

步骤 02 执行"圆弧"命令（A），在刚才复制的"多极开关"图形上面的竖直线段处绘制一段如图所示的圆弧图形，如图 7-120 所示。

步骤 03 执行"复制"命令（CO），将前面绘制的圆弧进行复制操作，分别复制到多极开关上面的竖直线段上。复制后的图形如图 7-121 所示。

步骤 04 同样方式，对前面插入的"动断触点"也进行绘制圆弧操作。所修改后的图形如图 7-122 所示。

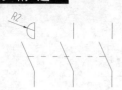

图 7-120　绘制圆弧　　　　　　图 7-121　复制圆弧　　　　　　图 7-122　绘制圆

步骤 05 执行 "复制" 命令（CO），将 "多极开关" 图块图形再向外面复制一份。

步骤 06 执行 "直线" 命令（L），在刚才复制的 "多极开关" 图形上面的竖直线段处绘制两条角度为 45° 和-45° 的直线段，如图 7-123 所示。

步骤 07 执行 "复制" 命令（CO），将前面绘制的交叉线段进行复制操作，分别复制到多极开关上面的竖直线段上，复制后的图形如图 7-124 所示。该符号用以表示断路器。

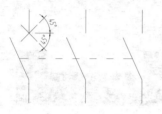
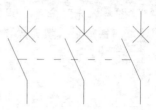

图 7-123　绘制直线段　　　　　　　　图 7-124　复制直线段

6. 组合电路图

步骤 01 通过执行移动、复制、旋转、缩放、镜像等命令将各元件符号放置在相应位置，并以直线将图形进行连接。结果如图 7-125 所示。

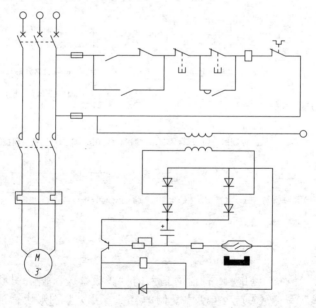

图 7-125　连接图形

步骤 02 执行 "矩形" 命令（REC），在如图所示的位置绘制一个矩形，并将其转换成虚线，如图 7-126 所示。

步骤 03 执行 "直线" 命令（L），在 "电感" 处绘制一条水平的直线段，如图 7-127 所示。

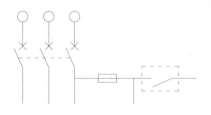

图 7-126　绘制矩形

图 7-127　绘制直线

步骤 ④ 执行"单行文字"命令（DT），设置文字高度为 2.5mm，在图形位置进行文字注释。结果如图 7-128 所示。

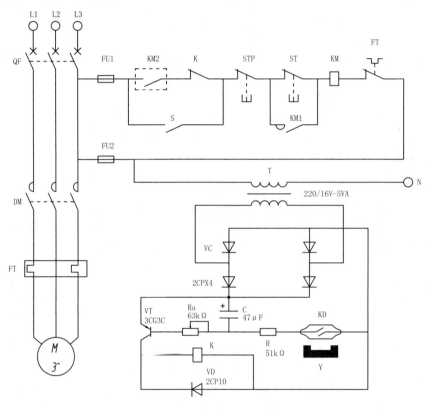

图 7-128　标注文字

步骤 ⑤ 至此，输料堵斗自停控制电气线路图已经绘制完成，按 Ctrl+S 组合键进行保存。

技巧：152 水泵自动控制电气线路图

视频：技巧152-水泵自动控制电气线路图.avi
案例：水泵自动控制电气线路图.dwg

技巧概述： 水泵自动控制线路由时基集成电路 IC（555）以及外围元件组成的高低水位检测电路、转换开关 SA、电源开关 QF、中间继电器 K1 和 K2、交流接触器 KM 等组成。使用该自动控制系统，使水泵在无人值守的情况下可以自动控制并正常运行，从而保护水泵。水泵自动控制电气线路图如图 7-129 所示。

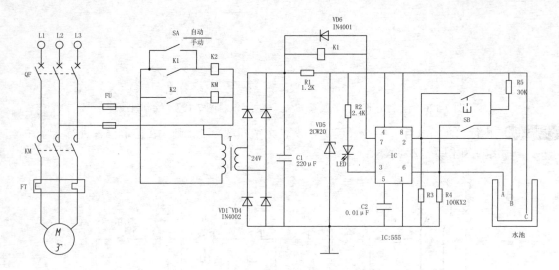

图 7-129　水泵自动控制电气线路图

具体绘制步骤如下。

1. 绘制进线

步骤 01 正常启动 AutoCAD 2014 软件，系统自动创建一个空白文件，在快速访问工具栏上单击"保存"按钮 ，将其保存为"案例\07\水泵自动控制电气线路图.dwg"文件。

步骤 02 执行"直线"命令（L），按 F8 键打开正交模式，在屏幕上指定一点为直线起点，再拖动鼠标到下方，输入长度 5，绘制一条竖直的直线段。

步骤 03 执行"圆"命令（C），以直线的上端点为圆心，绘制一个直径为 4mm 的圆。所绘制的图形如图 7-130 所示。

步骤 04 执行"移动"命令（M），选择刚才所绘制的圆，将其竖直向上进行移动操作，移动距离为 2mm。所移动的图形如图 7-131 所示。

步骤 05 执行"复制"命令（CO），选择刚才所绘制的竖直直线段和圆，将它们水平向右进行复制操作，复制间距为 10mm，复制 2 组。所复制的图形如图 7-132 所示。

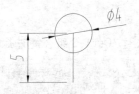

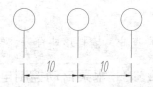

图 7-130　绘制直线和圆　　　图 7-131　移动圆　　　图 7-132　复制操作

2. 绘制水池

步骤 01 执行"矩形"命令（REC），绘制几个矩形，尺寸分别为 3mm×25mm 和 25mm×3mm，如图 7-133 所示。

步骤 02 执行"修剪"命令（TR），对图形进行修剪操作。修剪后的图形如图 7-134 所示。

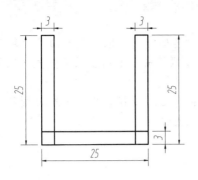

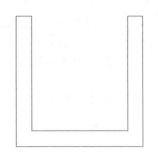

图 7-133 绘制矩形   图 7-134 修剪图形

3. 绘制集成电路板

步骤 01 执行"矩形"命令（REC），在屏幕任意一处绘制一个 20mm × 30mm 的矩形，如图 7-135 所示。

步骤 02 执行"直线"命令（L），在矩形四周绘制四条直线段，用以表示电路板引脚，如图 7-136 所示。

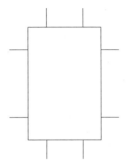

图 7-135 绘制矩形   图 7-136 绘制直线段

4. 插入电气元件

执行"插入"命令（I），将"案例\03"文件夹内以下电气元件插入图形中，如图 7-137 所示。

(a) 二极热断电器   (b) 多极开关   (c) 熔断器   (d) 动合常开触点

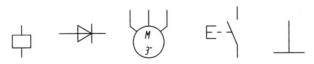

(e) 接触器   (f) 二极管   (g) 发电机 (h) 动合常开按钮 (i) 接地板

(j) 电感   (k) 电阻   (l) 单向击穿二极管(m) 电容   (n) 磁芯电感

图 7-137 插入电气图块

5. 修改电气元件

步骤 01 执行"复制"命令（CO），将前面插入的"多极开关"图块图形向外面复制一份。

步骤 02 执行"圆弧"命令（A），在刚才复制的"多极开关"图形上面的竖直线段处绘制一段如图所示的圆弧图形，如图 7-138 所示。

步骤 03 执行"复制"命令（CO），将前面绘制的圆弧进行复制操作，分别复制到多极开关上面的竖直线段上。复制后的图形如图 7-139 所示。

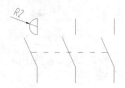

图 7-138　绘制圆弧

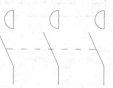

图 7-139　复制圆弧

步骤 04 执行"复制"命令（CO），将"多极开关"图块图形再向外面复制一份。

步骤 05 执行"直线"命令（L），在刚才复制的"多极开关"图形上面的竖直线段处绘制两条角度为 45° 和-45° 的直线段，如图 7-140 所示。

步骤 06 执行"复制"命令（CO），将前面绘制的交叉线段进行复制操作，分别复制到多极开关上面的竖直线段上，复制后的图形如图 7-141 所示。该符号用来表示断路器。

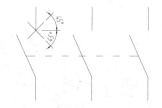

图 7-140　绘制直线段

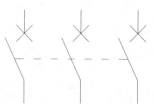

图 7-141　复制直线段

步骤 07 执行"复制"命令（CO），将"二极管"图块文件复制一份；执行"分解"命令（X），将复制后的图块进行分解操作；再执行"多段线"命令（PL），绘制两段 45° 的多段线，再双击下面的一条多段线，设置其中一个顶点的宽度，从而形成箭头符号，如图 7-142 所示。

步骤 08 执行"复制"命令（CO），将绘制好的箭头符号复制一份，如图 7-143 所示。

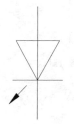

图 7-142　绘制箭头

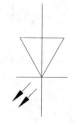

图 7-143　复制箭头

6. 组合电路图

步骤 01 通过执行移动、复制、旋转、缩放、镜像等命令将各元件符号放置在相应位置，并以直线将图形进行连接。结果如图 7-144 所示。

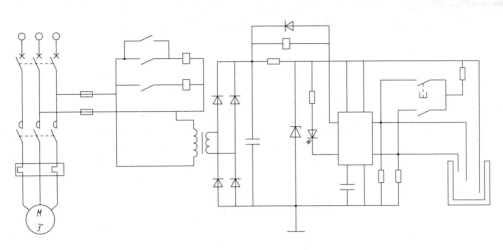

图 7-144　连接图形

步骤 02　执行"单行文字"命令（DT），设置文字高度为 2.5mm，在图形位置进行文字注释。结果如图 7-145 所示。

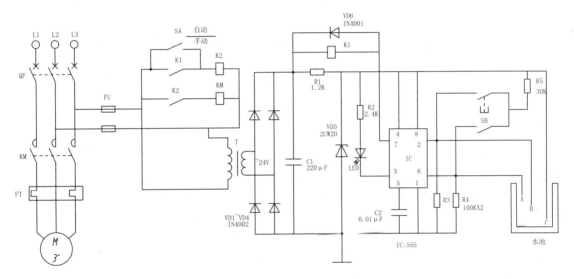

图 7-145　标注文字

步骤 03　至此，水泵自动控制电气线路图已经绘制完成，按 Ctrl+S 组合键进行保存。

技巧：153　立式磨机电气线路图

视频：技巧 153-立式磨机电气线路图。avi
案例：立式磨机电气线路图.dwg

技巧概述：立式磨机电气线路是由断路器 QF、转换开关 SA、交流接触器 KM1 和 KM2、时间继电器 KT、中间继电器 K、自耦降压变压器 T、三相异步电动机 M，以及控制按钮 ST、STP 等组成；转换开关 SA 对线路进行手动及自动的转换控制。立式磨机电气线路图如图 7-146 所示。

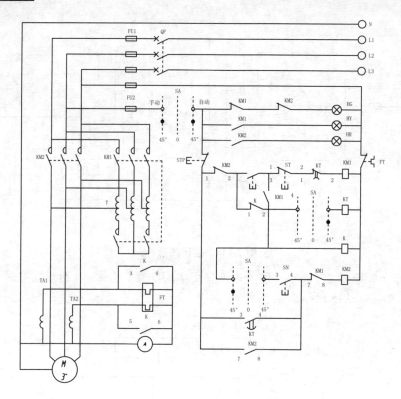

图 7-146　立式磨机电气线路图

具体绘制步骤如下。

1. 绘制进线

步骤 01 正常启动 AutoCAD 2014 软件，系统自动创建一个空白文件，在快速访问工具栏上单击"保存"按钮 ，将其保存为"案例\07\立式磨机电气线路图.dwg"文件。

步骤 02 执行"直线"命令（L），按 F8 键打开正交模式，在屏幕上指定一点为直线起点，再拖动鼠标到右方，输入长度 120，绘制一条直线段。

步骤 03 执行"圆"命令（C），以右端的直线端点为圆心，绘制一个直径为 5mm 的圆。所绘制的图形如图 7-147 所示。

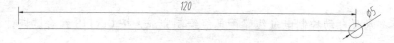

图 7-147　绘制直线和圆

步骤 04 执行"移动"命令（M），选择刚才所绘制的圆，将其竖直向右进行移动操作，移动距离为 2.5mm。所移动的图形如图 7-148 所示。

图 7-148　移动圆

步骤 05 执行"复制"命令（CO），选择刚才所绘制的水平直线段和圆，将它们竖直向下进行复制操作，复制间距为 10mm，复制 3 组。所复制的图形如图 7-149 所示。

图 7-149　复制操作

2. 绘制转换开关

步骤 01 执行"直线"命令（L），在屏幕任意一处绘制一条竖直长为 24mm 的直线段，并将其转换成虚线，如图 7-150 所示。

步骤 02 执行"偏移"命令（O），将所绘制的虚线向右进行偏移操作，偏移距离为 10mm，偏移 2 条，如图 7-151 所示。

图 7-150　绘制直线　　　　　　　　　　　　　　图 7-151　偏移直线

步骤 03 执行"圆"命令（C），绘制一个直径为 2mm 的圆；再执行"复制"命令（CO），将所绘制的圆进行复制操作，复制位置如图 7-152 所示。

步骤 04 执行"圆环"命令（DO），绘制一个内径为 0，外径为 2mm 的圆环；再执行"复制"命令（CO），将所绘制的圆环进行复制操作，复制位置如图 7-153 所示。

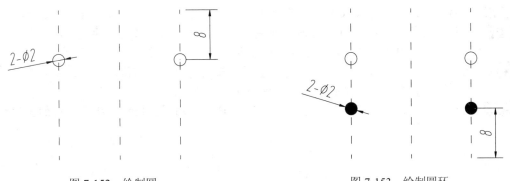

图 7-152　绘制圆　　　　　　　　　　　　　　图 7-153　绘制圆环

步骤 05 同样方式，绘制其他两个转换开关，如图 7-154 和 7-155 所示。

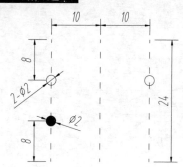

10
10
8
2-Φ2
Φ2
8
24

图 7-154　绘制转换开关二

10
10
24
8
2-Φ2
Φ2
8

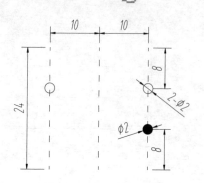

图 7-155　绘制转换开关三

3．插入电气元件

执行“插入”命令（I），将“案例\03”文件夹内以下电气元件插入图形中，如图 7-156 所示。

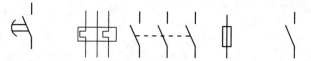

（a）延时闭合触点（b）二极热断电器（c）多极开关（d）熔断器（e）动合常开触点
（f）动合常开按钮（g）控制器（h）动断触点（i）电动机（j）动断常闭按钮（k）接地板
（l）接触器
（m）电感
（n）灯
（o）电流表（p）延时闭合的动断触点

图 7-156　插入电气图块

4．修改电气元件

步骤 01 执行“复制”命令（CO），将前面插入的“多极开关”图块图形向外面复制一份。

步骤 02 执行“圆弧”命令（A），在刚才复制的“多极开关”图形上面的竖直线段处绘制一段如图所示的圆弧图形，如图 7-157 所示。

步骤 03 执行“复制”命令（CO），将前面绘制的圆弧进行复制操作，分别复制到多极开关上面的竖直线段上。复制后的图形如图 7-158 所示。

步骤 04 同样方式，对前面插入的“动断触点”也进行绘制圆弧操作，所修改后的图形如图 7-159 所示。

R2

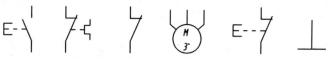

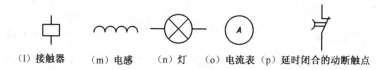

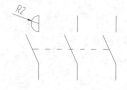

图 7-157　绘制圆弧

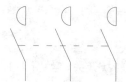

图 7-158　复制圆弧

图 7-159　绘制圆

步骤 05 执行“复制”命令（CO），将“多极开关”图块图形再向外面复制一份。

步骤 06 执行"直线"命令（L），在刚才复制的"多极开关"图形上面的竖直线段处绘制两条角度为 45° 和−45° 的直线段，如图 7-160 所示。

步骤 07 执行"复制"命令（CO），将前面绘制的交叉线段进行复制操作，分别复制到多极开关上面的竖直线段上，复制后的图形如图 7-161 所示。该符号用以表示断路器

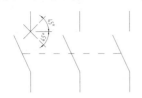

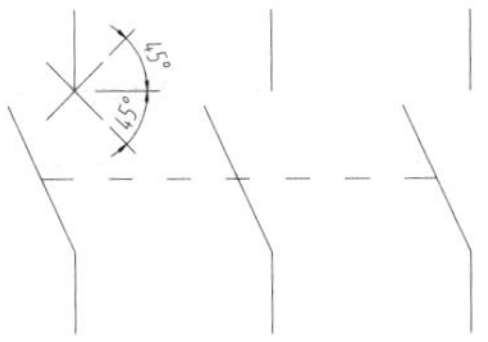

图 7-160　绘制直线段

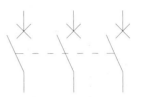

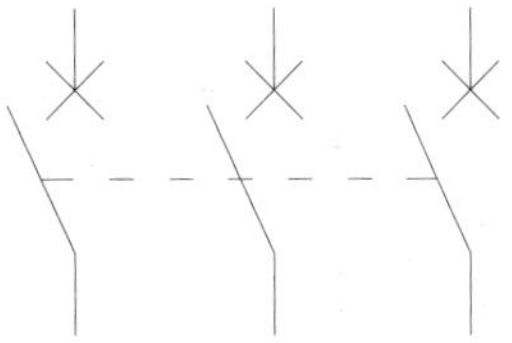

图 7-161　复制直线段

步骤 08 执行"复制"命令（CO），将"电感"图块图形再向外面复制一份。

步骤 09 执行"分解"命令（X），将刚才复制的"电感"图块进行分解操作；再执行"删除"命令（E），删除两个圆弧线条，如图 7-162 所示。

步骤 10 执行"复制"命令（CO），将"二极热断电器"图块图形再向外面复制一份。

步骤 11 执行"分解"命令（X），将刚才复制的"二极热断电器"图块进行分解操作；再执行"删除"命令（E），将中间的直线段删除掉，如图 7-163 所示。

图 7-162　修改电感

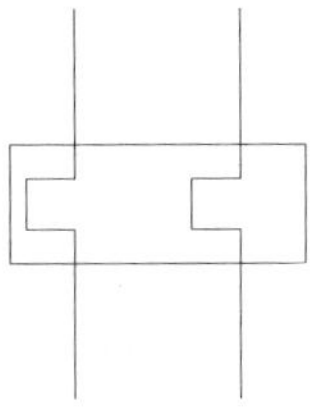

图 7-163　修改断电器

5. 组合电路图

步骤 01 通过执行移动、复制、旋转、缩放、镜像等命令将各元件符号放置在相应位置，并以直线将图形进行连接。结果如图 7-164 所示。

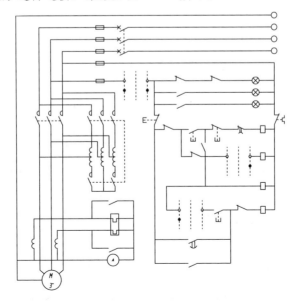

图 7-164　连接图形

步骤 02 执行"单行文字"命令（DT），设置文字高度为 2.5mm，在图形位置进行文字注释。结果如图 7-165 所示。

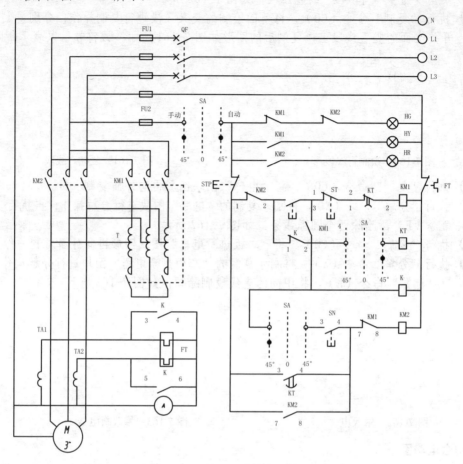

图 7-165　标注文字

步骤 03 至此，立式磨机电气线路图已经绘制完成，按 Ctrl+S 组合键进行保存。

第8章　农业电气线路图的绘制技巧

● **本章导读**

农村电力供应和农业生产自动化，已是农业现代化的重要手段和标志。加快我国农业电气化与自动化科技的进步，实现传统农业向现代农业、自然产品向市场商品、传统农业向效益农业的转变，对不断提高我国农业生产效率和生产水平有着重大意义。

在本章中，通过使用 AutoCAD 2014 软件，来绘制一些典型的农业自动化电气线路图，包括雏鸡孵出告知器、温度湿度超限报警器、秸秆饲料粉碎机、自动浇水控温器、自动水阀等电气线路图，从而让读者掌握现代农业电气线路图的绘制技巧和方法。

● **本章内容**

电围栏控制电气线路图	病人呼救报警器电气线路图	潜水泵防盗报警器电路图
雏鸡孵出告知器电气线路图	秸秆饲料粉碎机电气线路图	施肥管堵塞报警器电路图
农田排灌控制器电气线路图	豆芽自动浇水控温器电路图	单管灭蚊灯电路图
温度湿度超限报警器线路图	粮食水分测量仪电气线路图	农用自动水阀门电路图
		禽蛋自动孵化器电路图

技巧：154　电围栏控制电气线路图

视频：技巧 154-电围栏控制电气线路图.avi
案例：电围栏控制电气线路图.dwg

技巧概述： 电围栏控制电路由电源电路、高压电路和声光报警电路组成，有高压反击式防盗报警功能，除了能作为畜牧养殖场和放牧草场的高压围栏外，还可作为鱼塘或瓜果园的防盗报警器使用。

本例所绘制的电围栏控制电气线路的电源电路由电源开关 S、电源变压器 T1、整流桥堆 UR、滤波电容器 C1、限流电阻器 R1 和稳压二极管 VS 组成；高压电路由升压变压器 T2、氖指示灯 HL、电阻器 R3、照明灯 EL1 和电源变压器 T3 的二次绕组组成；声光报警电路由 T3、晶闸管 VT、二极管 VD1 和 VD2、电阻器 R2、电容器 C2 和 C3、电位器 RP、继电器 K、交流接触器 KM、照明灯 EL2 和报警器 HA 组成。电围栏控制电气线路图如图 8-1 所示。

具体绘制步骤如下。

1. 绘制进线

步骤 01 正常启动 AutoCAD 2014 软件，系统自动创建一个空白文件，在快速访问工具栏上单击"保存"按钮，将其保存为"案例\08\电围栏控制电气线路图.dwg"文件。

步骤 02 执行"直线"命令（L），在键盘上按 F8 键打开正交模式，在屏幕上指定一点为直线起点，再拖动鼠标到上方，输入长度 10，绘制一条直线段，如图 8-2 所示。

步骤 03 执行"圆"命令（C），以下方的直线端点为圆心，绘制一个直径为 4mm 的圆图形。所绘制的图形如图 8-3 所示。

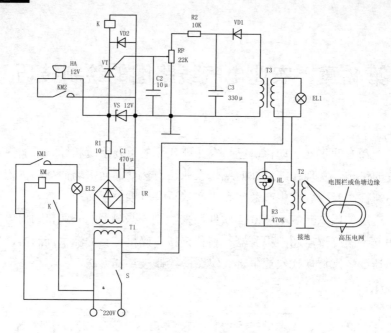

图 8-1 电围栏控制电路电气线路图

图 8-2 绘制直线   图 8-3 绘制圆

步骤 04 执行"移动"命令（M），选择刚才所绘制的圆，将其垂直向下进行移动操作，移动距离为 2。所移动的图形如图 8-4 所示。

步骤 05 执行"复制"命令（CO），选择刚才所绘制的垂直直线段和圆，将它们水平向右进行复制操作，复制间距为 16mm，复制 1 组。所复制的图形如图 8-5 所示。

图 8-4 移动圆   图 8-5 复制操作

2. 绘制指示灯

步骤 01 执行"圆"命令（C），在屏幕上指定一点为圆心，绘制一个直径为 10mm 的圆，如图 8-6 所示。

步骤 02 执行"直线"命令（L），以刚才所绘制的圆的左右两个象限点为直线的端点，绘制一条水平的直线段，如图 8-7 所示。

步骤 03 执行"偏移"命令（O），将刚才绘制的水平直线段向上下进行偏移操作，偏移距离为 1mm；再将圆向内进行偏移，偏移距离为 2mm，如图 8-8 所示。

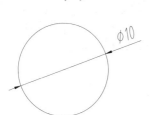

图 8-6　绘制圆

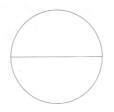

图 8-7　绘制直线

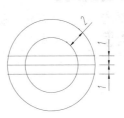

图 8-8　偏移操作

步骤 04 执行"修剪"命令（TR），将偏移后的直线段以偏移后圆为修剪边进行修剪操作；再执行"删除"命令（E），将用过的辅助圆和多余的直线段进行删除操作，如图 8-9 所示。

步骤 05 执行"圆"命令（C），以下方水平线段的中点为圆心，绘制一个直径为 2mm 的圆；再执行"圆环"命令（DO），以上方水平线段的右端点绘制一个内径为 0mm 外径为 2mm 的圆环，如图 8-10 所示。

图 8-9　修剪和删除操作

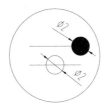

图 8-10　绘制圆及圆环

步骤 06 执行"移动"命令（M），将刚才绘制的圆和圆环向下进行移动操作，移动距离为 1mm，如图 8-11 所示。

步骤 07 执行"镜像"命令（MI），选择下面的圆图形，将其镜像到上方去，如图 8-12 所示。

步骤 08 执行"直线"命令（L），绘制两条垂直的直线段，如图 8-13 所示。

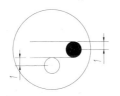

图 8-11　移动圆和圆环

图 8-12　镜像圆

图 8-13　绘制直线

3．绘制电围栏

步骤 01 执行"圆"命令（C），在屏幕上指定一点为圆心，绘制一个直径为 10mm 的圆，如图 8-14 所示。

步骤 02 执行"复制"命令（CO），将刚才所绘制的圆向右进行复制操作，复制距离为 10mm，如图 8-15 所示。

步骤 03 执行"直线"命令（L），以这两个圆的上下四个象限点，绘制两条水平的直线段，如图 8-16 所示。

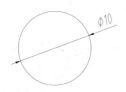

图 8-14　绘制圆

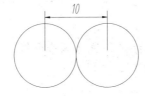

图 8-15　复制操作

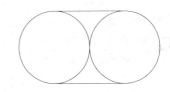

图 8-16　绘制直线段

步骤 04 执行"修剪"命令（TR），将图形按照如图 8-17 所示的形状进行修剪操作。

步骤 05 执行"偏移"命令（O），将修剪后的图形向外进行偏移操作，偏移距离为 2mm，如图 8-18 所示。

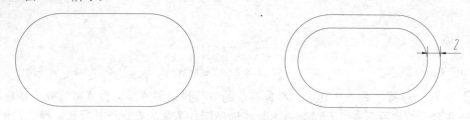

图 8-17 修剪操作 图 8-18 偏移操作

4. 插入电气元件

执行"插入"命令（I），将"案例\03"文件夹内以下电气元件插入图形中，如图 8-19 所示。

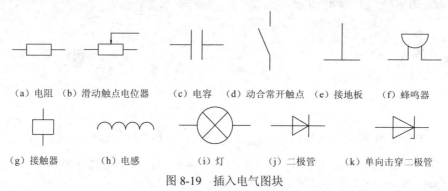

（a）电阻 （b）滑动触点电位器 （c）电容 （d）动合常开触点 （e）接地板 （f）蜂鸣器

（g）接触器 （h）电感 （i）灯 （j）二极管 （k）单向击穿二极管

图 8-19 插入电气图块

5. 修改电气元件

步骤 01 执行"复制"命令（CO），将前面插入的"动合常开触点"图块图形向外面复制一份。

步骤 02 执行"圆弧"命令（A），在刚才复制的"动合常开触点"图形上面的垂直线段处绘制一段如图所示的圆弧图形，如图 8-20 所示。

步骤 03 执行"复制"命令（CO），将"滑动触点电位器"图块图形向外复制一份；再执行"分解"命令（X），将其进行分解操作；再执行"打断"命令（BR），将折弯箭头符号进行打断操作，如图 8-21 所示。

图 8-20 绘制圆弧 图 8-21 打断操作

6. 组合图形

步骤 01 通过执行移动、复制、旋转、缩放、镜像等命令将各元件符号放置在相应位置，并以直线将图形进行连接。结果如图 8-22 所示。

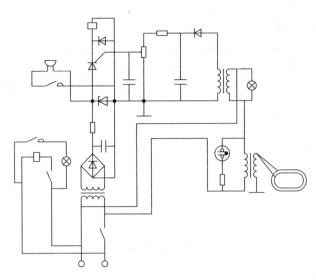

图 8-22　连接图形

步骤 02 执行"单行文字"命令（DT），设置文字高度为 2.5mm，在图形位置进行文字注释。结果如图 8-23 所示。

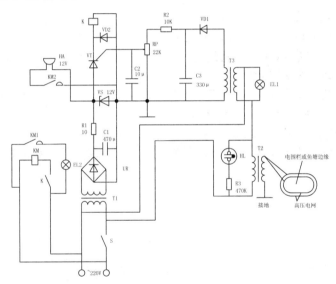

图 8-23　标注文字

步骤 03 至此，电围栏控制电气线路图已经绘制完成，按 Ctrl+S 组合键进行保存。

技巧：155　雏鸡孵出告知器电气线路图

视频：技巧 155-雏鸡孵出告知器电气线路图.avi
案例：雏鸡孵出告知器电气线路图.dwg

　　技巧概述： 雏鸡孵出告知器电路由电源电路、音频放大电路和声光报警电路组成。它的功能是当孵化箱中有雏鸡孵出时，及时发出声光报警信号，以便工作人员能及时将孵出的雏鸡取出。

　　在本案例中，电源电路由限流电阻器 R1、整流二极管 VD、稳压二极管 VS 和滤波电容器 C1 组成；音频放大电路由传声器 BM、晶体管 Vl 和 V2、电阻器 Rl～R7、电容器 C2 和 C3 组成；声光报警电路由晶闸管 VT、发光二极管 VL、电铃 HA 和指示灯 HL 组成。雏鸡孵出告知器电气线路图如图 8-24 所示。

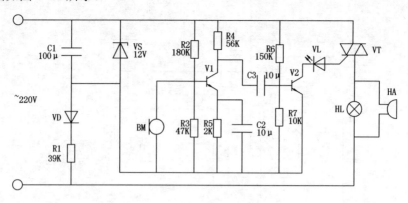

图 8-24 雏鸡孵出告知器电气线路图

具体绘制步骤如下。

1．绘制进线

步骤 01 正常启动 AutoCAD 2014 软件，系统自动创建一个空白文件，在快速访问工具栏上单击"保存"按钮，将其保存为"案例\08\雏鸡孵出告知器电气线路图.dwg"文件。

步骤 02 执行"直线"命令（L），在键盘上按 F8 键打开正交模式，在屏幕上指定一点为直线起点，再拖动鼠标到右方，输入长度 10，绘制一条直线段。

步骤 03 执行"圆"命令（C），以直线的左方端点为圆心，绘制一个直径为 4mm 的圆。所绘制的图形如图 8-25 所示。

步骤 04 执行"移动"命令（M），选择刚才所绘制的圆，将其水平向左进行移动操作，移动距离为 2mm。所移动的图形如图 8-26 所示。

步骤 05 执行"复制"命令（CO），选择刚才所绘制的水平直线段和圆，将它们垂直向下进行复制操作，复制间距为 65mm，复制 1 组。所复制的图形如图 8-27 所示。

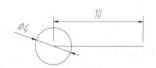

图 8-25 绘制直线和圆

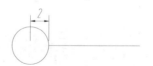

图 8-26 移动圆

图 8-27 复制操作

2．绘制温度测量传感器

步骤 01 执行"圆"命令（C），在屏幕上指定一点为圆心，绘制一个直径为 6mm 的圆，如图 8-28 所示。

步骤 02 执行"直线"命令（L），在圆的上下两边和左边绘制三条垂直的直线段，如图 8-29 所示。

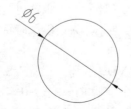

图 8-28 绘制圆

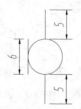

图 8-29 绘制直线

3．插入电气元件

执行"插入"命令（I），将"案例\03"文件夹内以下电气元件插入图形中，如图 8-30 所示。

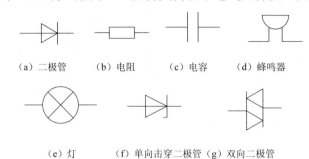

（a）二极管　　（b）电阻　　（c）电容　　（d）蜂鸣器

（e）灯　　　（f）单向击穿二极管　（g）双向二极管

图 8-30　插入电气图块

4．修改电气元件

步骤 01 执行"复制"命令（CO），将"二极管"图块文件复制一份；执行"分解"命令（X），将复制后的图块进行分解操作；再执行"多段线"命令（PL），绘制两段 45°的多段线，再双击下面的一条多段线，设置其中一个顶点的宽度，从而形成箭头符号，如图 8-31 所示。

步骤 02 执行"复制"命令（CO），将绘制好的箭头符号复制一份，如图 8-32 所示。

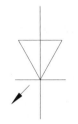

图 8-31　绘制箭头

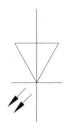

图 8-32　复制箭头

5．组合图形

步骤 01 通过执行移动、复制、旋转、缩放、镜像等命令将各元件符号放置在相应位置，并以直线将图形进行连接。结果如图 8-33 所示。

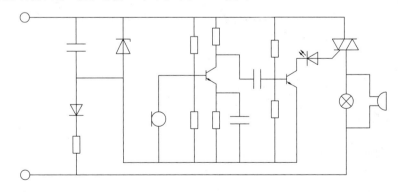

图 8-33　连接图形

步骤 02 执行"单行文字"命令（DT），设置文字高度为 2.5，在图形位置进行文字注释。结果如图 8-34 所示。

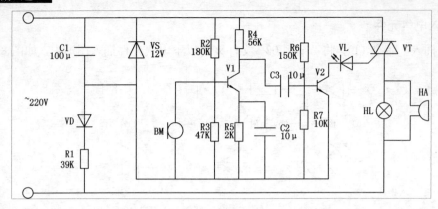

图 8-34　标注文字

步骤 03 至此,雏鸡孵出告知器电气线路图已经绘制完成,按 Ctrl+S 组合键进行保存。

技巧:156 农田排灌控制器电气线路图

视频:技巧 156-农田排灌控制器电气线路图.avi
案例:农田排灌控制器电气线路图.dwg

技巧概述: 农田排灌控制器能自动控制水稻田内水位的高低,当水位降至低水位电极处,它能自动接通水泵的工作电源而开始抽水;当水位升至高水位电极处,又能自动断开水泵的工作电源而停止抽水,从而使稻田内水位保持在高水位电极与低水位电极之间。该控制器也可用于藕塘、排灌站和蓄水机井等方面的水位控制。

在本例中,农田排灌控制器电路由电源电路和水位检测控制电路组成。电源电路由熔断器 FU2、电源变压器 T、整流桥堆 UR、滤波电容器 C1 和 C2、限流电阻器 R3 和二端集成稳压器 IC 组成;水位检测控制电路由高水位电极 A、低水位电极 B、主电极 C、电阻器 R1 和 R2、晶体管 V、继电器 K、二极管 VD、交流接触器 KM 等组成。农田排灌控制器电气线路图如图 8-35 所示。

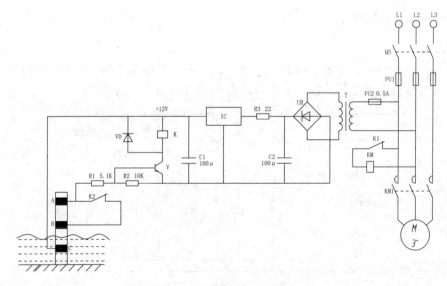

图 8-35　农田排灌控制器电气线路图

具体绘制步骤如下。

1. 绘制进线

 步骤 01 正常启动 AutoCAD 2014 软件，系统自动创建一个空白文件，在快速访问工具栏上单击 "保存" 按钮 💾，将其保存为 "案例\08\农田排灌控制器电气线路图.dwg" 文件。

步骤 02 执行 "直线" 命令（L），按 F8 键打开正交模式，在屏幕上指定一点为直线起点，再拖动鼠标到下方，输入长度 5，绘制一条垂直的直线段。

步骤 03 执行 "圆" 命令（C），以直线的上端点为圆心，绘制一个直径为 4mm 的圆。所绘制的图形如图 8-36 所示。

步骤 04 执行 "移动" 命令（M），选择刚才所绘制的圆，将其垂直向上进行移动操作，移动距离为 2mm。所移动的图形如图 8-37 所示。

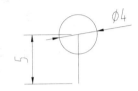

图 8-36　绘制直线和圆

图 8-37　移动圆

步骤 05 执行 "复制" 命令（CO），选择刚才所绘制的垂直直线段和圆，将它们水平向右进行复制操作，复制间距为 10mm，复制 2 组。所复制的图形如图 8-38 所示。

2. 绘制集成稳压器

执行 "矩形" 命令（REC），绘制一个尺寸为 20mm×10mm 的矩形，用以表示二端集成稳压器，如图 8-39 所示。

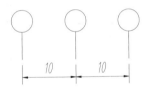

图 8-38　复制操作

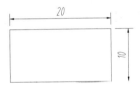

图 8-39　绘制矩形

3. 绘制水位电极

步骤 01 执行 "直线" 命令（L），绘制水平直线段和 45° 斜线段，如图 8-40 所示。

步骤 02 执行 "矩形" 命令（REC），在水平的直线段上方绘制四个矩形；再执行 "移动" 命令（M），将这几个矩形按照如图所示的尺寸及位置进行移动操作，如图 8-41 所示。

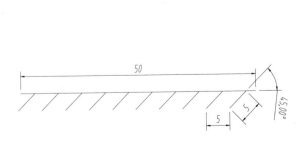

图 8-40　绘制直线段

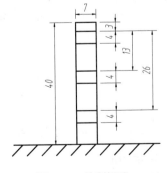

图 8-41　绘制矩形

步骤 03 执行"图案填充"命令(BH),选择三个小的矩形为填充区域,选择填充图案为 SOLID,对其进行填充操作,如图 8-42 所示。

步骤 04 执行"偏移"命令(O),将下方的水平直线段向上进行偏移操作,并将偏移后的直线段转换成虚线,如图 8-43 所示。

步骤 05 执行"样条曲线"命令(SPL),在虚线的上方绘制一条样条曲线,用以表示水平面,如图 8-44 所示。

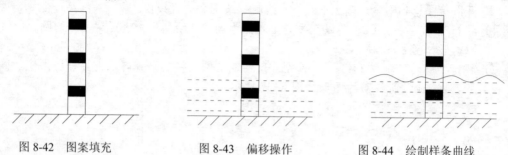

图 8-42 图案填充   图 8-43 偏移操作   图 8-44 绘制样条曲线

4. 插入电气元件

执行"插入"命令(I),将"案例\03"文件夹内以下电气元件插入图形中,如图 8-45 所示。

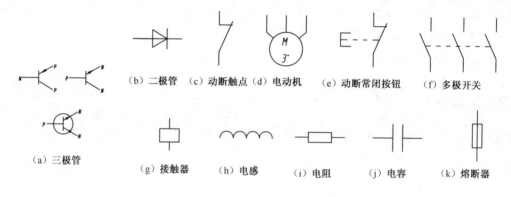

(a) 三极管   (b) 二极管   (c) 动断触点 (d) 电动机   (e) 动断常闭按钮   (f) 多极开关

(g) 接触器   (h) 电感   (i) 电阻   (j) 电容   (k) 熔断器

图 8-45 插入电气图块

5. 修改电气元件

步骤 01 执行"复制"命令(CO),将前面插入的"多极开关"图块图形向外面复制一份。

步骤 02 执行"圆弧"命令(A),在刚才复制的"多极开关"图形上面的垂直线段处绘制一段如图所示的圆弧图形,如图 8-46 所示。

步骤 03 执行"复制"命令(CO),将前面绘制的圆弧进行复制操作,分别复制到多极开关上面的垂直线段上。复制后的图形如图 8-47 所示。

图 8-46 绘制圆弧   图 8-47 复制圆弧

6. 组合图形

步骤 01 通过执行移动、复制、旋转、缩放、镜像等命令将各元件符号放置在相应位置,并以直线将图形进行连接。结果如图 8-48 所示。

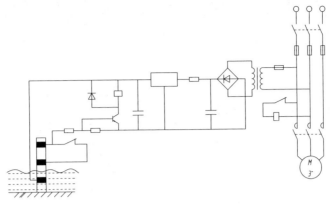

图 8-48　连接图形

步骤 02 执行"单行文字"命令（DT），设置文字高度为 2.5mm，在图形位置进行文字注释。结果如图 8-49 所示。

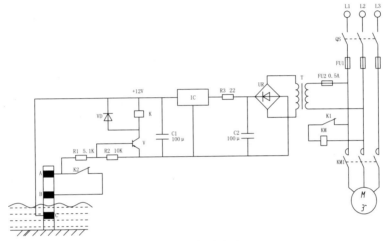

图 8-49　标注文字

步骤 03 至此，农田排灌控制器电气线路图已经绘制完成，按 Ctrl+S 组合键进行保存。

技巧：157　温度湿度超限报警器线路图

视频：技巧 157-温度湿度超限报警器电气线路图.avi
案例：温度湿度超限报警器电气线路图.dwg

技巧概述：本例介绍一款应用于育秧棚和大棚温室的温度湿度超限报警器，它能在塑料育秧棚内的温度和湿度偏离设定温度和湿度时，及时发出声光报警信号，提醒农民注意控制棚内的温度与湿度。

在本例中，该温度湿度超限报警器电路由温度检测电路、湿度检测电路和报警电路组成。温度检测电路由热敏电阻 RT(作为温度传感器)、电位器 RP3 和 RP4、非门集成电路 IC1（D1～D6）内部的 D4～D6 组成；湿度检测电路由湿度检测电极 a 和 b（作为湿度传感器）、电位器 RP1 和 RP2、IC1 内部的 D1～D3 组成；报警电路由发光二极管 VL1～VL4、电阻器 R1～R3、晶体管 V、音效集成电路 IC2 和扬声器 BL 组成。温度湿度超限报警器电气线路图如图 8-50 所示。

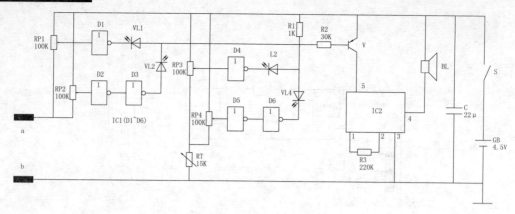

图 8-50　温度湿度超限报警器电气线路图

具体绘制步骤如下。

1. 绘制电极

步骤 01 正常启动 AutoCAD 2014 软件，系统自动创建一个空白文件，在快速访问工具栏上单击"保存"按钮 ，将其保存为"案例\08\温度湿度超限报警器电气线路图.dwg"文件。

步骤 02 执行"矩形"命令（REC），在屏幕任意一处绘制一个尺寸为 10mm × 3mm 的矩形，如图 8-51 所示。

步骤 03 执行"直线"命令（L），在矩形的右边垂直线段的中点处绘制一段水平长为 5mm 的直线段，如图 8-52 所示。

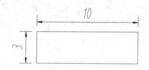

图 8-51　绘制矩形

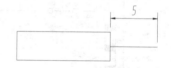

图 8-52　绘制直线段

步骤 04 执行"图案填充"命令（BH），选择矩形为填充区域，选择填充图案为 SOLID，对其进行填充操作，如图 8-53 所示。

步骤 05 执行"复制"命令（CO），选择刚才所绘制的图形，将它们垂直向下进行复制操作，复制间距为 31mm，复制 1 组。所复制的图形如图 8-54 所示。

图 8-53　图案填充

图 8-54　复制操作

2. 绘制集成电路内部元件

步骤 01 执行"矩形"命令（REC），在屏幕任意一处绘制一个尺寸为 8mm × 12mm 的矩形，如图 8-55 所示。

步骤 02 执行"圆"命令（C），在矩形右边垂直的直线段的中点处绘制一个直径为 2mm 的圆；再执行"移动"命令（M），将刚才绘制的圆向右进行移动操作，移动距离为 1mm，如图 8-56 所示。

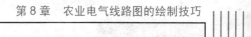
步骤 03 执行"直线"命令（L），在图形的两边绘制两条水平的直线段，如图 8-57 所示。

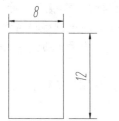

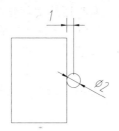

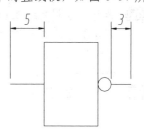

图 8-55 绘制矩形　　　　　　图 8-56 绘制圆　　　　　　图 8-57 绘制直线段

3. 绘制扬声器

步骤 01 执行"矩形"命令（REC），在屏幕任意一处绘制一个尺寸为 4mm×6mm 的矩形，如图 8-58 所示。

步骤 02 执行"直线"命令（L），在矩形的右边绘制两条斜线段和一条垂直的直线段，如图 8-59 所示。

4. 绘制集成电路板

执行"矩形"命令（REC），在屏幕任意一处绘制一个 20mm×30mm 的矩形，用以表示集成电路板，如图 8-60 所示。

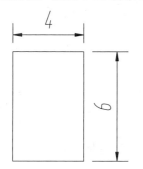

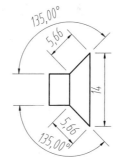

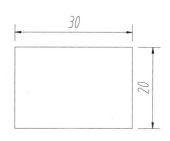

图 8-58 绘制矩形　　　　　　图 8-59 绘制直线段　　　　　　图 8-60 绘制集成电路板

5. 插入电气元件

执行"插入"命令（I），将"案例\03"文件夹内以下电气元件插入图形中，如图 8-61 所示。

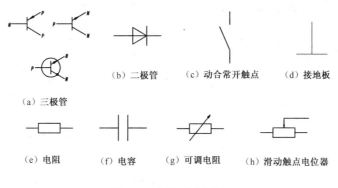

图 8-61 插入电气图块

6. 修改电气元件

步骤 01 执行"复制"命令（CO），将"二极管"图块文件复制一份；执行"分解"命令（X），将复制后的图块进行分解操作；再执行"多段线"命令（PL），绘制两段 45° 的多段线，再双击下面的一条多段线，设置其中一个顶点的宽度，从而形成箭头符号，如图 8-62 所示。

步骤 02 执行"复制"命令（CO），将绘制好的箭头符号复制一份，如图 8-63 所示。

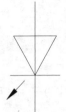

图 8-62　绘制箭头

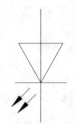

图 8-63　复制箭头

步骤 03 执行"复制"命令（CO），将"滑动触点电位器"图块图形向外复制一份；再执行"分解"命令（X），将其进行分解操作；再执行"打断"命令（BR），将折弯箭头符号进行打断操作，如图 8-64 所示。

步骤 04 执行"复制"命令（CO），将"电容"图块图形向外复制一份；再执行"分解"命令（X），将其进行分解操作；再执行"比例缩放"命令（SC），将右边的垂直线段缩小一半，如图 8-65 所示。

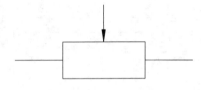

图 8-64　打断操作

图 8-65　比例缩放

7. 组合图形

步骤 01 通过执行移动、复制、旋转、缩放、镜像等命令将各元件符号放置在相应位置，并以直线将图形进行连接。结果如图 8-66 所示。

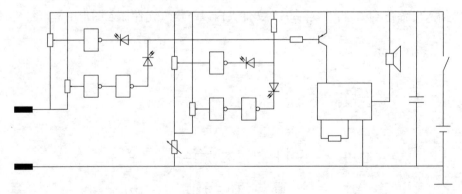

图 8-66　连接图形

步骤 02 执行"单行文字"命令（DT），设置文字高度为 2.5mm，在图形位置进行文字注释。结果如图 8-67 所示。

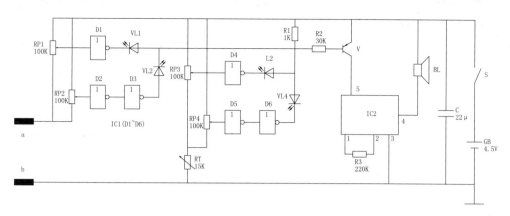

图 8-67 标注文字

步骤 03 至此,温度湿度超限报警器电气线路图已经绘制完成,按 Ctrl+S 组合键进行保存。

技巧:158 病人呼救报警器电气线路图

视频:技巧 158-病人呼救报警器电气线路图.avi
案例:病人呼救报警器电气线路图.dwg

技巧概述:本例介绍了病人呼救报警器,当病人疾病发作时,报警器能自动向路人发出求救信号。

在本例中,病人呼救报警器电路由延时触发控制电路和报警电路组成。延时触发控制电路由水银开关 S、可变电阻器 RP、电阻器 Rl、电容器 C、稳压二极管 VS 和晶体管 Vl、V2 组成。报警电路由音效集成电路 IC、电阻器 R2、晶体管 V3 和扬声器 BL 组成。病人呼救报警器电气线路图如图 8-68 所示。

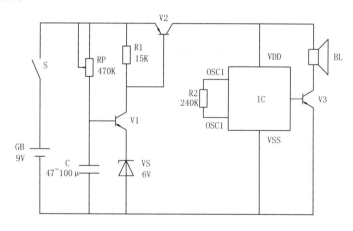

图 8-68 病人呼救报警器电气线路图

具体绘制步骤如下。

1.绘制扬声器

步骤 01 正常启动 AutoCAD 2014 软件,系统自动创建一个空白文件,在快速访问工具栏上单击"保存"按钮,将其保存为"案例\08\病人呼救报警器电气线路图.dwg"文件。

步骤 02 执行"矩形"命令(REC),在屏幕任意一处绘制一个尺寸为 4mm×6mm 的矩形,如图 8-69 所示。

步骤 03 执行"直线"命令(L),在矩形的右边绘制两条斜线段和一条垂直的直线段,如图 8-70 所示。

2. 绘制集成电路板

执行“矩形”命令（REC），在屏幕任意一处绘制一个 25mm×25mm 的矩形，用以表示集成电路板，如图 8-71 所示。

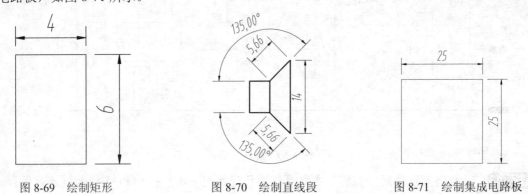

4
6
图 8-69 绘制矩形

135,00°
5,66
14
5,66
135,00°
图 8-70 绘制直线段

25
25
图 8-71 绘制集成电路板

3. 插入电气元件

执行“插入”命令（I），将“案例\03”文件夹内以下电气元件插入图形中，如图 8-72 所示。

（a）三极管
（b）电阻
（c）单向击穿二极管
（d）滑动触点电位器
（e）电容
图 8-72 插入电气图块

4. 修改电气元件

执行“复制”命令（CO），将“电容”图块图形向外复制一份；再执行“分解”命令（X），将其进行分解操作；再执行“比例缩放”命令（SC）,将右边的垂直线段缩小一半，如图 8-73 所示。

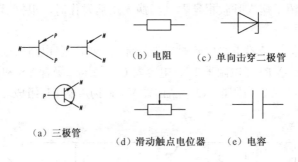

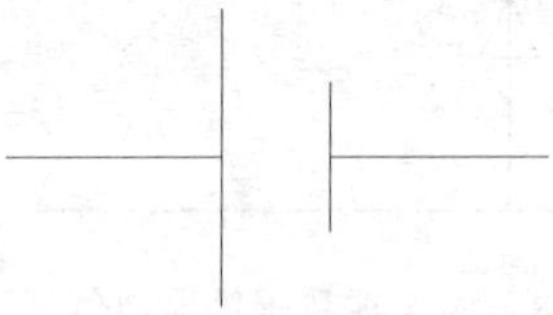

图 8-73 比例缩放

5. 组合图形

步骤 01 通过执行移动、复制、旋转、缩放、镜像等命令将各元件符号放置在相应位置，并以直线将图形进行连接。结果如图 8-74 所示。

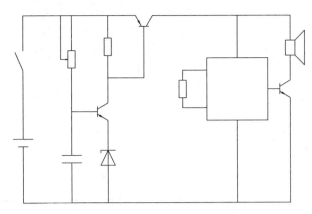

图 8-74　连接图形

步骤 02 执行"单行文字"命令（DT），设置文字高度为 2.5mm，在图形位置进行文字注释。结果如图 8-75 所示。

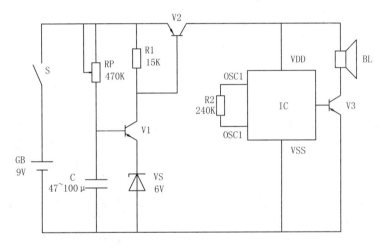

图 8-75　标注文字

步骤 03 至此，病人呼救报警器电气线路图已经绘制完成，按 Ctrl+S 组合键进行保存。

技巧：159 秸秆饲料粉碎机电气线路图

视频：技巧 159-秸秆饲料粉碎机电气线路图.avi
案例：秸秆饲料粉碎机电气线路图.dwg

技巧概述：农村用于加工玉米秸秆、青草等牲畜饲料的秸秆饲料粉碎机，有的使用两台电动机（喂料用电动机和切料用电动机各一台）作为动力来完成秸秆饲料的粉碎工作。为防止切料电动机堵转，要求切料电动机先启动运转一段时间后再启动喂料电动机。

本例介绍的秸秆饲料粉碎机控制电路，能自动控制两台电动机的工作状态。该秸秆饲料粉碎机控制电路由刀开关 QS、熔断器 FU1 和 FU2、热继电器 KR、交流接触器 KM1 和 KM2、时间继电器 KT1 和 KT2、中间继电器 KA、控制按钮 S1 和 S2 组成；切料电动机 M1 的主回路由 QS、FU1、KM1 的常开主触头 KM1-1、KR 的热元件组成；喂料电动机 M2 的主回路由 Q、FU1、FU2 和 KM2 的常开主触头 KM2-1 组成；控制回路由启动按钮 S1、停止按钮 S2、KA、KM1、KM2、KT1、KT2 及其控制触头组成。秸秆饲料粉碎机电气线路图如图 8-76 所示。

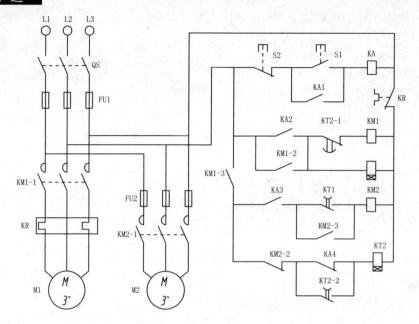

图 8-76 秸秆饲料粉碎机电气线路图

具体绘制步骤如下。

1. 绘制进线

步骤 01 正常启动 AutoCAD 2014 软件，系统自动创建一个空白文件，在快速访问工具栏上单击"保存"按钮，将其保存为"案例\08\秸秆饲料粉碎机电气线路图.dwg"文件。

步骤 02 执行"直线"命令（L），按 F8 键打开正交模式，在屏幕上指定一点为直线起点，再拖动鼠标到下方，输入长度 5，绘制一条垂直的直线段。

步骤 03 执行"圆"命令（C），以直线的上端点为圆心，绘制一个直径为 4mm 的圆。所绘制的图形如图 8-77 所示。

步骤 04 执行"移动"命令（M），选择刚才所绘制的圆，将其垂直向上进行移动操作，移动距离为 2mm。所移动的图形如图 8-78 所示。

步骤 05 执行"复制"命令（CO），选择刚才所绘制的垂直直线段和圆，将它们水平向右进行复制操作，复制间距为 10mm，复制 2 组。所复制的图形如图 8-79 所示。

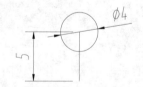

图 8-77 绘制直线和圆

图 8-78 移动圆

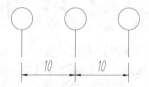

图 8-79 复制操作

2. 绘制时间继电器

步骤 01 执行"矩形"命令（REC），在屏幕任意一处绘制两个矩形，尺寸为 4mm×6mm 和 4mm×2mm，如图 8-80 所示。

步骤 02 执行"直线"命令（L），在下方的矩形中间绘制两条交叉的斜线段；再在图形的左右两边绘制两条水平的直线段，如图 8-81 所示。

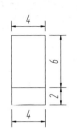

图 8-80　绘制矩形

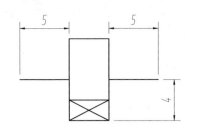

图 8-81　绘制直线段

3．插入电气元件

执行"插入"命令（I），将"案例\03"文件夹内以下电气元件插入图形中，如图 8-82 所示。

（a）延时闭合的动合触点　　（b）二极热断电器　　　　（c）多极开关　　（d）熔断器　（e）接触器　（f）动合常开触点

（g）延时闭合的动断触点　　（h）控制器　　（i）动合常开按钮　（j）动断触点　（k）电动机　（l）动断常闭按钮　（m）延时闭合触点

图 8-82　插入电气图块

4．修改电气元件

步骤 01 执行"复制"命令（CO），将前面插入的"多极开关"图块图形向外面复制一份。

步骤 02 执行"圆弧"命令（A），在刚才复制的"多极开关"图形上面的垂直线段处绘制一段如图所示的圆弧，如图 8-83 所示。

步骤 03 执行"复制"命令（CO），将前面绘制的圆弧进行复制操作，分别复制到多极开关上面的垂直线段上。复制后的图形如图 8-84 所示。

步骤 04 执行"复制"命令（CO），将"延时闭合的动断触点"图块图形向外复制一份；再执行"分解"命令（X），将其进行分解操作；再执行"删除"命令（E），删除掉如图所示的垂直直线段，如图 8-85 所示。

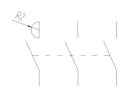

图 8-83　绘制圆弧　　　　　　　图 8-84　复制圆弧　　　　　　图 8-85　修改图块

5．组合图形

步骤 01 通过执行移动、复制、旋转、缩放、镜像等命令将各元件符号放置在相应位置，并以直线将图形进行连接。结果如图 8-86 所示。

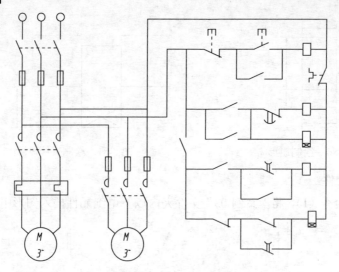

图 8-86　连接图形

步骤 02 执行 "单行文字" 命令（DT），设置文字高度为 2.5mm，在图形位置进行文字注释。结果如图 8-87 所示。

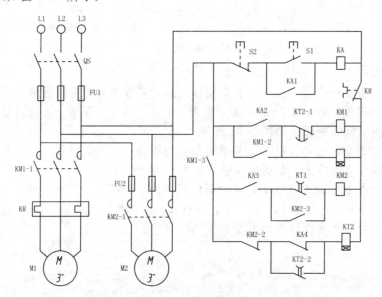

图 8-87　标注文字

步骤 03 至此，秸秆饲料粉碎机电气线路图已经绘制完成，按 Ctrl+S 组合键进行保存。

技巧：160　豆芽自动浇水控温器电路图

视频：技巧 160-豆芽自动浇水控温器电路图.avi
案例：豆芽自动浇水控温器电路图.dwg

技巧概述：本例介绍的豆芽自动浇水控温器，具有停电报警功能，它能自动控制豆芽的生长温度，可根据豆芽的温度自动浇水，使豆芽在一个最佳的温度范围内生长。

该豆芽自动浇水控温器电路由电源电路、温度检测控制电路和停电报警电路组成。温度检测控制电路由热敏电阻器 RT、电位器 RP1～RP3、晶体管 V、时基集成电路 IC1 和电容器 C2、二极管 VD5 和 VD6、继电器 K2 和控制开关 S1 组成；停电报警电路由继电器 K1、开关 S2、电阻器 R1 和 R2、电容器 C3 和 C4、时基集成电路 IC2 和扬声器 BL 组成。豆芽自动浇水控温器电路图如图 8-88 所示。

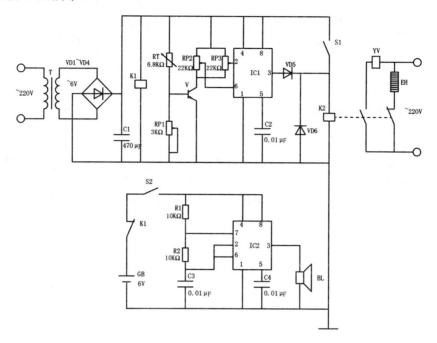

图 8-88　豆芽自动浇水控温器电路图

具体绘制步骤如下。

1. 绘制进线

步骤 01　正常启动 AutoCAD 2014 软件，系统自动创建一个空白文件，在快速访问工具栏上单击 "保存" 按钮，将其保存为 "案例\08\豆芽自动浇水控温器电路图.dwg" 文件。

步骤 02　执行 "直线" 命令（L），按 F8 键打开正交模式，在屏幕上指定一点为直线起点，再拖动鼠标到右方，输入长度 5，绘制一条直线段。

步骤 03　执行 "圆" 命令（C），以左端的直线端点为圆心，绘制一个直径为 4mm 的圆。所绘制的图形如图 8-89 所示。

步骤 04　执行 "移动" 命令（M），选择刚才所绘制的圆，将其垂直向左进行移动操作，移动距离为 2mm。所移动的图形如图 8-90 所示。

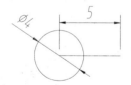

图 8-89　绘制直线和圆

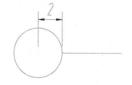

图 8-90　移动圆

步骤 05　同样方式，绘制一个圆在右边的图形，如图 8-91 所示。

步骤 06　执行 "复制" 命令（CO），选择刚才所绘制的水平直线段和圆，将它们分别垂直向下进行复制操作，复制 1 组，复制距离如图 8-92 所示。

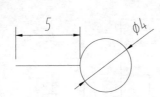

图 8-91 绘制类似图形

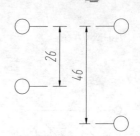

图 8-92 复制操作

2. 绘制扬声器

步骤 01 执行"矩形"命令（REC），在屏幕任意一处绘制一个尺寸为 4mm×6mm 的矩形，如图 8-93 所示。

步骤 02 执行"直线"命令（L），在矩形的右边绘制两条斜线段和一条垂直的直线段，如图 8-94 所示。

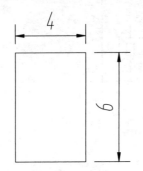

图 8-93 绘制矩形

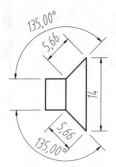

图 8-94 绘制直线段

3. 绘制集成电路板

执行"矩形"命令（REC），在屏幕任意一处绘制一个 20mm×25mm 的矩形，用以表示集成电路板，如图 8-95 所示。

4. 绘制防水电热线

步骤 01 执行"矩形"命令（REC），在屏幕任意一处绘制一个 4mm×10mm 的矩形，用以表示防水电热线，如图 8-96 所示。

步骤 02 执行"直线"命令（L），在矩形框内绘制 10 条水平的直线段；在矩形的上下两条绘制两条垂直的直线段，如图 8-97 所示。

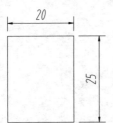

图 8-95 绘制集成电路板

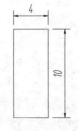

图 8-96 绘制矩形

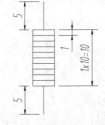

图 8-97 绘制直线段

5. 插入电气元件

执行"插入"命令（I），将"案例\03"文件夹内以下电气元件插入图形中，如图 8-98 所示。

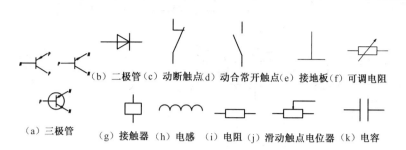

（b）二极管（c）动断触点（d）动合常开触点（e）接地板（f）可调电阻

（a）三极管　　（g）接触器　（h）电感　（i）电阻（j）滑动触点电位器（k）电容

图 8-98　插入电气图块

6. 修改电气元件

步骤 01 执行"复制"命令（CO），将"电容"图块图形向外复制一份；再执行"分解"命令（X），将其进行分解操作；再执行"比例缩放"命令（SC），将右边的垂直线段缩小一半，如图 8-99 所示。

步骤 02 执行"复制"命令（CO），将"滑动触点电位器"图块图形向外复制一份；再执行"分解"命令（X），将其进行分解操作；再执行"打断"命令（BR），将折弯箭头符号进行打断操作，如图 8-100 所示。

图 8-99　比例缩放　　　　　　　　　　　　图 8-100　打断操作

7. 组合图形

步骤 01 通过执行移动、复制、旋转、缩放、镜像等命令将各元件符号放置在相应位置，并以直线将图形进行连接。结果如图 8-101 所示。

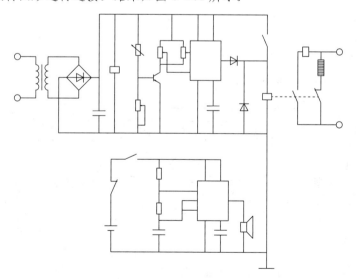

图 8-101　连接图形

步骤 02 执行"单行文字"命令（DT），设置文字高度为 2.5mm，在图形位置进行文字注释。结果如图 8-102 所示。

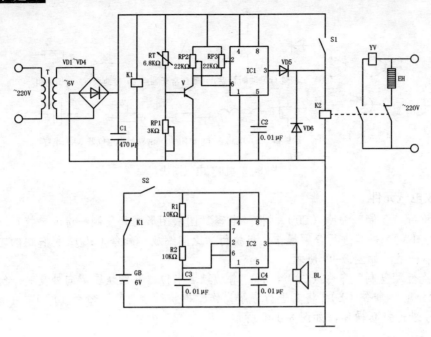

图 8-102　标注文字

步骤 03 至此，豆芽自动浇水控温器电路图已经绘制完成，按 Ctrl+S 组合键进行保存。

技巧：161　粮食水分测量仪电气电路图

> 视频：技巧 161-粮食水分测量仪电气线路图.avi
> 案例：粮食水分测量仪电气线路图.dwg

　　技巧概述：本例介绍粮食水分测量仪电路图。图中，A、B 是两根测量电极。由于粮食的电阻值一般很高，即使在测量电极加上 150V 左右的高电压，两电极间的电流也只在 1μA 以内，所以测量值要用 IC1 集成运放 5G3140 加以放大后再由表头 M 指示出来。粮食中水分含量越高，A、B 电极间电流越大，电表指示值也就越大。IC2 时基集成电路 555 构成脉冲振荡器，其输出通过变压器 T 升压，再经二极管整流便可获得 150V 高电压，供电极测量用。变压器 T 可用 E7 铁氧体磁芯绕制。测量电极用两根截面 2mm×2mm、长 500mm 的黄铜或不锈钢材料制成。粮食水分测量仪电气线路图如图 8-103 所示。

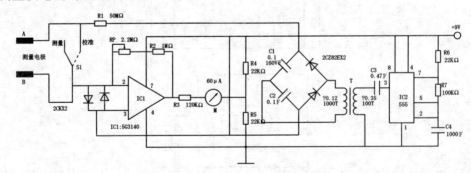

图 8-103　粮食水分测量仪电气线路图

　　具体绘制步骤如下。

　　1．绘制进线

步骤 01 正常启动 AutoCAD 2014 软件，系统自动创建一个空白文件，在快速访问工具栏上单击"保存"按钮 ，将其保存为"案例\08\粮食水分测量仪电气线路图.dwg"文件。

步骤 02 执行"矩形"命令（REC），在屏幕任意一处绘制一个尺寸为 10mm×3mm 的矩形，如图 8-104 所示。

步骤 03 执行"直线"命令（L），在矩形的右边垂直线段的中点处绘制一段水平长为 5mm 的直线段，如图 8-105 所示。

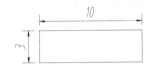

图 8-104　绘制矩形

图 8-105　绘制直线段

步骤 04 执行"图案填充"命令（BH），选择矩形为填充区域，选择填充图案为 SOLID，对其进行填充操作，如图 8-106 所示。

步骤 05 执行"复制"命令（CO），选择刚才所绘制的图形，将它们垂直向下进行复制操作，复制间距为 20mm，复制 1 组。所复制的图形如图 8-107 所示。

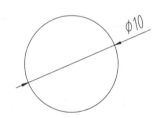

图 8-106　图案填充

图 8-107　复制操作

2. 绘制指示表

步骤 01 执行"圆"命令（C），在屏幕上任意一点绘制一个直径为 10mm 的圆，如图 8-108 所示。

步骤 02 执行"多段线"命令（PL），绘制两端多段线，角度为 45°，长度如图 8-109 所示。

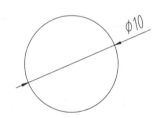

图 8-108　绘制圆

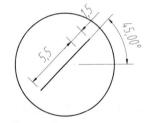

图 8-109　绘制多段线

步骤 03 执行"特性"命令（MO），选择短多段线，然后选择"编辑顶点"选项，再选择"宽度"选项，输入 0.5，按 Esc 键退出，将其修改成箭头符号，如图 8-110 所示。

步骤 04 执行"直线"命令（L），在圆的左右两边绘制两条水平的直线段，如图 8-111 所示。

图 8-110　修改箭头符号

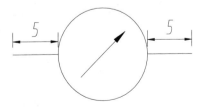

图 8-111　绘制直线段

3. 绘制集成电路板一

执行"多边形"命令（POL），输入侧面数 3，在屏幕上指定一点为多边形中点，然后选择"内接于圆"选项，再输入参考圆半径值 15mm，绘制正三角形，如图 8-112 所示。

4. 绘制集成电路板二

执行"矩形"命令（REC），绘制一个尺寸为 15mm×30mm 的矩形，表示集成电路板，如图 8-113 所示。

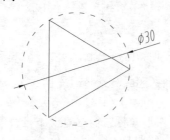

图 8-112　绘制三角形

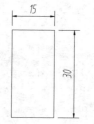

图 8-113　绘制矩形

5. 插入电气元件

执行"插入"命令（I），将"案例\03"文件夹内以下电气元件插入图形中，如图 8-114 所示。

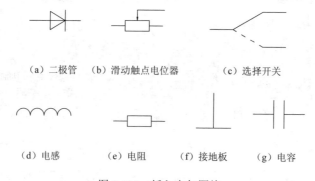

（a）二极管　　（b）滑动触点电位器　　　（c）选择开关

（d）电感　　　（e）电阻　　（f）接地板　　（g）电容

图 8-114　插入电气图块

6. 组合图形

步骤 01 通过执行移动、复制、旋转、缩放、镜像等命令将各元件符号放置在相应位置，并以直线将图形进行连接。结果如图 8-115 所示。

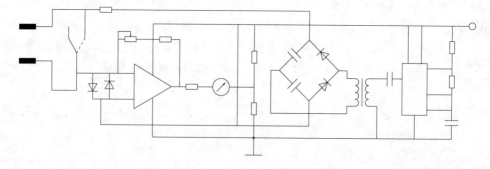

图 8-115　连接图形

步骤 02 执行"单行文字"命令（DT），设置文字高度为 2.5mm，在图形位置进行文字注释。

结果如图 8-116 所示。

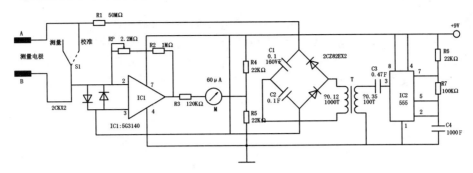

图 8-116　标注文字

步骤 03　至此,粮食水分测量仪电气线路图已经绘制完成,按 Ctrl+S 组合键进行保存。

技巧:162 潜水泵防盗报警器电路图

视频:技巧162-潜水泵防盗报警器电路图.avi
案例:潜水泵防盗报警器电路图.dwg

技巧概述:本例介绍农田潜水泵防盗报警器电路图。农田灌溉用潜水泵与工作地点距离较远时,容易被盗。该例所介绍的农用潜水泵防盗报警器,能在潜水泵被盗、水泵电动机出现断路故障时发出报警信号,提醒用户及时处理。

该农用潜水泵防盗报警器电路由继电器 K、二极管 VD1 和 VD2、电源变压器 T 和电铃 HA 组成。农田潜水泵防盗报警器电路图如图 8-117 所示。

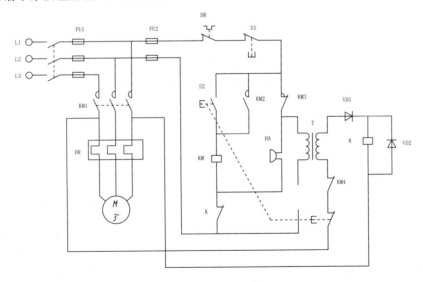

图 8-117　潜水泵防盗报警器电路图

具体绘制步骤如下。

1.绘制进线

步骤 01　正常启动 AutoCAD 2014 软件,系统自动创建一个空白文件,在快速访问工具栏上单击"保存"按钮 🖫 ,将其保存为"案例\08\潜水泵防盗报警器电路图.dwg"文件。

步骤 02　执行"直线"命令(L),在键盘上按 F8 键打开正交模式,在屏幕上指定一点为直线起点,再拖动鼠标到右方,输入长度 10,绘制一条直线段。

步骤 **03** 执行"圆"命令（C），以直线的左方端点为圆心，绘制一个直径为 4mm 的圆。所绘制的图形如图 8-118 所示。

步骤 **04** 执行"移动"命令（M），选择刚才所绘制的圆，将其水平向左进行移动操作，移动距离为 2mm。所移动的图形如图 8-119 所示。

步骤 **05** 执行"复制"命令（CO），选择刚才所绘制的水平直线段和圆，将它们垂直向下进行复制操作，复制间距为 10mm，复制 2 组。所复制的图形如图 8-120 所示。

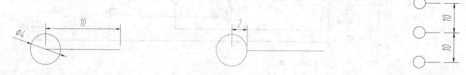

图 8-118　绘制直线和圆　　　　图 8-119　移动圆　　　　图 8-120　复制操作

2. 插入电气元件

执行"插入"命令（I），将"案例\03"文件夹内以下电气元件插入图形中，如图 8-121 所示。

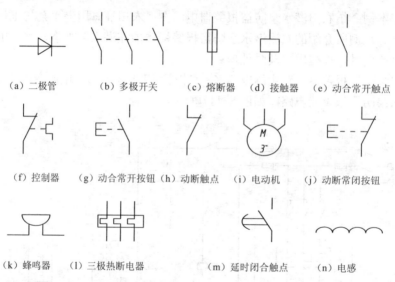

（a）二极管　　　（b）多极开关　　　（c）熔断器　　（d）接触器　　（e）动合常开触点

（f）控制器　　（g）动合常开按钮　（h）动断触点　　（i）电动机　　（j）动断常闭按钮

（k）蜂鸣器　　（l）三极热断电器　　　　（m）延时闭合触点　　（n）电感

图 8-121　插入电气图块

3. 修改电气元件

步骤 **01** 执行"复制"命令（CO），将前面插入的"多极开关"图块图形向外面复制一份。

步骤 **02** 执行"圆弧"命令（A），在刚才复制的"多极开关"图形上面的垂直线段处绘制一段如图所示的圆弧，如图 8-122 所示。

步骤 **03** 执行"复制"命令（CO），将前面绘制的圆弧进行复制操作，分别复制到多极开关上面的垂直线段上。复制后的图形如图 8-123 所示。

图 8-122　绘制圆弧　　　　　　图 8-123　复制圆弧

步骤 04 同样方式，对前面插入的"动合常开触点"和"动断触点"也进行绘制圆弧操作所修改后的图形如图 8-124 所示。

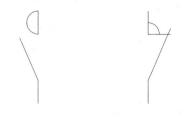

（a）动断触点　　　（b）动合常开触点

图 8-124　绘制圆弧

4. 组合图形

步骤 01 通过执行移动、复制、旋转、缩放、镜像等命令将各元件符号放置在相应位置，并以直线将图形进行连接。结果如图 8-125 所示。

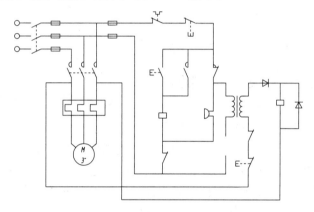

图 8-125　连接图形

步骤 02 执行"直线"命令（L），绘制一条水平直线段和一条斜线段，并将绘制的线段转换成虚线，如图 8-126 所示。

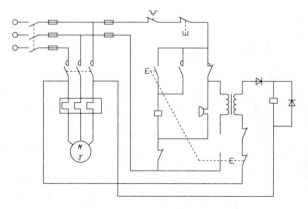

图 8-126　绘制虚线

步骤 03 执行"单行文字"命令（DT），设置文字高度为 2.5mm，在图形位置进行文字注释。结果如图 8-127 所示。

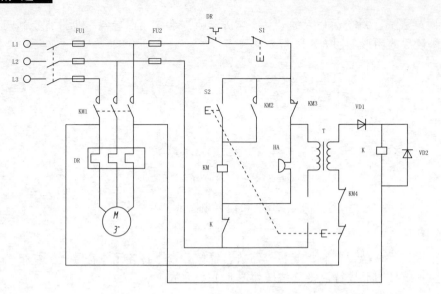

图 8-127　标注文字

步骤 04 至此，农田潜水泵防盗报警器电路图已经绘制完成，按 Ctrl+S 组合键进行保存。

技巧：163 施肥管堵塞报警器电路图

视频：技巧163-施肥管堵塞报警器电路图.avi
案例：施肥管堵塞报警器电路图.dwg

技巧概述： 本例介绍播种机施肥管堵塞报警器电路图。用播种机播种时，要同时施些液体肥料作底肥。为了避免种子被肥烧坏，通常是先用开沟器将肥料施于土下，肥料上埋 6～7cm 的土后再播种。若开沟器出口处被堵塞或其上方的施肥管道被堵塞，液体肥料就流不出来，而这种情况工作人员又很难及时发现。本例介绍的播种机施肥管堵塞报警器，能在施肥管发生堵塞时，发出声光报警信号，通知工作人员及时进行处理。

该播种机施肥管堵塞报警器电路由晶体管 V1～V5、电位器 RP1～RP4、继电器 K、指示灯 HL、蜂鸣器 HA、电源开关 S 和电池 CB 组成。播种机施肥管堵塞报警器电路图如图 8-128 所示。

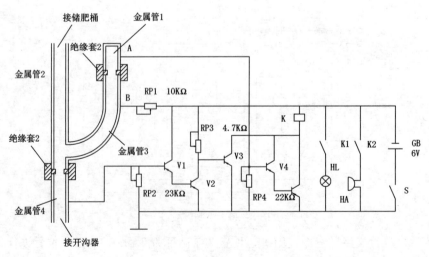

图 8-128　施肥管堵塞报警器电路图

具体绘制步骤如下。

1. 绘制金属管

步骤 01 正常启动 AutoCAD 2014 软件，系统自动创建一个空白文件，在快速访问工具栏上单击"保存"按钮 ，将其保存为"案例\08\施肥管堵塞报警器电路图.dwg"文件。

步骤 02 执行"直线"命令（L），绘制一条垂直长 150mm 的直线段；再执行"偏移"命令（O），将所绘制的直线段向右进行偏移操作，偏移尺寸分别为 20mm、40mm、20mm，如图 8-129 所示。

步骤 03 继续执行"直线"命令（L），在图形的上方分别连接最左边和最右边的垂直直线段的上端点，绘制一条直线段；再执行"偏移"命令（O），将该直线段向下进行偏移操作，偏移尺寸为 70mm，如图 8-130 所示。

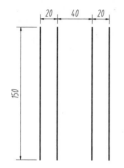

图 8-129　绘制垂直线段

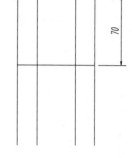

图 8-130　绘制水平线段

步骤 04 执行"圆"命令（C），以下方的直线交点为圆心，绘制两个同心圆，直径分别为 80mm、120mm，如图 8-131 所示。

步骤 05 执行"修剪"命令（TR），执行"删除"命令（E），将图形按照如图所示的形状进行修剪删除操作。修剪后的图形如图 8-132 所示。

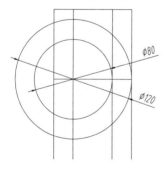

图 8-131　绘制圆

图 8-132　修剪图形

步骤 06 执行"偏移"命令（O），将修剪后的线条向内进行偏移操作，偏移距离为 3mm，如图 8-133 所示。

步骤 07 执行"删除"命令（E），将相关的线条进行删除操作；再执行"修剪"命令（TR），将图形按照如图所示的形状进行修剪操作。修剪后的图形如图 8-134 所示。

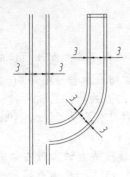

图 8-133　偏移操作

图 8-134　修剪图形

2. 绘制绝缘套

步骤 **01**　执行"矩形"命令（REC），在金属管的最左边的垂直线段边绘制两个矩形，尺寸分别为 8mm×18mm、5mm×5mm，如图 8-135 所示。

步骤 **02**　执行"镜像"命令（MI），将刚才绘制的矩形镜像到右边，如图 8-136 所示。

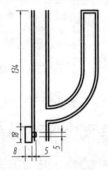

图 8-135　绘制矩形

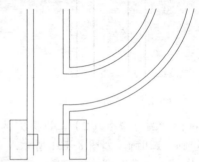

图 8-136　镜像操作

步骤 **03**　执行"复制"命令（CO），将镜像前和镜像后的四个矩形复制到金属管的右上方位置，如图 8-137 所示。

步骤 **04**　执行"修剪"命令（TR），将图形按照如图所示的形状进行修剪操作。修剪后的图形如图 8-138 所示。

步骤 **05**　执行"图案填充"命令（BH），将所绘制的绝缘套图形进行图案填充操作，如图 8-139 所示。

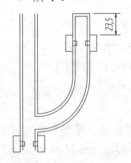

图 8-137　复制矩形

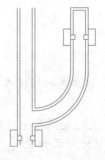

图 8-138　修剪操作

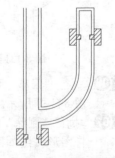

图 8-139　填充图案

3. 插入电气元件

执行"插入"命令（I），将"案例\03"文件夹内以下电气元件插入图形中，如图 8-140 所示。

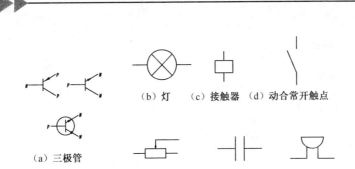

图 8-140 插入电气图块

4．修改电气元件

执行"复制"命令（CO），将"电容"图块图形向外复制一份；再执行"分解"命令（X），将其进行分解操作；再执行"比例缩放"命令（SC），将右边的垂直线段缩小一半，如图 8-141所示。

图 8-141 比例缩放

5．组合图形

步骤 01 通过执行移动、复制、旋转、缩放、镜像等命令将各元件符号放置在相应位置，并以直线将图形进行连接。结果如图 8-142 所示。

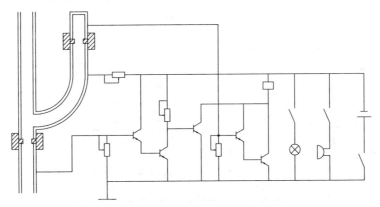

图 8-142 连接图形

步骤 02 执行"单行文字"命令（DT），设置文字高度为 2.5mm，在图形位置进行文字注释。结果如图 8-143 所示。

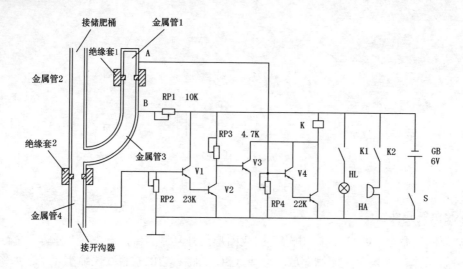

图 8-143　标注文字

步骤 03 至此，播种机施肥管堵塞报警器电路图已经绘制完成，按 Ctrl+S 组合键进行保存。

技巧：164 单管灭蚊灯电路图

视频：技巧164-单管灭蚊灯电路图.avi
案例：单管灭蚊灯电路图.dwg

技巧概述：本例介绍单管灭蚊灯电路图。该电路图是常用典型电子蚊拍电路，荡变器输出为交变电压，峰值 350V；振荡晶体管的电流放大系数参数不齐，若在使用时，手感热厉害，在基极串接一只 100Ω 左右的电阻来限制基极电流，即可降温；整流部分半波整流电路，输出直流高压约 1.4kV。所绘制的单管灭蚊灯电路图如图 8-144 所示。

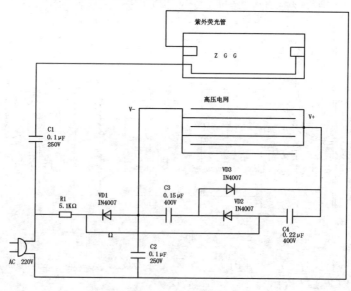

图 8-144　单管灭蚊灯电路图

具体绘制步骤如下。

1．绘制紫外荧光管

步骤 01 正常启动 AutoCAD 2014 软件，系统自动创建一个空白文件，在快速访问工具栏上单击"保存"按钮，将其保存为"案例\08\单管灭蚊灯电路图.dwg"文件。

步骤 02　执行"矩形"命令（REC），在屏幕任意一处绘制一个尺寸为 70mm×25mm 的矩形，如图 8-145 所示。

步骤 03　执行"矩形"命令（REC），绘制一个尺寸为 8mm×5mm 的矩形，再执行"移动"命令（M），将所绘制 8mm×5mm 的矩形进行移动操作，移动到如图所示的位置上；最后执行"镜像"命令（MI），将移动后的矩形镜像到大矩形的右边。效果如图 8-146 所示。

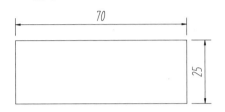

图 8-145　绘制大矩形

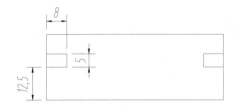

图 8-146　绘制小矩形

步骤 04　执行"直线"命令（L），按照如图所示的尺寸与位置，绘制相关的直线段。效果如图 8-147 所示。

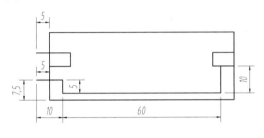

图 8-147　绘制直线

2. 绘制高压电网

步骤 01　执行"直线"命令（L），在屏幕任意一处绘制一条水平长 70mm 的直线段，如图 8-148 所示。

步骤 02　执行"偏移"命令（O），将刚才所绘制的水平直线段向下进行偏移操作，偏移间距为 5mm，偏移 5 条，如图 8-149 所示。

图 8-148　绘制直线

图 8-149　偏移操作

步骤 03　执行"直线"命令（L），在图形的左边分别连接最上面和最下面直线段的左方端点，绘制一条垂直的直线段；同样方式，在图形右边也绘制一条对应的垂直直线段，如图 8-150 所示。

步骤 04　执行"偏移"命令（O），将刚才绘制的垂直直线段向右和向左进行偏移操作，如图 8-151 所示。

图 8-150　绘制直线

图 8-151　偏移操作

步骤 05 执行"修剪"命令（TR）和"删除"命令（E），将图形按照如图所示的形状进行修剪删除操作。修剪后的图形如图 8-152 所示。

步骤 06 执行"直线"命令（L），按照如图所示的尺寸与位置，绘制相关的直线段。效果如图 8-153 所示。

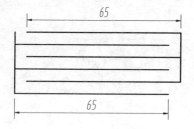

图 8-152　修剪操作

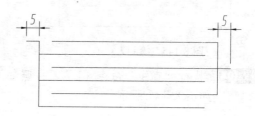

图 8-153　绘制直线段

步骤 07 执行"圆环"命令（DO），在如图所示的地方绘制一个内径为 0，外径为 1mm 的圆环。效果如图 8-154 所示。

图 8-154　绘制圆环

3. 绘制插头

步骤 01 执行"圆"命令（C），在屏幕任意一处绘制一个直径为 10mm 的圆，如图 8-155 所示。

步骤 02 执行"直线"命令（L），分别连接刚才所绘制的圆的上下两个象限点，绘制一条垂直的直线段，如图 8-156 所示。

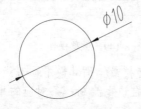

图 8-155　绘制圆

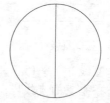

图 8-156　绘制直线段

步骤 03 执行"修剪"命令（TR），将图形按照如图所示的形状进行修剪操作。修剪后的图形如图 8-157 所示。

步骤 04 执行"直线"命令（L），在图形的上下两方绘制如图所示的四条水平直线段，如图

8-158 所示。

步骤 05 执行"修剪"命令（TR）和"删除"命令（E），将图形按照如图所示的形状进行修剪删除操作。修剪后的图形如图 8-159 所示。

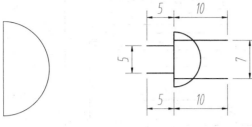

图 8-157　修剪图形　　　　图 8-158　绘制直线 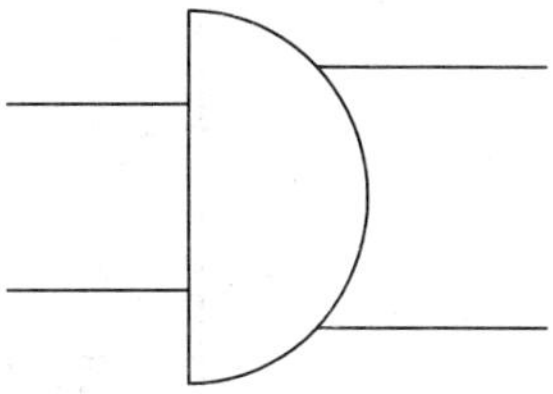　　　　图 8-159　修剪图形

4. 插入电气元件

执行"插入"命令（I），将"案例\03"文件夹内以下电气元件插入图形中，如图 8-160 所示。

（a）二极管　　　　（b）电阻　　　　（c）电容

图 8-160　插入电气图块

5. 组合图形

步骤 01 通过执行移动、复制、旋转、缩放、镜像等命令将各元件符号放置在相应位置，并以直线将图形进行连接。结果如图 8-161 所示。

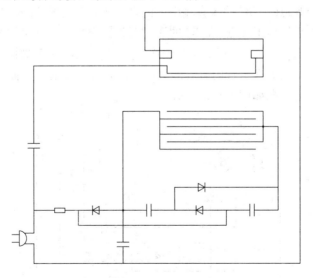

图 8-161　连接图形

步骤 02 执行"单行文字"命令（DT），设置文字高度为 2.5mm，在图形位置进行文字注释。结果如图 8-162 所示。

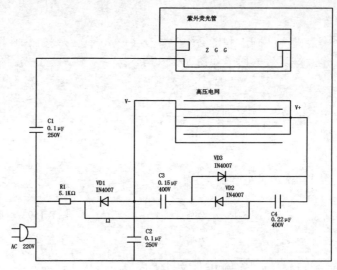

图 8-162　标注文字

步骤 03 至此，单管灭蚊灯电路图已经绘制完成，按 Ctrl+S 组合键进行保存。

技巧：165　农用自动水阀门电路图

视频：技巧165-农用自动水阀门电路图.avi
案例：农用自动水阀门电路图.dwg

技巧概述：本例介绍农用自动水阀门电路图。该电路图由电源电路、检测电路和控制电路组成。电源电路由电源变压器 T、整流二极管 VD1～VD4 和滤波电容器 C1 等组成；检测电路由高水位检测电极 a、低水位检测电极 b 和进水管内有无水检测电极 c 等组成；控制电路由时基集成电路 IC、继电器 K 及有关外围元器件组成。

当水箱内水位低于 b 点时，IC 的 3 脚输出高电平，使继电器 K 工作，电磁阀通电工作，水箱开始进水；当水箱内水位高于 a 点时，IC 的 3 脚变为低电平，使继电器和电磁阀均断电，停止进水；在进水管中无水时，IC 的 4 脚为低电平，使 IC 复位，其 3 脚输出低电平，继电器 K 和电磁阀均不工作；为了避免在水管内有气泡时，电磁阀会反复通、断而设置的 C3 为延时电容器。农用自动水阀门电路图如图 8-163 所示。

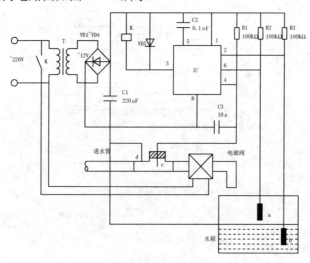

图 8-163　农用自动水阀门电路图

具体绘制步骤如下。

1. 绘制进线

步骤 01 正常启动 AutoCAD 2014 软件，系统自动创建一个空白文件，在快速访问工具栏上单击 "保存" 按钮📁，将其保存为 "案例\08\农用自动水阀门电路图.dwg" 文件。

步骤 02 执行 "直线" 命令（L），在键盘上按 F8 键打开正交模式，在屏幕上指定一点为直线起点，再拖动鼠标到右方，输入长度 10，绘制一条直线段。

步骤 03 执行 "圆" 命令（C），以直线的左方端点为圆心，绘制一个直径为 4mm 的圆。所绘制的图形如图 8-164 所示。

步骤 04 执行 "移动" 命令（M），选择刚才所绘制的圆，将其水平向左进行移动操作，移动距离为 2mm。所移动的图形如图 8-165 所示。

步骤 05 执行 "复制" 命令（CO），选择刚才所绘制的水平直线段和圆，将它们垂直向下进行复制操作，复制间距如图所示，复制 1 组。所复制的图形如图 8-166 所示。

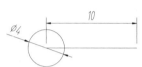

图 8-164　绘制直线和圆

图 8-165　移动圆

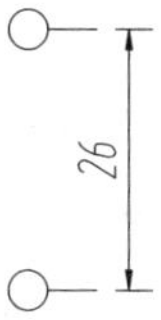

图 8-166　复制操作

2. 绘制进水管

步骤 01 执行 "直线" 命令（L），绘制一段水平长 95mm 的直线段，再绘制一条垂直长 16mm 的直线段，如图 8-167 所示。

图 8-167　绘制直线段

步骤 02 执行 "偏移" 命令（O），将刚才绘制的直线段按照如图所示的方向与尺寸进行偏移操作。效果如图 8-168 所示。

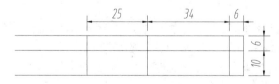

图 8-168　偏移操作

步骤 03 执行 "修剪" 命令（TR），将图形按照如图所示的形状进行修剪操作。修剪后的图形如图 8-169 所示。

图 8-169　修剪操作

步骤 04 执行"样条曲线"命令（SPL），在图形的左边绘制如图所示的两条多段线，标示进水管截断图，如图 8-170 所示。

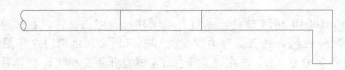

图 8-170 绘制样条曲线

3. 绘制电磁阀

步骤 01 执行"矩形"命令（REC），绘制一个尺寸为 15mm × 15mm 的矩形，如图 8-171 所示。

步骤 02 执行"直线"命令（L），分别连接刚才绘制的矩形的对角点，绘制两条斜线段，如图 8-172 所示。

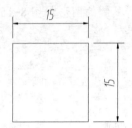
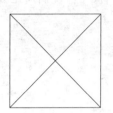

图 8-171 绘制矩形 　　　　　　　　　图 8-172 绘制斜线段

步骤 03 执行"移动"命令（M），将刚才绘制的电磁阀图形移动到进水管图形中，移动尺寸如图所示；再执行"修剪"命令（TR），将图形按照如图所示的形状进行修剪，如图 8-173 所示。

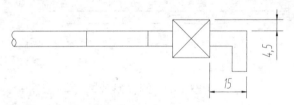

图 8-173 修剪操作

4. 绘制管内电极

步骤 01 执行"矩形"命令（REC），绘制一个尺寸为 10mm × 4mm 的矩形，如图 8-174 所示。

步骤 02 执行"直线"命令（L），绘制一条垂直的直线段，如图 8-175 所示。

步骤 03 执行"图案填充"命令（BH），选择填充图案为 ANSI 31，填充比例为 0.5，选择矩形为填充区域，将图形进行图案填充，如图 8-176 所示。

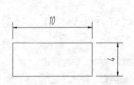
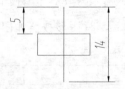

图 8-174 绘制矩形 　　　　图 8-175 绘制直线段 　　　　图 8-176 图案填充

步骤 04 执行"移动"命令（M），将刚才绘制的电极图形移动到进水管图形中，移动尺寸如图所示；再执行"修剪"命令（TR），将图形按照如图所示的形状进行修剪，如

图 8-177 所示。

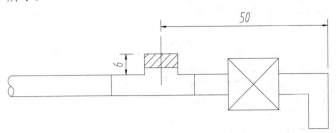

图 8-177 修剪操作

5. 绘制箱内电极

步骤 01 执行"矩形"命令（REC），在屏幕任意一处绘制一个尺寸为 10mm×3mm 的矩形，如图 8-178 所示。

步骤 02 执行"直线"命令（L），在矩形的右边垂直线段的中点处绘制一段水平长为 5mm 的直线段，如图 8-179 所示。

图 8-178 绘制矩形

图 8-179 绘制直线段

步骤 03 执行"图案填充"命令（BH），选择矩形为填充区域，选择填充图案为 SOLID，对其进行填充操作，如图 8-180 所示。

图 8-180 图案填充

6. 绘制水箱

步骤 01 执行"矩形"命令（REC），绘制一个尺寸为 50mm×35mm 的矩形，如图 8-181 所示。

步骤 02 执行"直线"命令（L），分别连接两垂直边中点，绘制一条水平直线段，如图 8-182 所示。

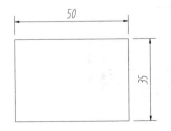

图 8-181 绘制矩形

图 8-182 绘制直线段

步骤 03 执行"偏移"命令（O），将刚才所绘制的直线段向下进行偏移操作，偏移间距为 3mm，偏移 4 条，如图 8-183 所示。

7. 绘制集成电路板

执行"矩形"命令（REC），在屏幕任意一处绘制一个 30mm×30mm 的矩形，用以表示集成电路板，如图 8-184 所示。

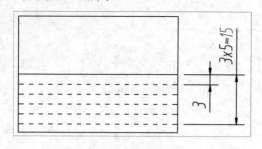

图 8-183　偏移操作

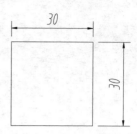

图 8-184　绘制矩形

8. 插入电气元件

执行"插入"命令（I），将"案例\03"文件夹内以下电气元件插入图形中，如图 8-185 所示。

（a）接触点　（b）动合常开触点　（c）二极管　（d）电容　（e）电感　（f）电阻

图 8-185　插入电气图块

9. 组合图形

步骤 01 通过执行移动、复制、旋转、缩放、镜像等命令将各元件符号放置在相应位置，并以直线将图形进行连接。结果如图 8-186 所示。

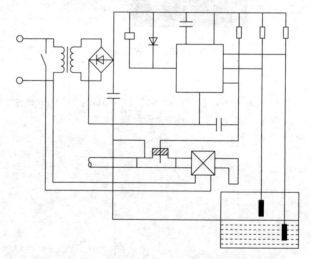

图 8-186　连接图形

步骤 02 执行"单行文字"命令（DT），设置文字高度为 2.5mm，在图形位置进行文字注释。结果如图 8-187 所示。

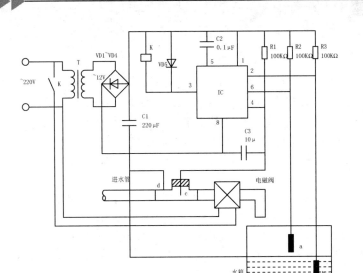

图 8-187 标注文字

步骤 03 至此，农用自动水阀门电路图已经绘制完成，按 Ctrl+S 组合键进行保存。

技巧：166 禽蛋自动孵化器电路图

视频：技巧166-禽蛋自动孵化器电路图.avi
案例：禽蛋自动孵化器电路图.dwg

技巧概述： 本例介绍禽蛋自动孵化器电路图。该禽蛋自动孵化器电路由电源电路、温度/通风控制电路、自动翻蛋电路和温度指示电路组成。电源电路由电源开关 S3、电源变压器 T、整流桥堆 UR 和电容器 C2～C4、限流电阻器 R12 和稳压二极管 VS 组成；温度/通风控制电路由晶体管 V1 和 V2、电阻器 R1～R11、电位器 RP1～RP5、运算放大器集成电路 lCl(Nl～N3)、继电器 K1、二极管 VD1、风扇电动机 M1 和加热器 EH 组成；自动翻蛋电路由电阻器 Rl3～R16、电位器 RP6、电容器 C7～C9、时基集成电路 IC2、晶体管 V3、二极管 VD2、继电器 K2、限位开关 Sl、触发开关 K1 和直流电动机 M2 组成。禽蛋自动孵化器电路图如图 8-188 所示。

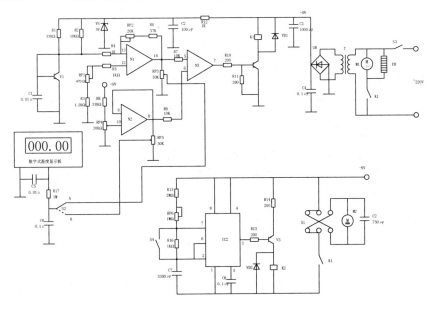

图 8-188 禽蛋自动孵化器电路图

具体绘制步骤如下。

1. 绘制进线

步骤 01 正常启动 AutoCAD 2014 软件，系统自动创建一个空白文件，在快速访问工具栏上单击"保存"按钮🔲，将其保存为"案例\08\禽蛋自动孵化器电路图.dwg"文件。

步骤 02 执行"直线"命令（L），在键盘上按 F8 键打开正交模式，在屏幕上指定一点为直线起点，再拖动鼠标到右方，输入长度 5，绘制一条直线段。

步骤 03 执行"圆"命令（C），以直线的左方端点为圆心，绘制一个直径为 4mm 的圆。所绘制的图形如图 8-189 所示。

步骤 04 执行"移动"命令（M），选择刚才所绘制的圆，将其水平向左进行移动操作，移动距离为 2mm。所移动的图形如图 8-190 所示。

步骤 05 执行"复制"命令（CO），选择刚才所绘制的水平直线段和圆，将它们垂直向下进行复制操作，复制间距如图所示，复制 1 组。所复制的图形如图 8-191 所示。

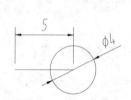

图 8-189 绘制直线和圆

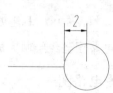

图 8-190 移动圆

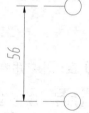

图 8-191 复制操作

2. 绘制温度显示板

步骤 01 执行"矩形"命令（REC），绘制两个矩形，尺寸分别为 60mm×30mm、40mm×13mm；再执行"移动"命令（M），将小矩形进行移动，如图 8-192 所示。

步骤 02 执行"单行文字"命令（DT），在小矩形框内输入数字 000.00，用以表示温度显示板上的数字，如图 8-193 所示。

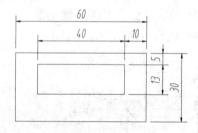

图 8-192 绘制矩形

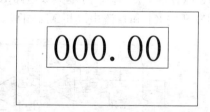

图 8-193 输入文字

3. 绘制集成电路内部元件

执行"多边形"命令（POL），输入侧面数 3，在屏幕上指定一点为多边形中点，然后选择"内接于圆"选项，再输入参考圆半径值 15，绘制正三角形，如图 8-194 所示。

4. 绘制集成电路板二

执行"矩形"命令（REC），绘制一个尺寸为 30mm×45mm 的矩形，表示集成电路板，如图 8-195 所示。

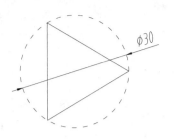

图 8-194　绘制三角形

图 8-195　绘制矩形

5．绘制加热器

步骤 01　执行"矩形"命令（REC），绘制一个尺寸为 5mm×14mm 的矩形，如图 8-196 所示。

步骤 02　执行"分解"命令（X），将刚才所绘制的矩形进行分解操作；再执行"偏移"命令（O），将上方的水平线段向下进行偏移操作，偏移间距为 2mm，偏移 6 条，如图 8-197 所示。

步骤 03　执行"直线"命令（L），在图形的上下两方绘制两条垂直的线段，如图 8-198 所示。

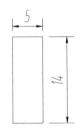

图 8-196　绘制矩形

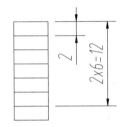

图 8-197　偏移线段

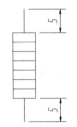

图 8-198　绘制直线

6．绘制限位开关

步骤 01　执行"圆"命令（C），绘制一个直径为 4mm 的圆，如图 8-199 所示。

步骤 02　执行"复制"命令（CO），选择刚才绘制的圆，将其按照如图所示的尺寸与位置进行复制操作，如图 8-200 所示。

图 8-199　绘制圆

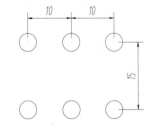

图 8-200　复制圆

步骤 03　执行"直线"命令（L），分别捕捉左边四个圆的上下象限点，绘制如图所示的两条水平直线段，如图 8-201 所示。

步骤 04　执行"直线"命令（L），分别捕捉最外面的四个圆的切点，绘制如图所示的两条斜线段，如图 8-202 所示。

步骤 05　执行"直线"命令（L），分别连接刚才所绘制的圆的上下两个象限点，绘制一条垂直的直线段，如图 8-203 所示。

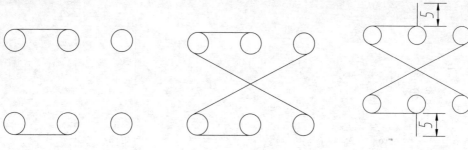

图 8-201　绘制线段　　　图 8-202　绘制斜线段　　　图 8-203　绘制线段

7. 插入电气元件

执行"插入"命令（I），将"案例\03"文件夹内以下电气元件插入图形中，如图 8-204 所示。

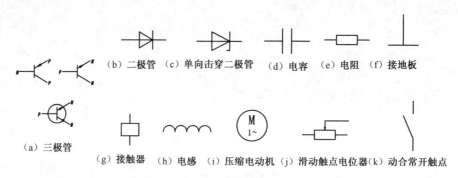

图 8-204　插入电气图块

8. 修改电气元件

步骤 01 执行"复制"命令（CO），将"滑动触点电位器"图块图形向外复制一份；再执行"分解"命令（X），将其进行分解操作；再执行"打断"命令（BR），将折弯箭头符号进行打断操作，如图 8-205 所示。

步骤 02 执行"复制"命令（CO），将"压缩电动机"图块图形向外复制一份；再执行"分解"命令（X），将其进行分解操作；再执行"删除"命令（E），将"1⁻"字样删除掉；再执行"直线"命令（L），在 M 字样的下方绘制两条水平直线段，如图 8-206 所示。

图 8-205　打断操作　　　　　　　　　　图 8-206　修改电动机

9. 组合电路图一

通过执行移动、复制、旋转、缩放、镜像等命令将各元件符号放置在相应位置，并以直线将图形进行连接。结果如图 8-207 所示。

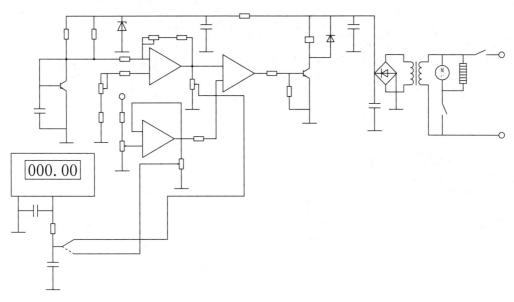

图 8-207   连接图形

10. 组合电路图二

步骤 01 通过执行移动、复制、旋转、缩放、镜像等命令将各元件符号放置在相应位置，并以直线将图形进行连接。结果如图 8-208 所示。

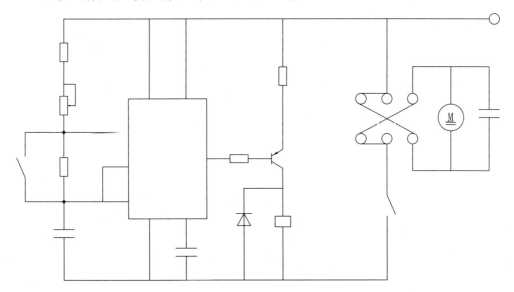

图 8-208   连接图形

步骤 02 执行"单行文字"命令（DT），设置文字高度为 2.5mm，在图形位置进行文字注释。结果如图 8-209 所示。

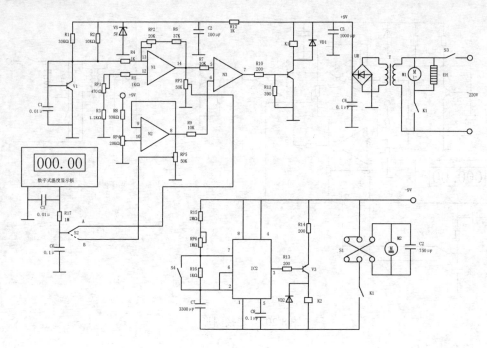

图 8-209　标注文字

步骤 03 至此，禽蛋自动孵化器电路图已经绘制完成，按 Ctrl+S 合键进行保存。

第9章　电力电气工程图的绘制技巧

● **本章导读**

电能从生产到应用，一般需要五个环节来完成，即发电、输电、变电、配电和用电。发电厂发出的电能，为了减少输电过程中能量的损耗。一般先经过升压变电所将电压升高，电压为 220kV、110kV、35kV 和 6kV，经输电线路送到电力系统中。又由于用电设备的额定电压较低，所以电能送到用电地区需要降压。这就需要进行变电和配电。本章将介绍 110kV 变电所的电力工程图的绘制方法，并以路灯 100kVA 箱变变配电图作为上机练习，进一步掌握输电工程图的绘制方法。

在本章中，通过 AutoCAD 2014 软件，来绘制一些典型的电力电气工程图，包括供电系统电气线路图、交流高压配电系统图、智能低压配电系统图、车间组合开关箱系统图等，从而让读者掌握电力电气工程图的绘制技巧和方法。

● **本章内容**

供电系统电气线路图	智能低压配电系统图	车间组合开关箱系统图
交流高压配电系统图	车间等电位连接系统图	

技巧：167 供电系统电气线路图

视频：技巧 167-供电系统电气线路图.avi
案例：供电系统电气线路图.dwg

技巧概述：该例讲述的是一个小型程控交换机的供电系统电路图。在该电路图中，48V 的电压进入由 VT1 和 VT2 等构成的 DC/DC 变换器。一路经整流桥 DB1 整流输出 35V 的直流电流，供给小型开关电源 NEC8439 输出稳定的+12V 和+5V 电压；另一路经整流桥 DB2 整流输出 -16V 电压，经负三端稳压器 79M12 和 79M05 输出-12V 和-5V 的电压。供电系统电气线路图如图 9-1 所示。

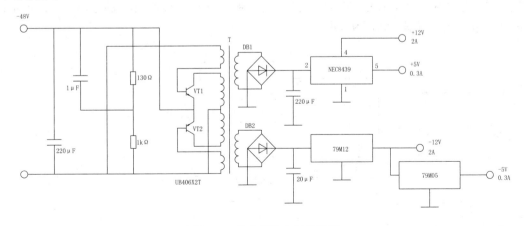

图 9-1　供电系统电气线路图

具体绘制步骤如下。

1. 绘制主线

步骤 01 正常启动 AutoCAD 2014 软件,系统自动创建一个空白文件,在快速访问工具栏上单击"保存"按钮 ,将其保存为"案例\09\供电系统电气线路图.dwg"文件。

步骤 02 执行"直线"命令(L),按 F8 键打开正交模式,在屏幕上指定一点为直线起点,再拖动鼠标到右方,输入长度 5,绘制一条直线段。

步骤 03 执行"圆"命令(C),以左端的直线端点为圆心,绘制一个直径为 4mm 的圆。所绘制的图形如图 9-2 所示。

步骤 04 执行"移动"命令(M),选择刚才所绘制的圆,将其竖直向左进行移动操作,移动距离为 2mm。所移动的图形如图 9-3 所示。

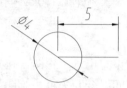

图 9-2 绘制直线和圆

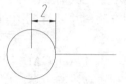

图 9-3 移动圆

步骤 05 同样方式,绘制一个圆在右边的图形,如图 9-4 所示。

步骤 06 执行"复制"命令(CO),选择最开始的水平直线段和圆,将它们分别竖直向下进行复制操作,复制 1 组,复制距离如图 9-5 所示。

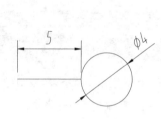

图 9-4 绘制类似图形

图 9-5 复制操作

2. 绘制开关电源和稳压器

执行"矩形"命令(REC),在屏幕任意一处绘制一个 35mm×15mm 的矩形,用以表示该电路的开关电源盒稳压器,如图 9-6 所示。

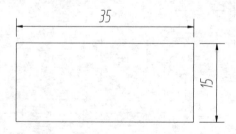

图 9-6 绘制矩形

3. 插入电气元件

执行"插入"命令(I),将"案例\03"文件夹内以下电气元件插入图形中,如图 9-7 所示。

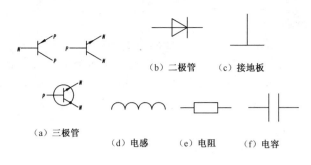

图 9-7　插入电气图块

4. 组合图形

步骤 01 通过执行移动、复制、旋转、缩放、镜像等命令将各元件符号放置在相应位置，并以直线将图形进行连接。结果如图 9-8 所示。

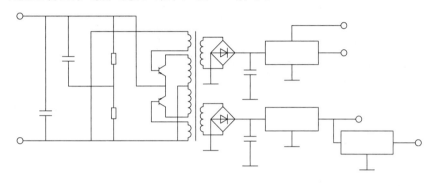

图 9-8　连接图形

步骤 02 执行"单行文字"命令（DT），设置文字高度为 2.5mm，在图形位置进行文字注释。结果如图 9-9 所示。

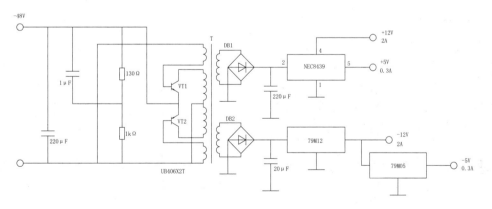

图 9-9　标注文字

步骤 03 至此，供电系统电气线路图已经绘制完成，按 Ctrl+S 组合键进行保存。

技巧：168　交流高压配电系统图

视频：技巧 168-交流高压配电系统图.avi
案例：交流高压配电系统图.dwg

技巧概述： 变电所从电力系统受电经降压变压器降压后馈送至低压配电房。要求变电所尽量靠近负荷中心，以减少配电线路的长度和电能损失，并且主接线应力求简单、运行可靠、操作方便，设备少并便于维护。

较大的通信局、长途通信枢纽大楼为保证高质量的稳定市电，以及供电规范要求（超过600kVA 变压器），一般都由市电高压电网供电。通常都从两个不同的变电站引入两路高压，其运行方式为用一备一，并且要求两路电源开关（或母联开关）之间加装机械联锁或电气联锁装置，以避免误操作或误并列。为控制两路高压电源，常用成套高压开关柜。所绘制的交流高压配电系统图如图 9-10 所示。

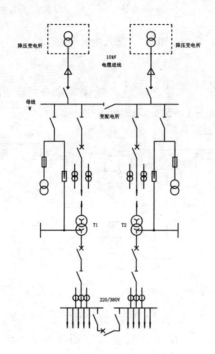

图 9-10　交流高压配电系统图

具体绘制步骤如下。

1．绘制双绕组变压器

步骤 01 正常启动 AutoCAD 2014 软件，系统自动创建一个空白文件，在快速访问工具栏上单击 "保存" 按钮🖫，将其保存为 "案例\09\交流高压配电系统图.dwg" 文件。

步骤 02 执行 "圆" 命令（C），在屏幕任意一处绘制一个直径为 6mm 的圆；再执行 "复制" 命令（CO），将刚才所绘制的圆图形向下复制一个，复制距离为 4.5mm，如图 9-11 所示。

步骤 03 执行 "直线" 命令（L），在图形的下方绘制一条竖直长 5mm 的直线段，如图 9-12 所示。

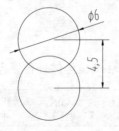

图 9-11　绘制圆

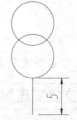

图 9-12　绘制直线段

步骤 04 执行 "写块" 命令（W），将绘制好的双绕组变压器图形保存为外部块文件，且保存

到电气元件符号的章节"案例\03"文件夹里面。

2. 绘制电流互感器 TA

步骤01 执行"圆"命令（C），在屏幕任意一处绘制一个直径为 4mm 的圆，如图 9-13 所示。

步骤02 执行"直线"命令（L），绘制一条竖直长的直线段，使其中点与圆心重合，如图 9-14 所示。

图 9-13　绘制圆　　　　　　　　　　　　　　图 9-14　绘制直线段

步骤03 执行"写块"命令（W），将绘制好的电流互感器 TA 图形保存为外部块文件，且保存到电气元件符号的章节"案例\03"文件夹里面。

3. 绘制二次绕组电流互感器

步骤01 参照绘制双绕组变压器和电流互感器的方式，绘制二次绕组电流互感器，如图 9-15 所示。

步骤02 执行"写块"命令（W），将绘制好的二次绕组电流互感器图形保存为外部块文件，且保存到电气元件符号的章节"案例\03"文件夹里面。

4. 绘制星形-星形三相变压器

步骤01 执行"圆"命令（C），在屏幕任意一处绘制一个直径为 8mm 的圆；再执行"复制"命令（CO），将刚才所绘制的圆图形向下进行复制操作，复制距离为 6mm，如图 9-16 所示。

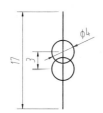

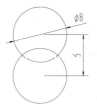

图 9-15　绘制二次绕组电流互感器　　　　　　图 9-16　绘制圆

步骤02 执行"直线"命令（L），以圆心为起点，绘制三条直线段，三条直线段的角度为 120°，如图 9-17 所示。

步骤03 执行"移动"命令（M），将刚才绘制的两组直线段分别向上和向下进行移动操作，移动距离如图 9-18 所示。

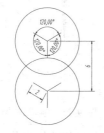

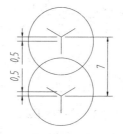

图 9-17　绘制直线段　　　　　　　　　　　　图 9-18　移动操作

步骤 04 执行"直线"命令（L），在图形的上下两方绘制两条竖直长 5mm 的直线段，如图 9-19 所示。

步骤 05 执行"写块"命令（W），将绘制好的星形-星形三相变压器图形保存为外部块文件，且保存到电气元件符号的章节"案例\03"文件夹里面。

5. 绘制电缆终端头

步骤 01 执行"多边形"命令（POL），输入侧面数 3，再指定屏幕任意一点为中心点，选择"内接于圆"模式，输入参考圆半径值 3，绘制一个正三角形，如图 9-20 所示。

图 9-19 绘制直线段

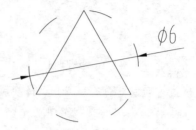

图 9-20 绘制正三角形

步骤 02 执行"直线"命令（L），绘制一条竖直的直线段，如图 9-21 所示。

步骤 03 执行"写块"命令（W），将绘制好的电缆终端头图形保存为外部块文件，且保存到电气元件符号的章节"案例\03"文件夹里面。

6. 绘制避雷器

步骤 01 执行"矩形"命令（REC），绘制一个尺寸为 3mm × 7mm 的矩形，如图 9-22 所示。

步骤 02 执行"直线"命令（L），在矩形的上下两方绘制两条竖直直线段，如图 9-23 所示。

图 9-21 电缆终端头

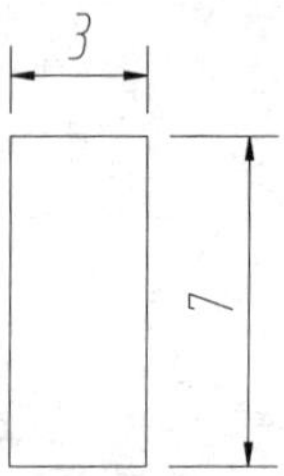

图 9-22 绘制矩形

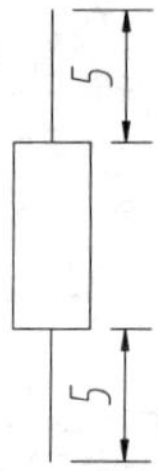

图 9-23 绘制直线段

步骤 03 执行"多段线"命令（PL），在矩形中间绘制两条竖直的多段线，如图 9-24 所示。

步骤 04 执行"特性"命令（MO），选择刚才绘制的多段线下方的那条多段线，选择"编辑顶点"选项，编辑其顶点为 0.5，如图 9-25 所示。

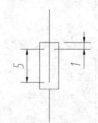

图 9-24 绘制多段线

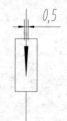

图 9-25 编辑顶点

步骤 05 执行"写块"命令（W），将绘制好的避雷器图形保存为外部块文件，且保存到电气元件符号的章节"案例\03"文件夹里面。

7．插入电气元件

执行"插入"命令（I），将"案例\03"文件夹内以下电气元件插入图形中，如图 9-26 所示。

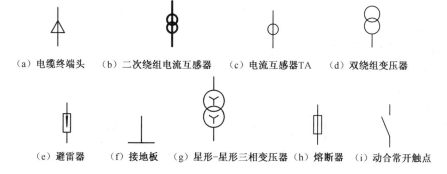

（a）电缆终端头　（b）二次绕组电流互感器　（c）电流互感器TA　（d）双绕组变压器

（e）避雷器　　（f）接地板　（g）星形-星形三相变压器（h）熔断器　（i）动合常开触点

图 9-26　插入电气图块

8．修改电气元件

步骤 01　执行"复制"命令（CO），将"动合常开触点"图块图形再向外面复制一份。

步骤 02　执行"直线"命令（L），在刚才复制的"动合常开触点"图形上面的竖直线段处绘制两条角度为 45°和-45°的直线段，如图 9-27 所示。

步骤 03　同样方法，对"动合常开触点"图块进行复制操作；再参照上面的步骤绘制两个电气符号，如图 9-28 和图 9-29 所示。

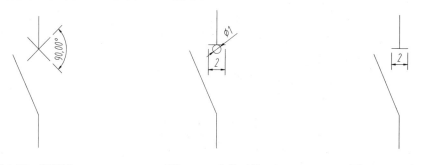

图 9-27　断路器　　　　图 9-28　负荷开关　　　　图 9-29　隔断开关

9．组合图形

步骤 01　通过执行移动、复制、旋转、缩放、镜像等命令将各元件符号放置在相应位置，并以直线将图形进行连接。结果如图 9-30 所示。

步骤 02　执行"矩形"命令（REC），在两个变压器处绘制两个矩形，并将所绘制的矩形转换成虚线。

步骤 03　执行"多段线"命令（PL），在如图所示的相关地方绘制几条竖直的多段线；再执行"特性"命令（MO），选择刚才绘制的多段线下方的那条多段线，选择"编辑顶点"选项，编辑其顶点为 0.5，如图 9-31 所示。

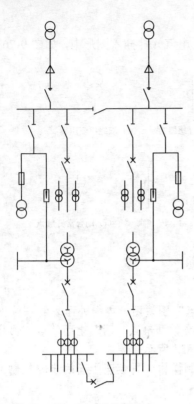

图 9-30 连接图形

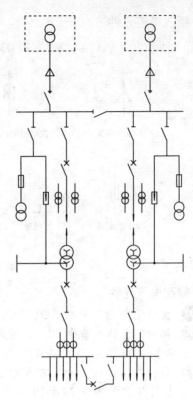

图 9-31 绘制矩形和箭头

步骤 **04** 执行"单行文字"命令（DT），设置文字高度为 2.5mm，在图形位置进行文字注释。结果如图 9-32 所示。

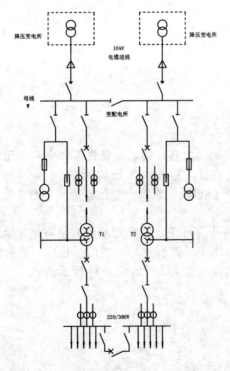

图 9-32 标注文字

步骤 05 至此，交流高压配电系统图已经绘制完成，按 Ctrl+S 组合键进行保存。

技巧：169 **智能低压配电系统图**

视频：技巧 169-智能低压配电系统图.avi
案例：智能低压配电系统图.dwg

技巧概述： 现代工业技术的发展对低压配电系统运行的可靠性及其智能化管理提出了更高的要求，把现代计算机技术和通信技术应用到低压配电系统监测和控制中，智能化低压配电系统由此应运而生了。

本例所讲述的低压配电系统，其主要功能有：①测量并显示配电回路的相电压、线电压、线电流、有功功率、无功功率、功率因素、付费率电能、频率等参数及运行状态、故障报警信息等；②记录查询近期数月内的电能等时间记录；③具有网络接口，可以与上位计算机进行数据交换，并接受上位机的命令来控制断路器的操作。智能低压配电系统图如图 9-33 所示。

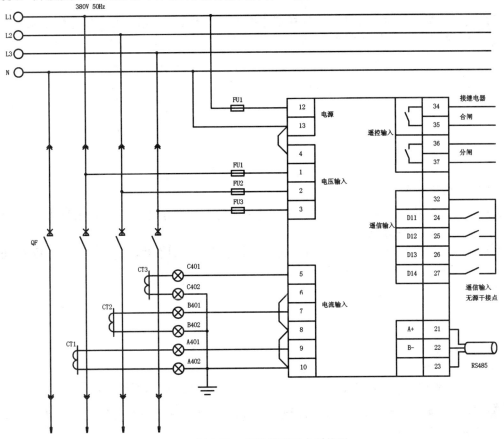

图 9-33　智能低压配电系统图

具体绘制步骤如下。

1．绘制进线

步骤 01 正常启动 AutoCAD 2014 软件，系统自动创建一个空白文件，在快速访问工具栏上单击"保存"按钮，将其保存为"案例\09\智能低压配电系统图.dwg"文件。

步骤 02 执行"直线"命令（L），按 F8 键打开正交模式，在屏幕上指定一点为直线起点，再拖动鼠标到右方，输入长度 260，绘制一条直线段。

步骤 03 执行"圆"命令（C），以左端的直线端点为圆心，绘制一个直径为 5mm 的圆，所绘制的图形如图 9-34 所示。

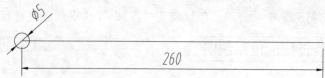

图 9-34　绘制直线和圆

步骤 04 执行"移动"命令（M），选择刚才所绘制的圆，将其水平向左进行移动操作，移动距离为 2.5mm。所移动的图形如图 9-35 所示。

图 9-35　移动圆

步骤 05 执行"复制"命令（CO），选择刚才所绘制的水平直线段和圆，将它们竖直向下进行复制操作，复制间距为 10mm，复制 3 组。所复制的图形如图 9-36 所示。

图 9-36　复制操作

2. 绘制插头和插座

步骤 01 执行"直线"命令（L），在屏幕任意一处绘制一条角度为 45°，长度为 2mm 的斜线段，如图 9-37 所示。

步骤 02 执行"镜像"命令（MI），将所绘制的斜线段镜像到右边，使这两条斜线段成 90° 夹角状态，如图 9-38 所示。

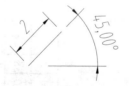

图 9-37　绘制斜线段

图 9-38　镜像斜线段

步骤 03 执行"复制"命令（CO），将所绘制的两条斜线段向下进行复制操作，复制距离为 1mm，如图 9-39 所示。

步骤 04 执行"直线"命令（L），在图形的上下两边绘制两条竖直的直线段，如图 9-40 所示。

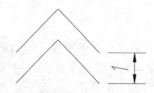

图 9-39　复制操作

图 9-40　绘制直线段

步骤 05 执行"写块"命令（W），将绘制好的插头插座图形保存为外部块文件，且保存到电气元件符号的章节"案例\03"文件夹里面。

3．绘制接口

步骤 01 执行"椭圆"命令（EL），选择"中心点"选项，指定椭圆中心点，将鼠标拖向上方，输入长半轴的一半 3，再将鼠标拖向右方，输入短半轴长度的一般 1.5，绘制椭圆，如图 9-41 所示。

步骤 02 执行"复制"命令（CO），将所绘制的椭圆向左进行复制操作，复制距离为 15mm，如图 9-42 所示。

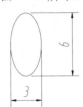

图 9-41　绘制椭圆

图 9-42　复制椭圆

步骤 03 执行"直线"命令（L），以左边椭圆的圆心为起点，向左绘制一条长 5mm 的直线段，如图 9-43 所示。

步骤 04 执行"复制"命令（CO），将刚才绘制的水平直线段向上下进行复制操作，如图 9-44 所示。

图 9-43　绘制直线段

图 9-44　复制直线段

步骤 05 执行"直线"命令（L），在两个椭圆的上象限点和下象限点绘制两条水平的直线段，如图 9-45 所示。

步骤 06 执行"修剪"命令（TR），将图形按照如图所示的形状进行修剪操作。修剪后的图形如图 9-46 所示。

图 9-45　绘制直线段

图 9-46　修剪操作

步骤 07 执行"写块"命令（W），将绘制好的接口图形保存为外部块文件，且保存到电气元件符号的章节"案例\03"文件夹里面。

4．绘制电路板

步骤 01 执行"矩形"命令（REC），在屏幕任意一处绘制一个尺寸为 90mm×150mm 的矩形，如图 9-47 所示。

步骤 02 执行"分解"命令（X），将刚才所绘制的矩形进行分解操作；再执行"偏移"命令（O），将矩形的边按照如图所示的尺寸及方向进行偏移操作，如图 9-48 所示。

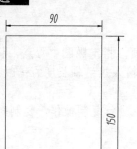

图 9-47 绘制矩形

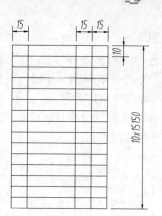

图 9-48 偏移线段

步骤 03 执行"修剪"命令（TR），将图形按照如图所示的形状进行修剪操作。修剪后的图形如图 9-49 所示。

步骤 03 执行"拉伸"命令（S），框选左边中间的格子部分，将其向上进行拉伸操作，拉伸距离为 5mm，如图 9-50 所示。

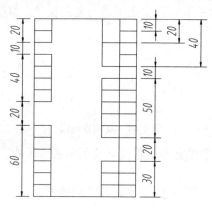

图 9-49 修剪图形

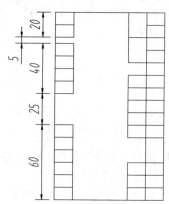

图 9-50 拉伸操作

5. 插入电气元件

执行"插入"命令（I），将"案例\03"文件夹内以下电气元件插入图形中，如图 9-51 所示。

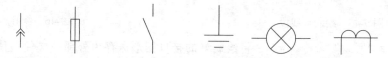

（a）插头接头 （b）熔断器 （c）动合常开触点（d）接地一般符号（e）灯 （f）电流互感器

图 9-51 插入电气图块

6. 修改电气元件

步骤 01 执行"复制"命令（CO），将"动合常开触点"图块图形再向外面复制一份。

步骤 02 执行"直线"命令（L），在刚才复制的"动合常开触点"图形上面的竖直线段下方的端点处绘制一条水平长 3mm 的直线段，如图 9-52 所示。

步骤 03 执行"直线"命令（L），在刚才复制的"动合常开触点"图形上面的竖直线段处绘制两条角度为 45° 和-45° 的直线段，如图 9-53 所示。

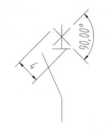

图 9-52　绘制直线段　　　　　　　图 9-53　绘制斜线段

7. 完善电路板

通过执行复制、旋转、缩放、镜像、插入等命令将各元件符号放置在相应位置，并以直线将图形进行连接。结果如图 9-54 所示。

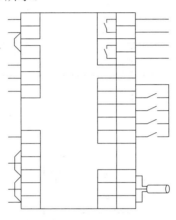

图 9-54　连接图形

8. 完善整个电路图

步骤 01 通过执行复制、旋转、缩放、镜像、插入等命令将各元件符号放置在相应位置，并以直线将图形进行连接。结果如图 9-55 所示。

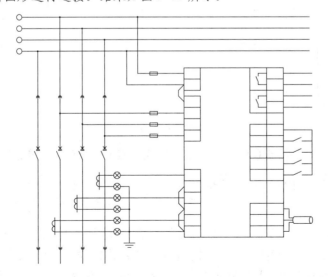

图 9-55　连接图形

步骤 02 执行"多段线"命令（PL），在如图所示的相关地方绘制几条竖直的多段线；再执行"特性"命令（MO），选择刚才绘制的多段线下方的那条多段线，选择"编辑顶点"选项，编辑其顶点为 0.5，如图 9-56 所示。

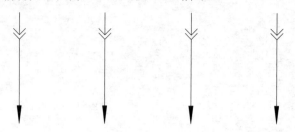

图 9-56　绘制箭头

步骤 03 执行"单行文字"命令（DT），设置文字高度为 2.5mm，在图形位置进行文字注释。结果如图 9-57 所示。

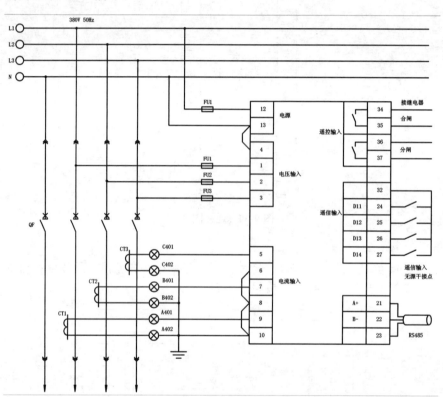

图 9-57　标注文字

步骤 04 至此，智能低压配电系统图已经绘制完成，按 Ctrl+S 组合键进行保存。

技巧：170　车间等电位连接系统图

视频：技巧 170-车间等电位连接系统图.avi
案例：车间等电位连接系统图.dwg

技巧概述：本技巧是工厂车间电气施工图纸。电源由工厂配电室引入，电源电压 380/220V，三相四线制；引入线采用 VV22-1kV 铜芯电力电缆经电缆沟敷设至大楼附近后再穿 PVC 管埋地敷设至总配电箱分配至配电箱；干线和支线导线均采用 BV-500 型铜芯聚氯乙烯绝缘电线穿 PVC 管沿墙明敷，各回路末端导线的截面不应小于 $2.5mm^2$；本工程接地形式采用 TN-C-S 系统，电源仅在进户处做重复接地，并与安全用电保护接地装置连接成闭合的电气通路。图形效果如

图 9-58 所示。

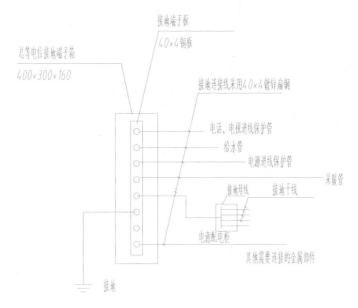

图 9-58　车间等电位连接系统图

具体绘制步骤如下。

步骤 01 正常启动 AutoCAD 2014 软件，系统自动创建一个空白文件，在快速访问工具栏中单击"保存" 按钮，将其保存为"案例\09\车间等电位连接系统图.dwg"文件。

步骤 02 执行"矩形"命令（REC），绘制两个矩形，尺寸分别为 2400mm×8300mm 和 670mm ×7400mm；再执行"移动"命令（M），将小矩形移动到如图所示的位置上，如图 9-59 所示。

步骤 03 执行"圆"命令（C），以小矩形上方水平边的中点为圆心，绘制一个直径为 350mm 的圆；再执行"复制"命令（CO），将该圆按照如图所示的尺寸及方向进行复制操作，如图 9-60 所示。

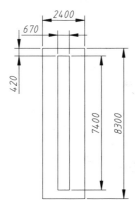

图 9-59　绘制矩形

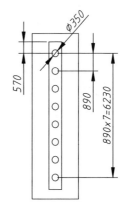

图 9-60　绘制圆并复制

步骤 04 执行"直线"命令（L），绘制几条直线段，如图 9-61 所示。

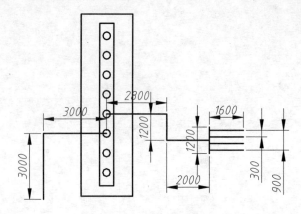

图 9-61　绘制直线段

步骤 05 执行 "插入" 命令（I），将 "案例\03" 文件夹内的 "一般接地符号" 元件插入图形中；并执行 "比例缩放" 命令（SC），将其放大到合适尺寸，如图 9-62 所示。

步骤 06 执行 "矩形" 命令（REC），在图形右边的四条水平直线段处绘制一个尺寸为 1200mm ×1500mm 的矩形，如图 9-63 所示。

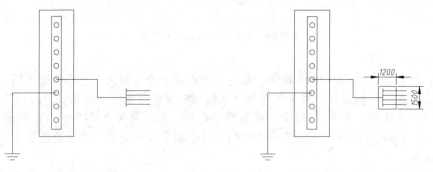

图 9-62　插入电气符号　　　　　　　　　　图 9-63　绘制矩形

步骤 07 执行 "单行文字" 命令（DT），设置文字高度为 2.5mm，在图形位置进行文字注释。结果如图 9-64 所示。

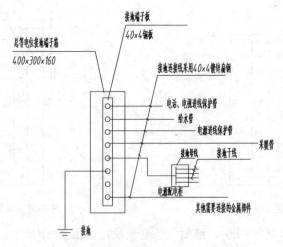

图 9-64　标注文字

步骤 08 至此，车间等电位连接系统图已经绘制完成，按 Ctrl+S 组合键进行保存。

技巧：171 车间组合开关箱系统图

视频：技巧171-车间组合开关箱系统图.avi
案例：车间组合开关箱系统图.dwg

技巧概述： 本技巧以某车间组合开关箱系统图为实例进行讲解，使读者掌握开关箱系统图的绘制方法。绘制的车间组合开关箱系统图效果如图 9-65～图 9-67 所示。

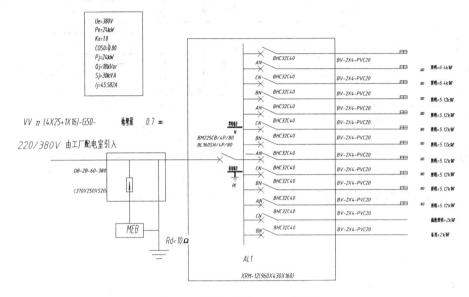

图 9-65　组合开关箱 KX1 系统图

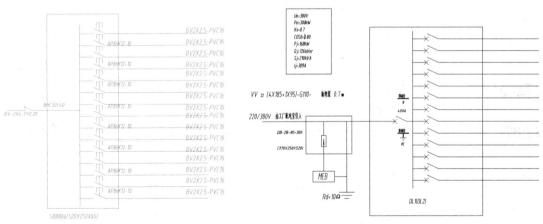

图 9-66　组合开关箱 KX2 系统图　　　　　图 9-67　组合开关箱 KX3 系统图

具体绘制步骤如下：

1. 设置绘图环境

步骤 01 正常启动 AutoCAD 2014 软件，系统自动创建一个空白文件。

步骤 02 在快速访问工具栏中单击"保存" 📙 按钮，将其保存为"案例\09\车间组合开关箱系统图.dwg"文件。

2. 绘制组合开关箱 KX1 系统图

步骤 01 执行"矩形"命令（REC），绘制一个尺寸为 15 000mm × 24 000mm 的矩形，如图 9-68 所示。

步骤 02 执行"直线"命令（L），绘制直线段，如图 9-69 所示。

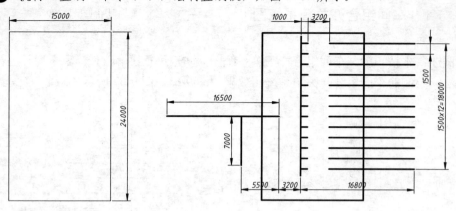

图 9-68 绘制矩形   图 9-69 绘制直线段

步骤 03 执行"插入"命令（I），将"案例\03"文件夹内的"动合常开触点"、"一般接地符号"和"避雷器"元件插入图形中。然后执行"比例缩放"命令（SC），将所插入的电气元件图形放大到合适尺寸，如图 9-70 所示。

（a）   （b）   （c）

图 9-70 插入的图块

步骤 04 执行"直线"命令（L），在"动合常开触点"上绘制相应长度的斜线，如图 9-71 所示，形成"断路器"图例。

步骤 05 通过移动、复制和旋转等命令，将各元件放置到线路相应位置，如图 9-72 所示。

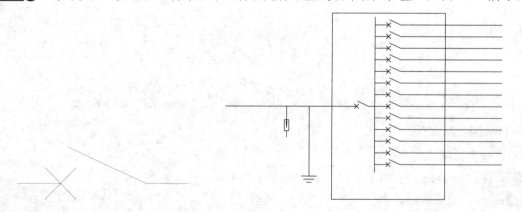

图 9-71 修改电气符号   图 9-72 插入电气符号

步骤 06 执行"矩形"命令（REC），在图形的左边绘制两个矩形，尺寸分别为 6 000mm×4 800mm 和 2 800mm×1 400mm，如图 9-73 所示。

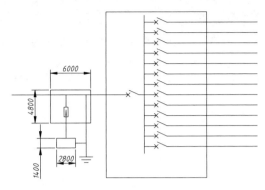

图 9-73　绘制矩形

步骤 07 执行 "矩形" 命令（REC），绘制几个矩形，尺寸如图 9-74 所示。

步骤 08 执行 "复制" 命令（CO），将刚才所绘制的矩形复制到如图 9-75 所示的位置上。

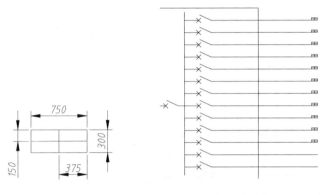

图 9-74　绘制矩形　　　　图 9-75　复制矩形

步骤 09 执行 "单行文字" 命令（DT），设置文字高度为 2.5mm，在图形位置进行文字注释。结果如图 9-76 所示。

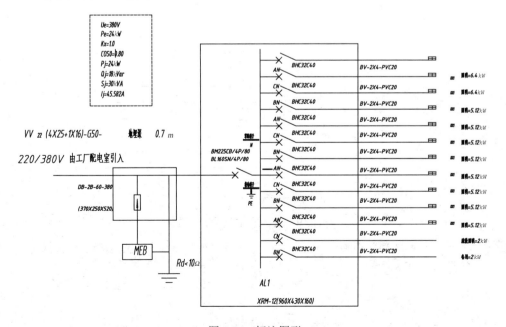

图 9-76　标注图形

3. 绘制组合开关箱 KX2 系统图

步骤 01 执行"矩形"命令（REC），在空白处绘制一个尺寸为 7 500mm × 20 000mm 的矩形，如图 9-77 所示。

步骤 02 执行"直线"命令（L），按照如图 9-78 所示尺寸绘制直线段。

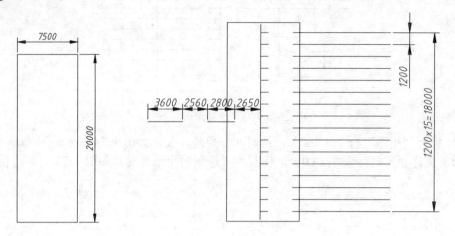

图 9-77　绘制矩形　　　　　　　　图 9-78　绘制直线段

步骤 03 执行"插入"命令（I），将"案例\03"文件夹内的"动合常开按钮"和"动断常闭触点"元件插入图形中；然后执行"比例缩放"命令（SC），将所插入的电气元件图形放大到合适尺寸；再通过移动、旋转和复制命令将元件放置到线路上，如图 9-79 所示。

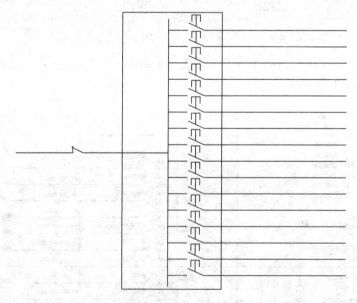

图 9-79　插入电气符号

步骤 04 执行"单行文字"命令（DT），设置文字高度为 2.5mm，在图形位置进行文字注释。结果如图 9-80 所示。

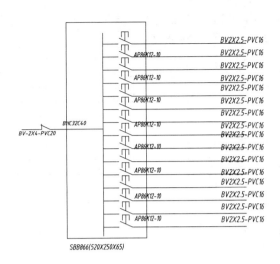

图 9-80　标注图形

4. 绘制组合开关箱 KX3 系统图

步骤 01　执行"矩形"命令（REC），绘制一个尺寸为 15 000mm × 24 000mm 的矩形，如图 9-81 所示。

步骤 02　执行"直线"命令（L），绘制直线段，如图 9-82 所示。

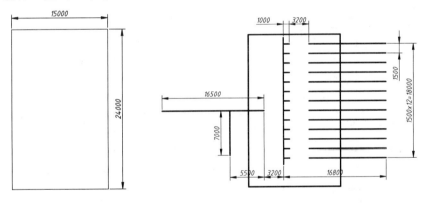

图 9-81　绘制矩形　　　　　　　　　　　　　图 9-82　绘制直线段

步骤 03　执行"复制"命令（CO），将前面图形的"断路器"、"一般接地符号"和"避雷器"元件复制到相应线路位置，如图 9-83 所示。

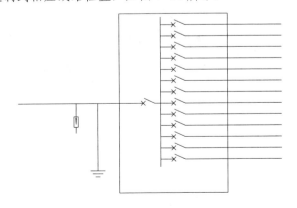

图 9-83　复制电气符号

步骤 04 执行"矩形"命令（REC），在图形的左边绘制两个矩形，尺寸分别为 6000mm × 4800mm 和 2800mm × 1400mm，如图 9-84 所示。

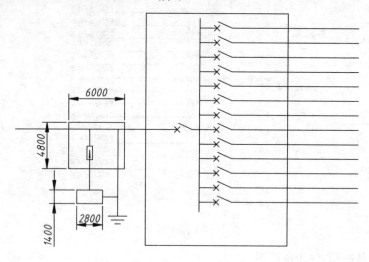

图 9-84　绘制矩形

步骤 05 执行"单行文字"命令（DT），设置文字高度为 2.5mm，在图形位置进行文字注释。结果如图 9-85 所示。

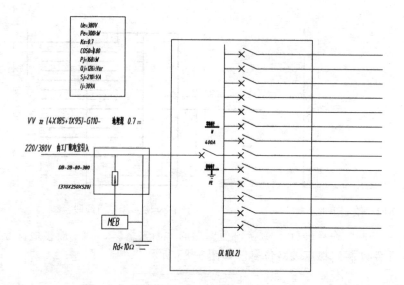

图 9-85　文字标注

第 10 章　建筑电气工程图的绘制技巧

● **本章导读**

　　建筑电气工程图，是用规定的图形符号和文字符号表示系统的组成及连接方式、装置和线路的具体的安装位置和走向的图纸。其特点是：（1）建筑电气图大多是采用统一的图形符号并加注文字符号绘制的；（2）建筑电气工程所包括的设备、器具、元器件之间是通过导线连接起来，构成一个整体，导线可长可短，能比较方便地表达较远的空间距离；（3）电气设备和线路在平面图中并不是按比例画出它们的形状及外形尺寸，通常用图形符号来表示，线路中的长度是用规定的线路的图形符号按比例绘制。

● **本章内容**

| 加油站一层照明平面图 | 加油棚避雷平面图 | 办公楼电话系统图 |
| 加油站照明系统图 | 公寓有线电视系统图 | |

技巧：172　　加油站一层照明平面图

视频：技巧 172-加油站一层照明平面图.avi
案例：加油站一层照明平面图.dwg

　　技巧概述： 本节以某加油站为例，介绍该居民楼标准层照明平面图的绘制流程，使读者掌握建筑照明平面图的绘制方法以及相关知识点。加油站一层照明平面图效果如图 10-1 所示。

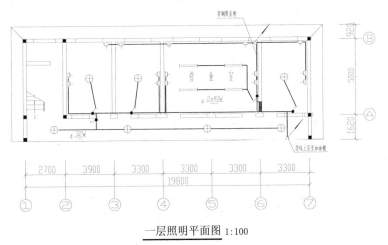

一层照明平面图 1:100

图 10-1　加油站一层照明平面图

具体绘制步骤如下。

1. 调用绘图环境

步骤 01 正常启动 AutoCAD 2014 软件，在快速访问工具栏中单击"打开"按钮，打开"案例\10\加油站一层平面图.dwg"文件，如图 10-2 所示。

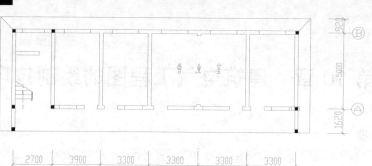

图 10-2　打开的图形

步骤 02 单击"另存为"按钮，将文件另存为"案例\10\加油站一层照明平面图.dwg"
文件。

步骤 03 执行"图层特性管理"命令（LA），弹出"图层特性管理"对话框，建立如图 10-3
所示的图层。

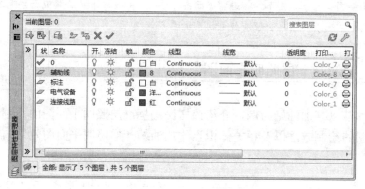

图 10-3　新建图层

步骤 04 执行"文字样式"命令（ST），打开"文字样式"对话框，然后新建"图内文字"
和"图名"文字样式，并设置对应的字体、字高和宽度因子，如图 10-4 所示。

图 10-4　新建文字样式

2. 布置电气设备

步骤 01 在"图层"下拉列表中，选择"辅助线"图层为当前图层。

步骤 02 执行"直线"命令（L），在各个房间内通过绘制对角线和平分线的方法以找到布置

灯具位置，如图 10-5 所示。

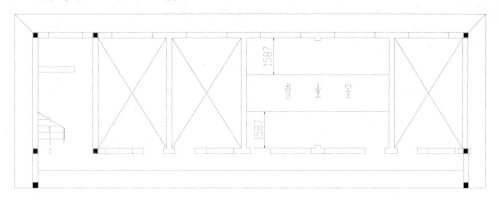

图 10-5　绘制辅助线

步骤 03 在"图层"下拉列表中，选择"电气设备"图层为当前图层。

步骤 04 执行"插入"命令（I），将"案例\10\电气设备图例.dwg"文件插入当前图层中，如图 10-6 所示。

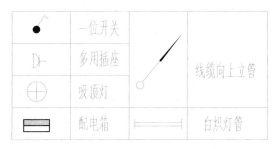

图 10-6　插入图例

步骤 05 执行"复制"命令（CO），将"吸顶灯"和"白炽灯管"复制到辅助线上，如图 10-7 所示。

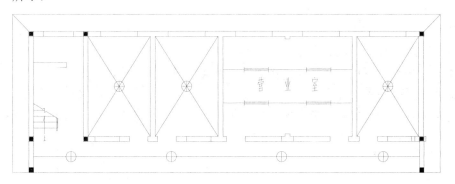

图 10-7　安装灯具

专业技能　　　　　　　　　　　　　　　　　　　　★★★☆☆

　　布置灯具时不容易找准房间的中间位置，这时先绘制出辅助线，然后将灯具布置到各个房间中间位置，灯具布置结束后再将辅助线删除即可，这样灯具就会准确地布置到每个房间的中间位置了。

步骤 06 执行"删除"命令(E),将辅助线删除掉;再执行"复制"命令(CO)和"旋转"命令(RO),将"一位开关"、"线缆向上立管"和"配电箱"复制到相应墙体位置,如图10-8所示。

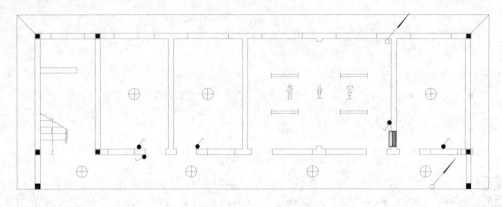

图 10-8　安装开关

步骤 07 执行"复制"命令(CO)、"镜像"命令(MI)和"旋转"命令(RO),将"多用插座"图例复制到各个房间相应位置,如图10-9所示。

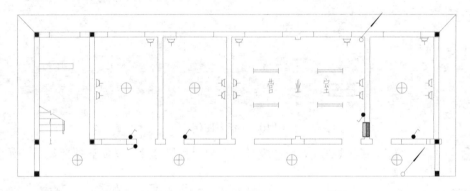

图 10-9　安装插座

3. 绘制连接线路

步骤 01 在"图层"下拉列表中,选择"连接线路"图层为当前图层。

步骤 02 绘制"灯具开关连接线路",执行"多段线"命令(PL),设置全局宽度为30mm,绘制由"配电箱"引出连接至各个开关及灯具的多段线线路,如图10-10所示。

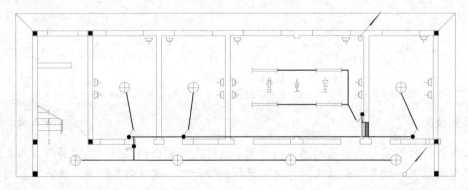

图 10-10　连接灯具与开关

步骤 03 绘制"插座连接线路",按空格键重复多段线命令,绘制出连接至各个插座及电缆立管的连接线路,如图 10-11 所示。

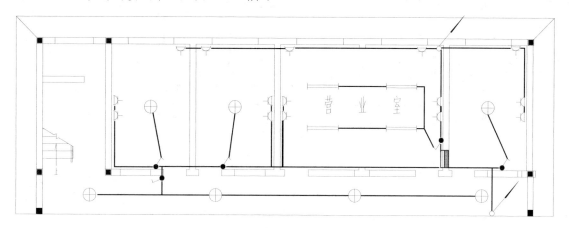

图 10-11 连接插座

4.照明平面图的标注

步骤 01 在"图层"下拉列表中,选择"标注"图层为当前图层。

步骤 02 执行"多行文字"命令(MT),选择"图内文字"文字样式,设置字高为 400mm,在相应位置进行文字的标注;再执行"直线"命令(L),在文字位置绘制指引线段。效果如图 10-12 所示。

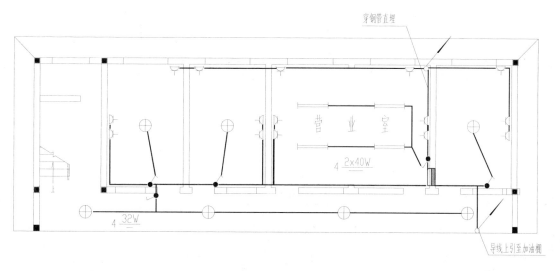

图 10-12 文字标注

步骤 03 按空格键重复"多行文字"命令,选择"图名"文字样式,标注图名"一层照明平面图";再设置字高为 600mm,标注比例为 1:100;再执行"多段线"命令(PL),设置宽度为 100mm,在图名下侧绘制同长的多段线。效果如图 10-13 所示。

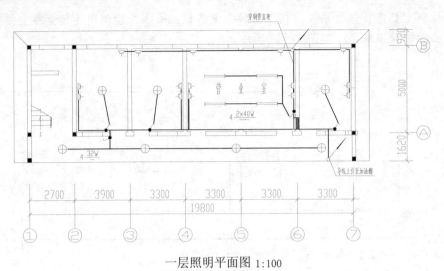

一层照明平面图 1:100

图 10-13　图名标注效果

步骤 04 至此,加油站一层照明平面图已经绘制完成,按 Ctrl+S 组合键进行保存。

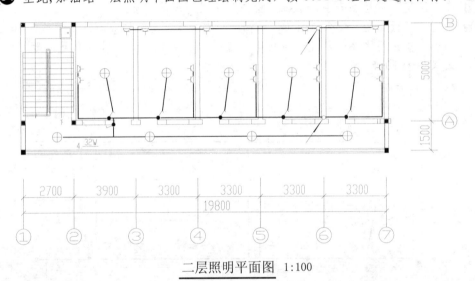

二层照明平面图 1:100

图 10-14　加油站二层照明平面图

技巧提示	★★★☆☆

　　读者可根据绘制"加油站一层照明平面图"的方法去绘制"加油站二层照明平面图",其效果如图 10-14 所示。案例文件:"案例\10\加油站二层照明平面图.dwg"。

技巧:173 加油站照明系统图

视频:技巧 173-加油站照明系统图.avi
案例:加油站照明系统图.dwg

　　技巧概述: 本节仍以某加油站为例,介绍该加油站照明系统图的绘制流程,使读者掌握建筑照明系统图的绘制方法以及相关知识点。加油站照明系统图效果如图 10-15 所示。

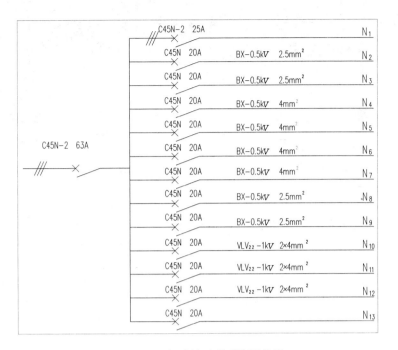

图 10-15　加油站照明系统图效果

具体绘制步骤如下。

1．设置绘图环境

步骤 01 正常启动 AutoCAD 2014 软件，系统自动创建一个空白文件，在快速访问工具栏上单击 "保存" 按钮 ⊞，将其保存为 "案例\10\加油站照明系统图.dwg" 文件。

步骤 02 执行 "图层特性管理" 命令（LA），新建如图 10-16 所示的图层。

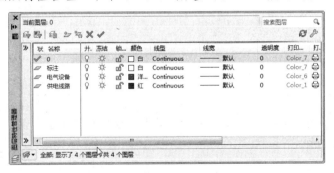

图 10-16　新建图层

步骤 03 执行 "文字样式" 命令（ST），打开 "文字样式" 对话框，然后新建 "图内文字" 和 "图名" 文字样式，并设置对应的字体、字高和宽度因子，如图 10-17 所示。

图 10-17　新建文字样式

2．绘制线路

步骤 01 在"图层"下拉列表中，选择"供电线路"图层为当前图层。

步骤 02 执行"直线"命令（L），在图形区域绘制一条长为 12 800mm 的水平线段；再执行"偏移"命令（O），将线段向下以 1 200mm 的距离偏移 12 次，如图 10-18 所示。

步骤 03 执行"直线"命令（L），连接上、下水平线左端点绘制一条垂直线；再在垂直线的左端点绘制一条长 5 600mm 的水平线，如图 10-19 所示。

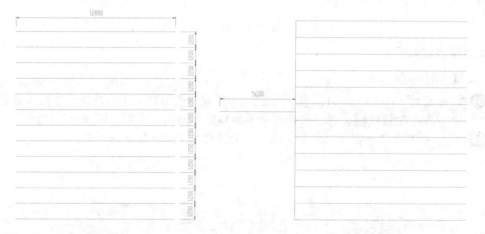

图 10-18　绘制水平线　　　　　　　　　图 10-19　绘制主线

步骤 04 执行"直线"命令（L），在相应的线段处绘制三条并列的斜线，以代表导线根数，如图 10-20 所示。

图 10-20　绘制斜线

3．绘制电气元件

步骤 01　在"图层"下拉列表中，选择"电气设备"图层为当前图层。

步骤 02　绘制"断路器"。执行"直线"命令（L），连续绘制三条线段，如图 10-21 所示。

步骤 03　执行"旋转"命令（RO），选择中间线段，以右端点为基点，输入角度 20，以将中间线段旋转。效果如图 10-22 所示。

步骤 04　执行"直线"命令（L），在线段断开处绘制适当长度的交叉斜线，如图 10-23 所示。

图 10-21　绘制线段 　　　　　　图 10-22　放置线段 　　　　　　图 10-23　绘制交叉斜线

4．组合电路图

步骤 01　执行"移动"命令（M）和"复制"命令（CO），将绘制的断路器符号移动复制到各条线缆上；并执行"修剪"命令（TR），修剪掉多余的线条。效果如图 10-24 所示。

图 10-24　复制符号

步骤 02　执行"多行文字"命令（MT），选择"图内文字"文字样式，设置文字高度为 350mm，在图形位置进行文字注释。结果如图 10-25 所示。

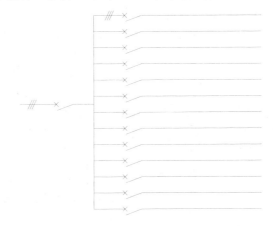

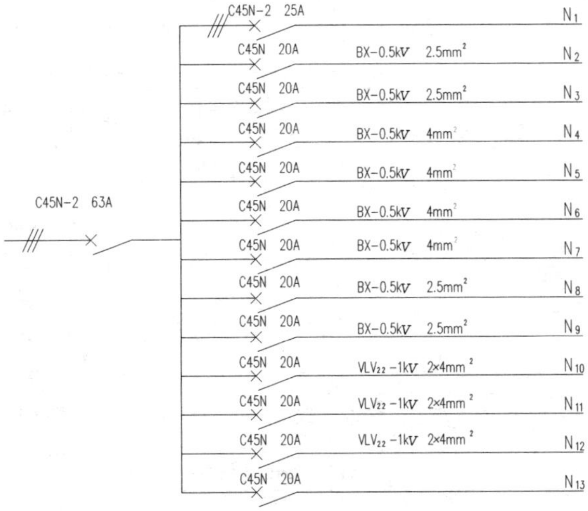

图 10-25　注释线缆名

> **专业技能** ★★★☆☆
>
> 各层支干线上标注文字所表示的含义。
>
> 断路器标注：C45N 表示断路器的型号，A 表示额定电流为 A。

步骤 03 按空格键重复命令，在最右侧分别标注出各线路的序号及用途，如图 10-26 所示。

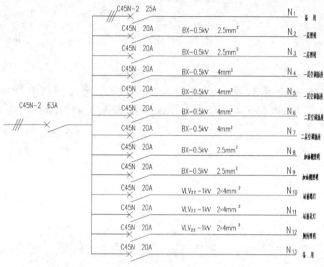

图 10-26　文字注释

步骤 04 执行"多行文字"命令（MT），选择"图名"文字样式，设置字高为 700mm，在图形下侧标注出图名；再执行"多段线"命令（PL），设置宽度为 70mm，在图名下侧绘制一条宽度多段线，如图 10-27 所示。

加油站照明系统图

图 10-27　图名标注效果

步骤 **05** 至此，加油站照明系统图已经绘制完成，按 Ctrl+S 组合键进行保存。

技巧：174 加油棚避雷平面图

视频：技巧 174-加油棚避雷平面图.avi
案例：加油棚避雷平面图.dwg

技巧概述： 本节还是以加油站为例，介绍该加油站避雷平面图的绘制流程，使读者掌握建筑避雷工程图的绘制方法与技巧。加油站避雷平面图如图 10-28 所示。

具体绘制步骤如下。

1. 设置绘图环境

步骤 **01** 正常启动 AutoCAD 2014 软件，在快速访问工具栏中单击"打开"按钮，打开"案例\10\加油棚屋面平面图.dwg"文件，如图 10-29 所示。

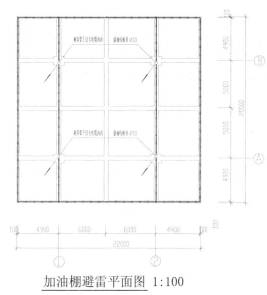

加油棚避雷平面图 1:100

图 10-28　加油棚避雷平面图效果

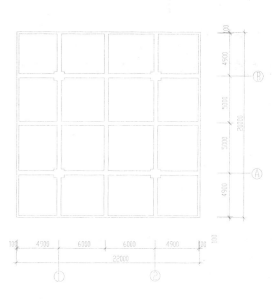

图 10-29　打开的加油棚屋面图

步骤 **02** 单击"另存为"按钮，将文件另存为"案例\10\加油棚避雷平面图.dwg"文件。

步骤 **03** 执行"图层特性管理"命令（LA），建立如图 10-30 所示的图层。

图 10-30　新建图层

步骤 **04** 执行"文字样式"命令（ST），打开"文字样式"对话框，然后新建"图内文字"和"图名"文字样式，并设置对应的字体、字高和宽度因子，如图 10-31 所示。

图 10-31 新建文字样式

2. 绘制避雷带

步骤 01 执行"偏移"命令（O），将建筑外轮廓线向内偏移 73mm，作为绘制避雷带的辅助线，如图 10-32 所示。

步骤 02 同样地，在中间竖向屋面分隔线处绘制中线，作为避雷带的辅助线，如图 10-33 所示。

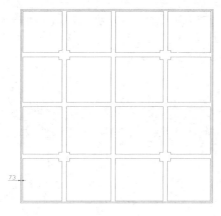 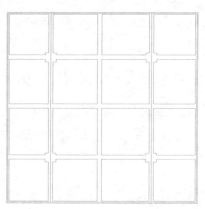

图 10-32 偏移外轮廓绘制辅助线　　　　图 10-33 绘制中间辅助线

步骤 03 在"图层"下拉列表中，选择"避雷带"图层为当前图层。

步骤 04 执行"多段线"命令（PL），设置宽度为 40mm，以前面绘制的辅助线轮廓绘制出避雷带。效果如图 10-34 所示。

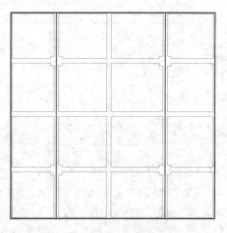

图 10-34 绘制避雷带

避雷带是沿着建筑物的屋脊、檐帽、屋角及女儿墙等突出部位和易受雷击的部件暗敷的带状金属线，一般采用截面积为 48m ㎡，厚度不小于 8mm 的镀锌圆钢制成。

3. 绘制避雷设备

步骤 01　在"图层"下拉列表中，选择"避雷设备"图层为当前图层。

步骤 02　绘制"支架"符号。执行"直线"命令（L），绘制长度为 200mm 且互相垂直的线段；再执行"旋转"命令（RO），将两线段以交点进行旋转 45°，如图 10-35 所示。

图 10-35　绘制避雷针

步骤 03　执行"保存块"命令（B），弹出"块定义"对话框，按照如图 10-36 所示步骤进行操作，将绘制的"支架"图形保存为内部图层。

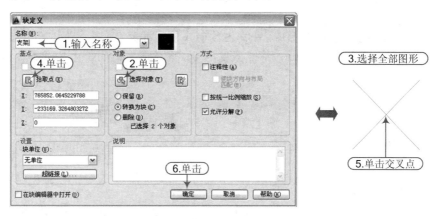

图 10-36　定义内部图块

避雷针是附设在建筑物顶部或独立装设在地面上的针状金属杆，避雷针在地面上的保护半径约为避雷针高度的 1.5 倍。其保护范围一般可根据滚球法来确定，此法是根据反复的实验及长期的雷害经验总结而成的，有一定的局限性。

步骤 04　执行"定距等分"命令（ME），根据如下命令提示将上一步创建的"支架"图层沿着前面绘制的避雷带进行定距等分，等分的距离为 630mm，如图 10-37 所示。

命令: MEASURE　　　　　　　　　　　　　　　　\\定距等分命令

选择要定距等分的对象:　　　　　　　　　　　　\\选择多段线

指定线段长度或 [块(B)]: b	\\选择"块(B)"项
输入要插入的块名: 支架	\\输入块名"支架"
是否对齐块和对象? [是(Y)/否(N)] <Y>:	\\选择"是(Y)"项
指定线段长度: 630	\\输入等分距离为 630

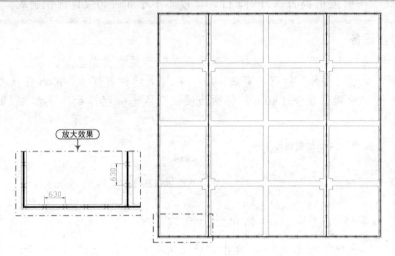

图 10-37　绘制避雷针

步骤 05 绘制"引下线设备",执行"圆"命令(C),绘制一个半径为 110mm 的圆。

步骤 06 执行"多段线"命令(PL),先向右绘制一段宽度为 0、长度为 1 000mm 的水平线;然后设置起点宽度为 50mm,终点宽度为 0,继续向右绘制长为 800mm 的箭头,如图 10-38 所示。

图 10-38　绘制引下线

专业技能 ★★★★☆

　　引下线是引线两边连接闪器与接地装置的金属导体,引下线的作用是把接闪器上的雷电流连接到接地装置并引入大地,引下线有明敷设和暗敷设两种。
- 引下线明敷设指用镀锌圆钢制件,沿建筑物墙面敷设。
- 引下线暗敷设是利用建筑物结构混凝土柱内的钢筋,或在柱内敷设铜导体做防雷引下线。

步骤 07 执行"旋转"命令(RO)、"移动"命令(M)和"复制"命令(CO),将绘制的"引下线设备"放置避雷带四个相应位置;再执行"修剪"命令(TR),修剪掉圆内多段线,如图 10-39 所示。

4. 屋面防雷平面图的标注

步骤 01 在"图层"下拉列表中,选择"标注"图层为当前图层。

步骤 02 执行"多行文字"命令（MT），选择"图内文字"文字样式，设置字高为 400mm，在相应位置进行文字注释；再执行"直线"命令（L），绘制文字引出线至相应的设备。效果如图 10-40 所示。

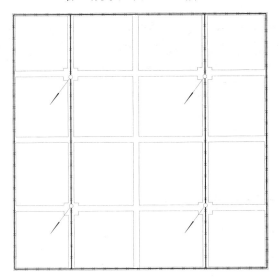

图 10-39　放置引下线设备

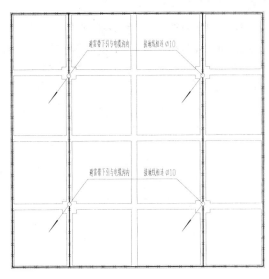

图 10-40　文字说明

步骤 03 执行"多行文字"命令（MT），选择"图名"文字样式，设置字高分别为 700mm 和 600mm，在图形下侧标注出图名和比例；再执行"多段线"命令（PL），设置宽度为 70mm，在图名下侧绘制一条宽度多段线，如图 10-41 所示。

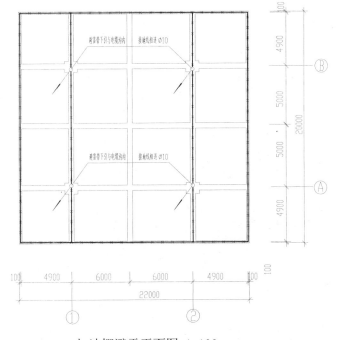

加油棚避雷平面图 1:100

图 10-41　标注图名和比例

技巧提示　　　　　　　　　　　　　　　　　★★★☆☆

　　读者可根据绘制"加油棚避雷平面图"的方法去绘制"加油站营业室避雷平面图"，其效果如图 10-42 所示。案例文件："案例\10\加油站营业室避雷平面图.dwg"。

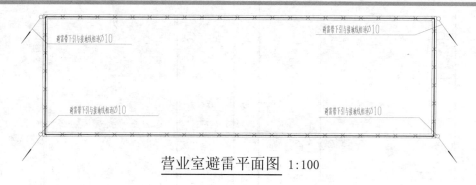

营业室避雷平面图 1:100

图 10-42　加油站营业室避雷平面图效果

技巧：175　公寓有线电视系统图　　　　视频：技巧 175-公寓有线电视系统图.avi
案例：公寓有线电视系统图.dwg

　　技巧概述： 本节以某公寓住宅楼为例，介绍该公寓楼有线电视系统图的绘制流程，使读者掌握建筑有线电视系统图的绘制方法与技巧。其绘制的有线电视系统图如图 10-43 所示。

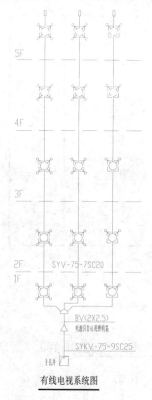

有线电视系统图

图 10-43　有线电视系统图

具体绘制步骤如下。

1. 设置绘图环境

步骤 01 正常启动 AutoCAD 2014 软件，系统自动创建一个空白文件，在快速访问工具栏上单击"保存"按钮 ，将其保存为"案例\10\公寓有线电视系统图.dwg"文件。

步骤 02 执行"图层特性管理"命令（LA），新建如图 10-44 所示的图层。

图 10-44 新建图层

步骤 03 执行"文字样式"命令（ST），打开"文字样式"对话框，然后新建"图内文字"和"图名"文字样式，并设置对应的字体、字高和宽度因子，如图 10-45 所示。

图 10-45 新建文字样式

2. 绘制线路

步骤 01 在"图层"下拉列表中，选择"分隔线"图层为当前图层。

步骤 02 执行"格式 | 线型"菜单命令，弹出"线型管理器"对话框，设置全局比例因子值为 100，如图 10-46 所示。

图 10-46 设置线型比例

步骤 03 执行"直线"命令（L），在图形区域绘制一条长 11 000mm 的分隔线；再执行"偏移"命令（O），将其以 6000mm 的距离向下偏移出 3 次，如图 10-47 所示。

步骤 04 切换至"连接线路"图层，执行"直线"命令（L），绘制一条穿过楼层分隔线中点的垂直线段；再执行"偏移"命令（O），以 3000mm 的距离将垂直线段进行左右偏移，如图 10-48 所示。

步骤 05 执行"直线"命令（L），在下侧绘制出进户主线，如图 10-49 所示。

图 10-47 绘制分隔线

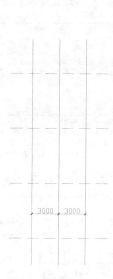

图 10-48 绘制线路

图 10-49 绘制进户线

3. 绘制电气设备

步骤 01 在"图层"下拉列表中，选择"电气设备"图层为当前图层。

步骤 02 绘制"手孔井"。执行"矩形"命令（REC），绘制 800mm × 800mm 的矩形。

步骤 03 执行"直线"命令（L），在矩形内绘制斜线，如图 10-50 所示。

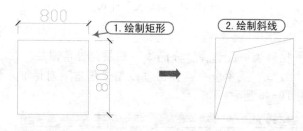

图 10-50 绘制手孔井

步骤 04 绘制"放大器"。执行"多边形"命令（POL），根据如下命令提示绘制一个等边三角形，如图 10-51 所示。

命令: POLYGON	\\多边形命令
输入侧面数 <3>:	\\输入 3
指定正多边形的中心点或 [边(E)]: e	\\选择"边（E）"项
指定边的第一个端点: 指定边的第二个端点: <正交 开> 600	\\输入边长

图 10-51　绘制等边三角形

步骤 05 绘制"三分支器"。执行"直线"命令（L），绘制长为 700mm 的线段；再执行"圆弧"命令（A），根据命令提示选择"圆心"项，再依次指定右端点和左端点以绘制一个圆弧。

步骤 06 执行"直线"命令（L），在圆弧上绘制适当长度的线段，如图 10-52 所示。

图 10-52　绘制三分支器

步骤 07 绘制"四分配器"。执行"圆"命令（C），绘制半径为 350mm 的圆；再执行"直线"命令（L），绘制过圆直径长度为 1480mm 的两条互相垂直线段。

步骤 08 执行"旋转"命令（RO），将线段以圆心旋转 45°；然后执行"修剪"命令（TR），修剪掉圆内的线条，如图 10-53 所示。

图 10-53　绘制四分配器

步骤 09 执行"圆"命令（C），绘制半径为 100mm 的圆；再通过移动和复制命令，将圆分别放置到斜线端点上，以形成"四分配器"，如图 10-54 所示。

步骤 10 绘制"二分配器"。执行"复制"命令（CO），将四分配器复制出一份，再执行"删除"命令（E），将下侧两圆和斜线删除以形成"二分配器"。效果如图 10-55 所示。

步骤 11 绘制"终端电阻"。执行"矩形"命令（REC），绘制一个 180mm × 450mm 的矩形，如图 10-56 所示。

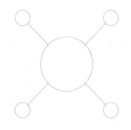
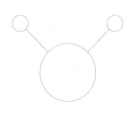

图 10-54　四分配器　　　　图 10-55　二分配器　　　图 10-56　终端电阻

4. 组合图形

步骤 01 执行"移动"命令（M），"三分支器"、"放大器"、"手孔井"放置到下侧进线位置；并通过执行"修剪"命令（TR），修剪掉电气设备内部的线条，如图 10-57 所示。

步骤 02 执行"移动"命令（M）和"复制"命令（CO），将分配器和电阻复制到楼层相应位置，再修剪掉电气符号内的线段；最后执行"直线"命令（L），绘制连接线路，如图 10-58 所示。

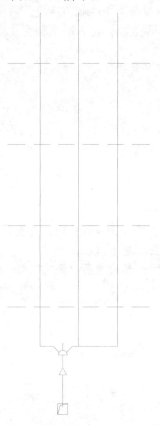

图 10-57　放置主线设备

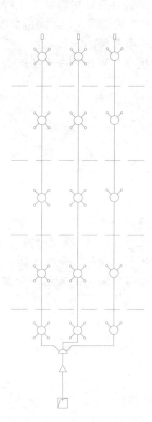

图 10-58　放置支线设备

步骤 03 执行"矩形"命令（REC），在各分配器位置绘制相应大小的矩形，并设置矩形的线型为 DASHED 虚线，如图 10-59 所示。

步骤 04 选择"标注"图层为当前图层，执行"多行文字"命令（MT）和"直线"命令（L），选择"图内文字"文字样式，在相应位置进行文字注释，如图 10-60 所示。

步骤 05 执行"多行文字"命令（MT），选择"图名"文字样式，在图形下侧标图名；再执行"多段线"命令（PL），设置宽度为 100mm，在图名下侧绘制水平多段线。效果如图 10-61 所示。

步骤 06 至此，公寓有线电视系统图已经绘制完成，按 Ctrl+S 组合键进行保存。

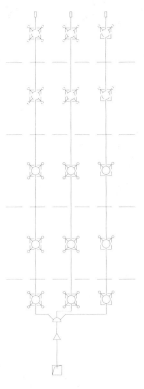

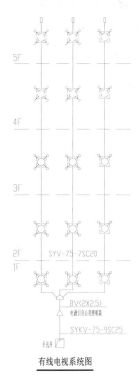

图 10-59　绘制虚线矩形　　　　图 10-60　文字标注　　　　图 10-61　图名标注

技巧：176　办公楼电话系统图

视频：技巧176-办公楼电话系统图.avi
案例：办公楼电话系统图.dwg

　　技巧概述：本节以某办公楼为例，介绍该办公楼电话系统图的绘制流程，使读者掌握建筑电话系统图的绘制方法与技巧。其绘制的电话系统图如图 10-62 所示。

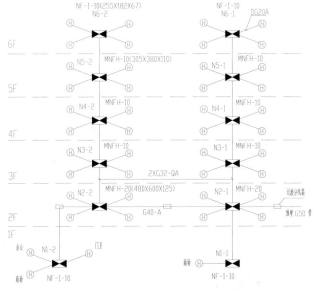

办公楼电话系统图

图 10-62　办公楼电话系统图

具体绘制步骤如下。

1. 设置绘图环境

步骤 01 正常启动 AutoCAD 2014 软件，系统自动创建一个空白文件，在快速访问工具栏上单击"保存"按钮 ，将其保存为"案例\10\办公楼电话系统图.dwg"文件。

步骤 02 执行"图层特性管理"命令（LA），新建如图 10-63 所示的图层。

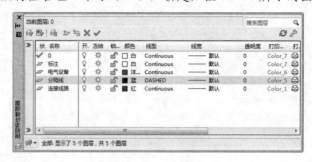

图 10-63　新建图层

步骤 03 执行"文字样式"命令（ST），打开"文字样式"对话框，然后新建"图内文字"和"图名"文字样式，并设置对应的字体、字高和宽度因子，如图 10-64 所示。

图 10-64　新建文字样式

2. 绘制线路

步骤 01 在"图层"下拉列表中，选择"分隔线"图层为当前图层。

步骤 02 执行"格式 | 线型"菜单命令，弹出"线型管理器"对话框，设置全局比例因子值为 100，如图 10-65 所示。

图 10-65　设置线型比例

步骤 03 执行"直线"命令（L），在图形区域绘制一条长 24 500mm 的分隔线；再执行"偏移"命令（O），将其以 3 500mm 的距离向下偏移出 4 次，如图 10-66 所示。

步骤 04 切换至"连接线路"图层，执行"直线"命令（L），在相应位置绘制线路，如图 10-67 所示。

图 10-66　绘制分隔线　　　　　　　　　图 10-67　绘制线路

3. 绘制电气设备

步骤 01 在"图层"下拉列表中，选择"电气设备"图层为当前图层。

步骤 02 绘制"电话接线箱"。执行"矩形"命令（REC），绘制 1200mm × 600mm 的矩形。

步骤 03 执行"直线"命令（L），在矩形内绘制对角斜线。

步骤 04 执行"填充"命令（H），在相应位置填充 SOLTD 的图案，如图 10-68 所示。

图 10-68　绘制电话接线箱

步骤 05 绘制"电话接线盒"。执行"圆"命令（C），绘制一个半径为 300mm 的圆。

步骤 06 执行"多行文字"命令（MT），选择"图内文字"文字样式，设置字高为 500mm，在圆内输入文字 H，如图 10-69 所示。

图 10-69　绘制电话接线盒

4. 组合图形

步骤 01 执行"移动"命令（M）和"复制"命令（CO），将"电话接线盒"和"电话接线箱"分别复制到相应位置，如图 10-70 所示。

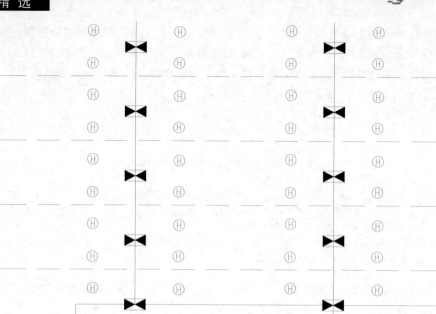

图 10-70　放置电气设备

步骤 02 切换至"连接线路"图层，执行"直线"命令（L），绘制连接线缆，并将多余的线条修剪掉。效果如图 10-71 所示。

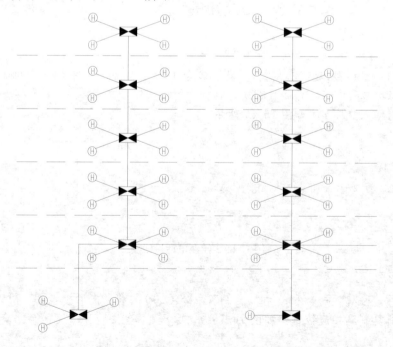

图 10-71　绘制连接线缆

步骤 03 切换至"电气设备"图层,执行"矩形"命令(REC),绘制 600mm × 300mm 的矩形作为"过渡分线箱",并通过移动、复制命令放置相应位置,如图 10-72 所示。

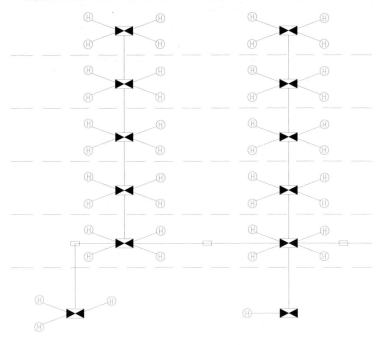

图 10-72 绘制矩形

步骤 04 选择"标注"图层为当前图层,执行"多行文字"命令(MT)和"直线"命令(L),选择"图内文字"文字样式,设置字高为 600mm,在相应位置进行文字注释,如图 10-73 所示。

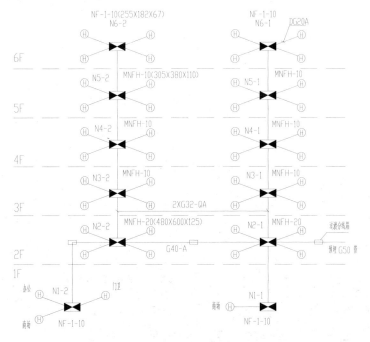

图 10-73 文字标注

步骤 05 执行"多行文字"命令（MT），选择"图名"文字样式，设置字高为 800mm，在图形下侧标图名；再执行"多段线"命令（PL），设置宽度为 100mm，在图名下侧绘制水平多段线。效果如图 10-74 所示。

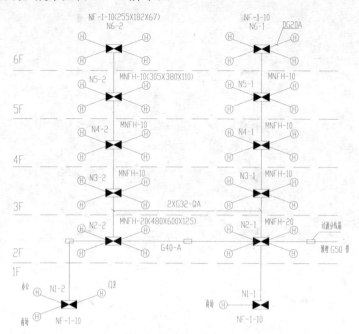

办公楼电话系统图

图 10-74　图名标注

步骤 06 至此，办公楼电话系统图已经绘制完成，按 Ctrl+S 组合键进行保存。